U0176732

"流"化"形"成：大都市区外围城市中心的生成机制与规划控制

"Liu" hua "Xing" cheng：
Dadushiqu Waiwei Chengshi Zhongxin de
Shengcheng Jizhi yu Guihua Kongzhi

王林申　著

中国建筑工业出版社

前 言

想必每一个从事城市规划研究的人都会十分关注城市当中最为复杂也最具活力的城市中心，我也不例外。但没想到的是，当我把对它的关注转化为具体的研究、特别是当我使用了流空间的视角时，困惑成了思维中的常客。

人流、物流、资金流、技术流与信息流等要素的流动支撑大都市区的运行，也促动大都市区外围城市中心空间的发展。所以我将大都市区外围城市中心这一物质空间完全视为各种“流”的构成，并企图构建一个“流”作用下的空间生成机制。当我从基本条件、动力机制、影响因素与响应形式等方面去推理并选取北京都市区作为实证时，如何从粗浅迈向深刻、从框架迈向细节、从逻辑变为模型的困惑又常常变为困难。我想，这个困难过程是多数城市规划从业人员从工程设计思维转向科学研究思维时所经历的。

现在来看，将“流”的理论与方法引入城市中心区这一微观空间尺度，提出各类“流”在时空间的复合式协同是大都市区外围城市中心空间生成的动力机制，利用社会网络分析方法构建大都市区城市中心网络的模型，是理论探讨部分的收获；尽可能多地使用量化研究方法，对虚拟与现实城市商业中心进行空间比对，发现北京朝阳与通州交界的超级城市中心的增长雏形，利用百度搜索数据验证大都市区城市中心在网络中的网络并从网络角度讨论通州城市中心的作用，是实证研究部分的收获。但与此同时，理论模型难以严密并实现全部量化，不能通过数学方法达成全部实证成为遗憾。

本书共由 8 章构成，第 1 章为绪论，包括研究背景与问题、概念范畴与界定、文献回顾与述评、预期目标与意义、研究内容与方法等。第 2 章为“流”空间作用相关理论与西方发达国家历程、经验的梳理以及假设前提的设定。第 3 章是大都市区外围城市中心“流”化“形”成的理论研究部分，共分差异化位势作为基本条件、复合式协同作为运行机制、流动性特征作为影响因子、碎化与网络作为响应形式等部分。第 4 章至第 6 章是实证内容，其中前面一章主要目的在于验证外围城市中心的存在，后面两章分别从个体角度和关联角度对外围城市中心的形成机制与响应形式进行验证。第 7 章是对大都市区外围城市中心“以流控形”规划思路与方法的讨论，探索了城市规划从控制空间关系向控制时间关系转变的理念。第 8 章为结论，对全书论点进行概括并进行研究展望。

限于个人能力与水平，书中难免存在不妥与错误之处，敬请读者批评指正。同时，所有不妥与错误之责归于本人。

目　录

1 绪论

1.1 现实背景与问题

1.1.1 大都市区是城镇化发展进程中的重要形式

地域空间，是社会经济发展的映射。对于大多数处在快速发展过程中的城市而言，集聚态势发展到一定程度后便会产生扩散，人口、产业与设施会随之向外围地区流动。当这座中心城市与外围非农户化地区之间产生日益密切、不可分割的联系时，大都市区便形成了[1]。

大都市区的概念在1980年代初作为一种引介进入我国，但是直到1992年，才首次被应用在北京城市发展研究中❶。时隔5年之后，以上海为案例的研究开启了围绕中国城市是否成为大都市区而展开的学术热潮❷。仅2000至2001年，就有太原、武汉、郑州、宁波等四座城市被视为大都市区进行研究❸。与此同时，大都市区的概念界定、形成机制、发展阶段及特征、空间结构演化与城市管理等也纷纷开始成为研究对象[2]。到今天，大都市区已经成为我国各大城市跳出城市框架而进行更大范围空间规划的对象。据不完全统计，最近三年，已经又有南京、杭州、长沙、重庆、南昌、济南、成都等多座城市的各类发展规划中出现了大都市区规划的字眼❹。

同样是在1980年代，西方发达国家主要城市已经先行开始区域化进程。很多首都城市与周边地区产生一体化关系，进而在一些特定区域内演

---

❶ 参见孙胤社的《大都市区的形成机制及其定界——以北京为例》(刊载于《地理学报》1992年第6期)。

❷ 参见施倩的《上海大都市区的界定及其形成机制分析》(刊载于《现代城市研究》1997年第3期)。

❸ 参见郭文炯与白明英的《太原大都市区城市化特征、问题与对》(刊载于《经济地理》2000年第5期)；朱卫、王兴昌与吴远明的《武汉大都市区的模式与构想》(刊载于《学习与实践》2000第8期)；庞玉平的《试论郑州大都市区的建立》(刊载于《河南省情与统计》2001年第1期)；胡刚的《优化宁波大都市区空间形象的探索》(刊载于《宁波通讯》2001年第8期)。

❹ 参见南京、杭州、长沙新一轮总体规划（或修订稿），参见《重庆大都市区规划》《江西省城镇体系规划（2015—2030年）》《济南市新型城镇化规划（2014—2020年）》《成都市国民经济和社会发展第十三个五年规划纲要》。

化出大都市圈、大都市带等新的复杂化的地域空间现象。毫无疑问，随着经济全球化和新技术革命的强势进行，作为新经济体系中典型空间地域单元的大都市区将继续发挥重要作用。中国面临城镇化进程的跨越，既有经验与教训都昭示以大都市区化作为主体形态和演进路径而带动新型城镇化的时代已经来临[3]。

1.1.2 外围区域是大都市区高效协调的长期焦点

地域空间中，有三个涉及城市不同尺度的相互关系需要处理。它们分别为：第一，城市和城市的关系，即传统的区域规划尺度，涉及的相互职能联系较多、实体空间形态较少；第二，城市内部各组成部分的关系，即传统的城市规划尺度，涉及的实体空间形态很多、各组成部分相互间关系较少；第三，中心城市与其外围郊区的关系，这可以等同于大都市区的尺度，也是传统的区域规划与城市规划的空白区域。

但是，留白并不是一直在持续。在理论层面，西方国家城市化、郊区化、逆城市化与再郊区化的四阶段理论关注的本质是城市与郊区的相互关系。此外，仅就中心–外围理论而言，弗里德曼（J. R. Fridemna）强调核心地区在通过极化效应巩固并增强自身地位的同时又产生作用于边缘区的涓流作用[4]，保罗·克鲁格曼（P. R. Krugman）则是运用规模报酬递增原理论证了这样一个区域空间现象[5]。在实践层面，英国的三代新城与美国的三代边缘城市，加上日本东京都市圈从都心到副都心再到新都心，都是从围绕外围区域中的一个点入手进行中心城区与外围区域的关系讨论。

在我国，上述理论与实践的进行也从未停滞。更为重要的是，如果把中心城市与外围区域扩大到城乡关系的角度，那么二者的相关性则上升到国家战略层面。这是因为城乡二元的弊端早已被诟病，而城乡统筹的号角早已被吹响。而如果把城乡一体化的空间尺度限定在大都市区，由于缺少针对性的理论指导与可资借鉴的套路模式，以解决中心城市“城市病”为己任的外围区域，有极大的可能患上自身的“城市病”。由于过去是洼地、现在是宝地，城市建设必然会具备动力、也可能会相对盲目，布局犬牙交错、用地二度拆迁、公益设置滞后等一系列表象问题都已经出现。更为迫切的是，并不罕见的“鬼城”与远超荷载的通勤成为发展好与不好的双重极端，而背后牵涉的却是太多的综合治理问题。作为大都市区的重要组成部分，外围区域在大都市区乃至更大范围的区域发展中扮演的角色远非主角但似乎又胜之于配角，其功能重组与空间重构主动或被动地参与着大都市区复杂多变的构建与整合，控制与引导任重而道远。

1.1.3 城市中心是外围区域发育成败的关键所在

地域空间，其中有一处集结之地极富魅力，这便是城市中心。城市中心的构成复杂、特征明显、动力十足。但是，从没有哪些座城市的中心像大都市区外围区域的城市中心这般敏感。

以英国新城发展为例，可以窥视外围城市中心的重要性。新城的原型——田园城市，被视为现代城市规划理论的诞生标志；新城的理论，贯穿了世界整个城市规划理论发展的主干脉络；新城的实践，则倔强地扎根于全球范围内快速城镇化的过程中。探究新城发展的阶段，城市中心的决定性作用初现端倪。从卫星城到新城，从卧城到独立城，核心问题不是居住与交通的处理，而是如何配置服务设施、如何定位服务水平，也就是如何发展城市中心的问题。因为，这在当时决定着这里能否吸引人来、能否满足人用、能否持续发展。这一问题也从根本上代表了郊区发展的初衷，因为它的本质落脚在反磁力的磁极能量上。

在另一根发展的主线当中，是碎化掉的城市中心组成部分在担当。虽然美国郊区进程中的服务业外迁可以大致遵循先人口、后制造、续商业、再办公的大致进程，但每一进程中不能忽略细节上的考量。比如，对于商业娱乐等服务业的外迁，存在是市场空缺什么就打造什么还是要打造什么再去引导什么的问题。而对于公司机构与科研院所等生产性服务业的外迁或办公园区（office park）的建设而言，则或多或少的存在紧随洼地效应的被迫性。最后，用综合的视角审视，外围的城市中心刺激当地发展的同时是否起到调和大都市区范围内各类矛盾的作用，未来的态势是走向平衡还是螺旋上升？谜底亟待解开。在我国，这些情况的发生和相应的研究诉求或许没有例外。

1.1.4 问题的引出

首先一个问题是证明大都市区外围城市中心的存在。这要求区分其与一般城市中心的区别，特别是其与中心城区的城市中心有何异同。如果存在，那么会延伸出如何存在的问题。其次，当引入“流”的视角后，上述问题会引申为大都市区外围城市中心由哪些“流”构成或者受哪些“流”影响？继而，在此处的“流”如何运行且如何影响大都市区外围城市中心的“形”？最后，在知晓上述基本规律后，如何通过这些规律去控制大都市区外围城市中心的空间发展？也就是说，如何达到“以流控形”的目的？这些，都是亟待解决的问题。

1.2 概念范畴与界定

1.2.1 “流”与“形”

1.2.1.1 “流”

“流”，在汉语的意义中，很容易与“流体”产生关联。“流体”在英语中对应的是“Fluid”，而“流”对应的是“Flow”，这也是一个与空间相联系的词，他们的组合是“Space of Flows”（流空间），也就是本文“流”概念的基石。在它的创造者——社会学家曼纽尔·卡斯特（Castells M.）看来，流空间是“通过流动而运作的共享时间之社会实践的物质组织”[7]，目的在于重新认识新技术范式下空间组织的新形式。他通过观察将人类景观对应人流、将经济景观对应资本流、将技术景观对应技术流、将意识景观对应意识流、将媒体景观对应媒体文字流（Castells. M.，2002）[8]。他还认为，不仅是电子空间，信息基础设施、电子通信和交通线路都可以构成流（Castells M.，2000）[9]。基于此，在其后的流空间的地理化相关研究中，涌现出了航空流[10]、旅游流[11]、文化流、活动流、自然流[12]等。跳出地理与规划的研究视角，则出现了图书流[13]、工作流[14]、控制流[15]与意识流[16]等概念。

与社会学视野下的流空间理论相呼应的是西方经济学视野下的要素流动理论。该理论在于生产要素是流动的，其所涉及的生产要素经历了二要素论[17]、三要素论[18]以至六要素论[19]。要素的内容也从劳动和土地逐渐向其他方面扩大（表 1-1）。归根结底，"流"是一种元素及其快速线状运动的状态复合。它可以是实体的车流、人流与物流等，也可以是虚体的技术流、知识流和信息流等；但其运动状态依赖于具有线状特征的物质载体（无论是实体要素还是虚拟要素都是如此）并在之上进行运动，从而在相对短暂的时间内（最好是瞬时）完成空间维度（最好是无限）的跨越。对于物理载体而言，首先是针对快速状态的保证。具体可以分为支持物质流的高速交通流线、支持非物质流动的网络流线[20]，也可分为交通运输通道、能源运输通道和信息运输通道[21]，还可以包含经济活动和人进行的空间上的互动网络[22]。

在此基础上，还有必要对以下几点做出解释：第一，空间属性的差异性会出现在不同的流之间，物质与虚拟合体而使"流"具有二元属性的存在前提是人的极速运动而非快速运动。第二，流空间的提出使信息流成为其他流的基础，同时期的交通设施进步尚未使交通流与信息流达到互为前提的地步；但信息流的速度提升空间已经耗尽，而交通流的速度提升空间仍然极大。第三，将金融街、大学、机场、车站等节点与枢纽视为流空间组成部分❶。而在本文中，这些现实化的城市空间将被视为"形"的部分。

❶ 转引自：高鑫、修春亮与魏冶的《城市地理学的"流空间"视角及其中国化研究》（刊载于《人文地理》2012 年第 4 期）。

西方经济学视野下的要素演变　　表 1-1

要素数量	要素名称	论证核心	创始人	出处	时间
二要素论	土地、劳动	土地是财富之母，劳动则为财富之父和能动要素	威廉·配第	《赋税论》	17 世纪
三要素论	劳动、资本、土地	价值是劳动（或人类的勤劳）的作用、自然所提供的各种要素的作用和资本的作用联合产生的成果	萨伊	《政治经济学概论》	1803 年
四要素论	劳动、资本、土地、组织	我们现在所说的管理或企业家才能对于生产起着重要的作用	马歇尔	《经济学原理》	1890 年
五要素论	劳动、资本、土地、组织、技术	先进技术是经济增长的一个允许的来源	库族涅茨	—	1950 年代
六要素论	自然资源（土地）、资本、劳动者、技术、管理和信息	随着知识经济的兴起和信息高速公路的普及，信息在生产中的地位也日益重要	—	—	20 世纪后期

注：根据表中出处整理所得。

1.2.1.2 “形”

“形”即形态，是形式与状态的合称。城市形态，多指物质环境构成的有形形态，但城市研究中的空间概念从一开始就没有限定在“纯空间”的范畴。最早对城市空间概念进行建构的富利（L. D. Foley，1964）认为城市空间包括物质形态及其内涵化的功能活动与文化价值[23]；韦伯（M. M. Webber，1964）的城市空间则在物质要素、活动要素的基础上增加二者的互动要素[24]；波纳（L. S. Bourne，1971）把城市空间的研究视角转向城市要素及其相互作用[25]；哈维（D. Harvey，1973）认为任何城市都不能脱离空间形态，更不能脱离作为其内在机制的社会过程[26]。它们的出现都在将有形引向无形。对“形”进行象形挖掘，其造字本义是用矿物颜料着色加彩以突出显示图案❶，也带有明显的动词性质和主观色彩。所以，“形”的概念既包含外在物质环境层面，也应跳出该层面的局限。对历时的构成机制、现时的内外联系进行关注，也正是与“流”产生关联的通道。

❶ 转引自象形字典网站：http：//www.vividict.com/。

1.2.2 大都市区及其外围城市中心

1.2.2.1 大都市区

"大都市区"（Metropolitan District）最早是美国管理和预算总署在1910年应用于统计的空间范围概念。它限定了一个范围，即包括中心城市和周边地区；也限定了一个标准，即人口规模和空间距离[1]。后来，这一概念经过标准大都市区（Standard Metropolitan Area）、标准大都市统计区（Standard Metropolitan Statistical Area）、大都市区统计区域（Metropolitan Statistical Area）等概念的演变后又于1990年被重新使用，并增加了外围区域与核心区域之间必要的双向通勤指标。美国以外，英、加、法、澳、日等国家都有类似的地域概念。在我国，"大都市区"虽然早已成为热词，但直到近年才在官方语境下得到认可。这也导致早期研究会有明显不同的界定指向。比如，关于上海的大都市区界定研究会涉及江苏、浙江的区域[2]，而成都的界定研究则仅涉及其市域范围[3]。当然，这也契合了大都市区本质上是一个用于统计而非行政管辖的初衷。

伴随国内大都市区规划的出现，对这一概念的理解越发趋同。归纳一下，大概有以下内涵（图1-1）：第一，从构成上看，包含核心与外围城市地区两个主体，外围范围内可能会涉及不同的尺度距离、空间形态与人口密度等一系列区别，但一定有紧密化（甚或一体化）的倾向；第二，从历程上看，城镇化进入高级阶段，后工业化时期到来，专业中心、产业新城或综合新城开始在外围出现，郊区城市地区活跃；第三，从尺度上看，中心城市中心区向外半径20~60千米的范围比较适合；第四，从本文的实证研究角度看，考虑到行政区划界限会阻碍要素流动，加上基于基础资料获得的统一性和便利性，地市以上的市域行政管辖范围是

---

[1] 即Kenneth Fox在其著作《Metropolitan American: Urban Life and Urban Policy in the United States 1940—1980》中的提法：一个10万以上人口的中心城市及其周围10英里以内的地区，或者虽超过10英里但与中心城市连绵不断、人口密度达到每平方英里150人以上的地区。

[2] 参见张萍与张玉鑫的《上海大都市区空间范围研究》（刊载于《城市规划学刊》2013年第4期）。

[3] 参见杨建的《成都大都市区的界定及其特征分析》（刊载于《商业时代》2010年第14期）。

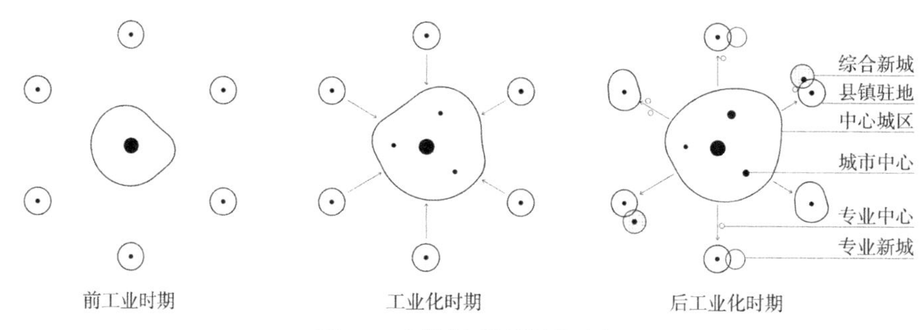

图 1-1　大都市区发展历程示意
（图片来源：作者自绘）

比较好的研究对象。

1.2.2.2　城市中心

城市中心，或称城市中心区，也称作城市公共中心或公共活动中心。严格意义上看，这个概念具有一定的中国特色。因为，与其对应的英文"Downtown"或"CBD（Central Business District）"在西方城市中出现时表现出功能更为单纯、形态更为突兀的特征。倒是"Center"与"Town""Urban"或"Metropolitan"组合起来更为接近，也在大都市区规划中普遍出现。在国内，由于城市规模更大、"大院儿制"土地供应的历史影响以及早期城市开发缺乏控制的问题，使得大多数城市中心的功能更为融杂、边界相对模糊。

城市中心的内涵可以从多个导向进行解构：第一，物质空间导向，包括公共建筑、活动场所、开放空间与景观风貌，这些是实体的建构筑物组合，这一组合共同成为城市结构的核心区域，有别于城市其他区域的空间特征[27]；第二，职能运行导向，主要是服务业职能，可以大致分为公益性、生活性与生产性服务职能，也可以按照行政管理、公共集会、金融财贸、技艺竞会与交流博览等进行服务分类[28]；第三，精神承载导向，这里有公众主体参与的社会交往活动，所以是一种"凝聚着市民心理认同的物质空间形态"[29]。需指出的是，三者共同存在时，才可以称之为完整而富有意义的城市中心，而这种完整性与意义性追求极有可能会因为城市中心区的动态发展而存在裂隙。

1.2.2.3 外围城市的中心

将"大都市区外围城市中心""断句"为大都市区外围城市的中心首先要明确的是"外围城市"。卫星城、新城、边缘城市都可以称为外围城市；以居住为单一职能的卧城、依托产业的产业新城、依托高铁站点的高铁新城、规模大与职能全的综合性新城也都可以称为外围城市。但是，本书的研究与其有显著的区别。大都市区是后工业时期的产物，那么大都市区的外围城市也一定会与前述所及的各种外围城市有所区别。即使是综合新城，可能也难以直接替代外围城市的概念。

这是因为后工业时期，外围区域中的原有城镇建设非常迅速，在某一特定方向上可能会因为内外因素的共同作用而承载更多的中心城区外迁职能，形成更多的城镇建设现象。越是发展，就越迎来机会，也越有可能进入良性阶段。当发展到不得不自组织为一座城市的时候，这就是外围城市。或者说，这里的外围城市是大都市区的下一步发展重点，旨在形成综合城市而非仅仅新建综合新城。不妨回到"新城"（New Town）的字面解读，将其拆解为"新（New）"与"城（Town）"两个含义。"新"，无论是新规划还是新建设，都有一个是相对的"旧"。"旧"可以是指中心城区，也当然是指新城所在地的县城、乡镇、村庄和其他区域。因为公认为成功的密尔顿·凯恩斯也并非完全的一张白纸，而是原有三座小镇和十三座村庄。"城"，在"New Town"的外文语境下，一定是在城乡之间、具有非"city"（官方组织体）的味道；而在中文语境下，则暗含发展到一定规模的宏大意味。如果英文也有此意，那么这时的新城有助于理解综合性城市的存在（图 1-2）。

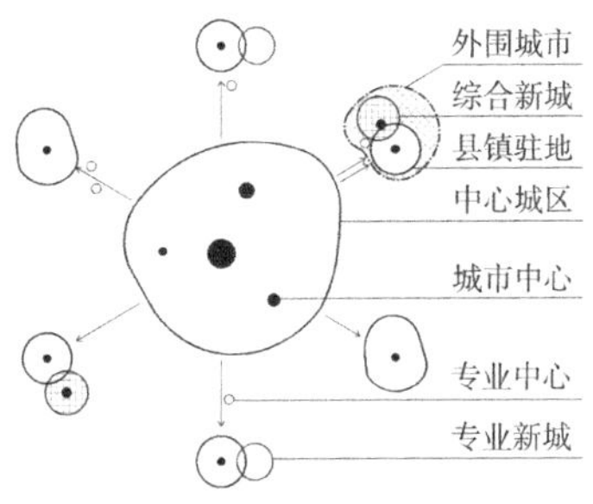

图 1-2 外围城市发展基础示意
（图片来源：作者自绘）

照此看来，外围城市的中心会有一定的特殊性与复杂性，需要关注与原有城镇中心的关系、与新建城市中心的关系、与外迁专业服务中心的关系。这给外围城市中心的空间发展在时空两个维度提供了一定的宽泛性。对于本文关注的时间轨迹而言，是后工业化时代发展到一定阶段，大都市区某个方向上的外围区域由散乱功能布局向综合城市框架转变的时期开始节点。

1.2.2.4 外围的城市中心

将“外围城市中心”“断句”为“外围的”“城市中心”，则暗含了另一个层面的意思，即这里的城市中心是大都市区这个尺度下的城市中心，只不过处在大都市区外围而已。当然，这也暗含一种预判的意味。这样的理解类似美国郊区化进程中出现的“郊区核”（suburban downtown）概念，也类似于东京都市圈（实则是大都市区尺度）的“副都心”或“新都心”。美国的“郊区核”是在工商业向郊区迁移后，郊区自立性提高与担当城市功能的产物。东京的导向是为分解都心（即中心城区的城市中心）职能而有计划产生的，而且新都心也被称为新副都心，说明更外围的城市中心与先前外围的城市中心具有相似性与可比性。此时，外围的城市中心其实也是大都市区的城市中心。而不直接更改为“大都市区次中心”或“大都市区副中心”的原因则在于需要将其区别于大都市区尺度下城镇体系中关于次级城市的指代。

1.3 文献回顾与述评

1.3.1 国内研究

1.3.1.1 城市中心及其规划控制的相关研究

国内规划与地理学界对城市中心的相关研究大阶段包括：第一阶段，是改革开放后以工程建设为宗旨的阶段。这个阶段的研究集中在城市中心区的问题分析解决、国外案例引介、规划建设建议等方面[1]，与当时的城市

[1] 分别参见：胡绍瑛的《城市中心区规划若干问题的探讨》（刊载于《城市规划》1981年第3期）；大卫·戈斯林、秦凤霞与沈加锋的《城市中心区的发展趋势》（刊载于《国外城市规划》1989年第2期）；吴明伟与柯建民的《试论城市中心综合改建规划》（刊载于《建筑学报》1985年第9期）。

建设需求相得益彰。第二阶段，是兴起于1990年代中后期科学研究的创始阶段，典型的是对城市中心区的一般规律与动力机制进行的探讨❶。第三阶段，大致开始于2005年前后，至今仍在进行，是具有特色化和多元化特征的全面发展阶段。形态与结构仍然作为主线，但开始采用量化方法❷，也开始出现视角的分野：有学者开始将城市中心与轨道交通的关联性作为研究对象❸，也有学者提出了城市中心体系的概念并进行了初步实证❹。此外，置于国际视野的考察也是重点。《国际城市规划》杂志在2010年推出了“德国城市中心的规划与策略”专题。杨俊宴于2017年出版了《城市中心区规划设计》著作，可谓近些年城市中心空间发展与规划研究的集大成者。

由于城市中心的重要性，城市中心规划控制的相关研究早已有之。近年，基于某种政策背景、理论指导与模型应用❺下的规划控制研究逐渐出现。“以流控形”❻的规划方法具有创新意义，但涉及具体方法与策略方面则处于起步阶段。柴彦威及其团队在行为地理学与时间地理学视域下，提出了城市空间行为规划、生活圈规划与城市时间规划等一系列创新思路，展现了基于人流的“以流控形”理念。

---

❶ 如宋启林的《现代城市中心商贸区发展机制及未来趋势》（刊载于《国外城市规划》1993年第2期）、修春亮的《对中国城市中心商务区演变规律的初步研究》（刊载于《人文地理》1998年第4期）、耿慧志的《论我国城市中心区更新的动力机制》（刊载于《城市规划汇刊》1999年第3期）。

❷ 如牛雄与陈振华的《关于城市中心分移的理论探讨——以南宁为例》（刊载于《城市规划》2007年第2期）、杨俊宴与史北祥的《城市中心区圈核结构模式的空间增长过程研究——对南京中心区30年演替的定量分析》（刊载于《城市规划》2012年第9期）。

❸ 详见：惠西鲁与姜翠梅的《轨道交通站点与城市中心节点耦合规划设计研究》（刊载于《规划师》2014年第1期）；沈体雁、周麟与王利伟等的《服务业区位选择的交通网络指向研究——以北京城市中心区为例》（刊载于《地理科学进展》2015年第8期）；刘鹏程与杨俊宴的《特大城市中心体系与轨道交通的互动发展研究——以韩国首尔为例》（刊载于《江苏城市规划》2015年第11期）。

❹ 详见杨俊宴、章飙与史宜的《城市中心体系发展的理论框架探索》（刊载于《城市规划学刊》2012年第1期）。

❺ 分别参见：吴松涛、郭嵘与崔禹的《土地紧缩政策下我国城市中心区规划的挑战》（刊载于《中国城市规划年会论文集（2008）》）；王天青的《基于共生理论的城市中心区功能完善规划》（刊载于《规划师》2006年第22期）；吴远翔、刘晓光与吴冰的《基于SEE模型的城市中心区规划调控策略研究》（刊载于《中国城市规划年会论文集（2014）》）。

❻ 论文写作过程中，巧逢同济大学吴志强老师于2015年7月22日在第十届城市发展与规划大会中做了题为《以流定形的理性城市规划方法》的报告。这对进行中的本文而言是很大的鼓励，更是醍醐灌顶的启发。从可以掌握的内容看，这里的“流”还会包含大气环境、自然水体等自然要素，是更为全面的系统。本文称为“以流控形”，实为迎合题目需要，以便于融合“控制”这一含有规划味道的词汇内涵，而本质上仍会殊途同归于“以流定形”。

1.3.1.2 大都市区外围城市中心的相关研究

直接以大都市区外围城市中心为对象的研究较为少见，但是一些大都市区、多中心、新城或边缘城市、郊区化的研究中都有所涉及。具体有：

第一，大都市区研究相关内容。丁万钧（2004）认为中心——外围结构、中心城市—边缘城市共生结构、网络化结构是大都市区演化的三个阶段；在网络化结构阶段中，第三产业所辖的各个部门会经历一种类似重组化的聚集过程[30]。彭震伟（2012）认为新城在帮助中心城疏解人口和产业的同时，还会承担生产性服务业的布局责任并在一定地域范围内发挥显著的中心功能[31]。

第二，多中心研究相关内容。川上秀光（1988）等发现大都市区外围城市中心是事务所和金融机构等相对集聚的区域，并有余地的发展消费、娱乐、信息和文化产业等职能；而在这个区域会有放射环状干道通过，但干线分割的街区规模又足够大[32]。韦亚平（2006）等提出了松散式的、郊区化式的、极不均衡式的与舒展式紧凑共四种高密度都市区的多中心空间结构类型，其中松散式结构中的各个 CBD 之间就存在并不紧密的联系；而舒展式紧凑的空间结构中，在中心城以外及其与外围产业区之间则有可能形成次一级的商业中心[33]。徐蓉则认为外围的城市中心要与原先的城市中心有一定的空间距离，否则就不能达到有机疏散单中心过度密集目的，而这个距离仅仅为 5 至 6 千米是不够的[34]。

第三，新城或边缘城市研究相关内容。李仙德等（2011）在对东京新宿区的研究中认为专业化的 Sub-CBD 会在新城或外围副中心出现，这类 Sub-CBD 会与其他 CBD 或 Sub-CBD 一起组成一个体系，并最终成为大都市区的中心，从而形成中心城区多核、大都市区多中心的空间格局。此外，新区的公共服务设施不足等也在一些研究中出现，侧面反映了大都市区外围城市中心的现状问题[35]。

第四，郊区化研究相关内容。比如，郊区发展中，商业布局具有沿环路与放射交通廊道扩散的特征[36]；以地铁交通站点为核心所建立的郊区型综合体成为一种普遍的新型商业模式[37]；办公的远郊化在一些城市的实证研究中更为明显[38]；对软件公司而言，其中的外资企业在进行区位选择时更容易受到交通通达性、自然环境及办公楼条件的影响，内资企业更容易受到政策的影响[39]。此外，柴彦威（1995）则敏锐地观察到了生活活动空间的郊区化这一新趋势[40]的出现，蕴含了真正把郊区视为一座城市的视角。

1.3.1.3 “流（空间）”及其空间作用的相关研究

“流空间”在国内学界的出现是基于旅游流的。自 1980 年代末期开始，就有了旅游流的关注。2005 年之后，相关的理论与实证研究如雨后春笋般出现。众多学者在理论引介之外，也在寻求进一步深化，比如针对流空间的中国化提出了缩小到统一行政管辖的大都市区之内❶，再比如将流空间用作解释城镇化的现象❷。

关于流空间对现实空间的作用，微弱影响论、适度影响论和极大影响论[41]（路紫，2006）或解构、重构两种作用[20]（沈丽珍，2010）的归纳基本上是一种对作用结果的预判。信息化对地理空间的作用问题，应该作为流空间作用机制的本初。这方面，国内的学术研究开展较早❸，代表性的有：甄峰等（2002）认为这种作用会体现在区域空间、城市空间、产业空间、文化空间多个层次中[42]，王成金应用了“流场”的物理学概念[43]。不少学者将流空间的作用放在不同空间尺度的实体关系界定中，具体包含了国家之间、城市之间与城市内部❹。实证研究中，“流”的获取存在一定难度，航班[44]（周一星，等，2002）、铁路[43]（王成金，2009）、城际铁路[45]（戴特奇，等，2005）、高铁[46]（朱秋诗，等，2014）、动车与长途汽车[47]等（罗

❶ 参见高鑫、修春亮与魏冶的《城市地理学的“流空间”视角及其中国化研究》（刊载于《人文地理》2012 年第 4 期）。

❷ 参见岑迪、周剑云与赵渺希的《“流空间”视角下的新型城镇化研究》（刊载于《规划师》2013 年第 4 期）。

❸ 参见季增民的《信息地理学初探》（刊载于《人文地理》1989 年第 4 期）。

❹ 分别参见：张蔵、路紫与王然的《西太平洋国家及地区间电信流空间结构研究》（刊载于《地域研究与开发》2005 年第 6 期）；韩增林、郭建科与杨大海的《辽宁沿海经济带与东北腹地城市流空间联系及互动策略》（刊载于《经济地理》2011 年第 5 期）；修春亮、孙平军与王绮的《沈阳市居住就业结构的地理空间和流空间分析》（刊载于《地理学报》2013 年第 8 期）。

震东，等，2011）交通流数据都在采用。对于虚拟流，一是采用电话、电子邮件、视频电话会议等直接依托通信进行交往的数据（彼得·霍尔，等，2010）[48]；二是采用微博好友关系数据[49]（甄峰，等，2012）、网络团购数据[50]（涂玮，等，2013）、网站分布[51]（张年国，等，2005）、网页搜索量[52]（董超，2012）、论文合作数量（吕拉昌，等）[53]进行替代；三是采用人均手机数与电脑数、人均或户均通信费用等日常生活化指标替代[12]（席广亮，等，2013）；四是采用企业间关系进行替代，比如企业分支机构[54]（赵渺希，2011）与连锁企业店铺[55]（张闯，等，2007）等。相对于作用结果而言，动力机制的相关研究更为深刻，也是本文的部分理论基础所在。

有学者注意到了各种流之间的内部关系。杨国良（2008）认为旅游流本质上是一种"流"的集合，它既包含了客流的主体，也伴生了资金流、能量流与文化流等辅助流[56]。王冬梅等（2015）在优化图书馆服务的研究中创新性地将图书馆视为读者流、图书流、信息流与空间流的组合体，提出了整合空间流等一系列策略[13]。这些研究使用了相对复合的视角，对本文是一种启发。

1.3.1.4 "流（空间）"对城市中心的影响研究

如果将"流空间"狭隘地限定在信息地理学视域下，那么其对城市中心的影响研究多数停留在城市中心相关职能的空间演化假设中，也就是信息时代城市空间结构的推断。当然，有些理论框架性研究的假设已经得到验证。沈丽珍（2010）设想了任意地点的办公，判断了现代商业可以出现在城市边缘而不再依托于传统的中心区[20]。姜石良（2010）认为富有竞争性与专门化的总部、金融、广告、信息、咨询和保险等商务办公仍会在市中心集聚，普通的商务办公会在郊区形成一定规模的办公小区[57]。这是因为信息网络的出现会带来产业空间的重组[58]。而且，这种影响研究缩小到网购这种信息社会行为对零售业的影响。总体看，在网购与传统零售并存的情况下，网购通过塑造消费者商业行为和零售业的运行方式来改变零售业布局以至土地利用格局（刘学，等，2015）[59]。网购中，人流与资金流被信息流和物流所替代，地理要素仍会通过导致供需市场地域分异以及影响信息流和物流流动发生作用（孙中伟，等，2016）[60]。商业网点的空间分布难以显示超脱传统区位的信号，而其周边商业空间更易被盘活，楼宇经济更易实现崛起（路紫，等，2013）[61]。以书店为例，网购会替代部分功能，对中等规模书店影响最大（汪明峰，等，2010）[62]。随着信息技术在社会生活中的普及，地理学者开始将研究视角转向网络用户[63]（翟青，等，2015），以探求信息流的空间动力机制。个人联系网络[64]（魏宗财，等，2008）、家庭联系网络[65]（魏宗财，等，2009）、居民出行特征[66]（甄峰，等，2009）都受到信息化背景影响，这些日常行为的变化也必然会间接影响到城市中心各项职能的区位选择。外围城区的中心还会承担这个大都市区内个体在外围城区与核心区之间、外围城区之间、城市之间多维度的流动[67]（许凯，等，2015）。总体看，从人的行为出发建构微观视角下的动力机制研究已经进入学界视野，且呈现出井喷的态势。此外，信息流本身也可以通过大事件与区域地理因素产生关联（赵渺希，2011）[68]。

如果将流空间广义化，人流、物流、资金流与技术流等都会对城市中心的空间发展产生影响，这种逻辑建立于城市中心是由各种流空间构成又受到各种流空间的进一步影响之上。就人流来讲，二者规模上的正相关性毋庸置疑，所以个体行为进入研究视野，既会影响整体商业空间结构[69]（柴彦威，2008），也会对小尺度空间的商业业态等产生影响[70]（王德，2011）。就物流来讲，它的发展会对仓储超市、连锁商业等产生影响[71]（许利华，等，2010）。人流和物流的载体是各种交通工具，它们也可以共同形成交通流。城市商业中心是具有交通网络指向性的[72]（樊文平，等，2011），轨道交通与城市中心（惠西鲁，等，2014）及其体系（潘海啸，等，2005）耦合发展[73，74]，这些都属于宽泛定义交通流或寻找替代数据时的影响研究。就资本流来讲，融资模式[75]（李锡庆，2011）、投资导向[76]（韩林飞，等，2015）会产生影响，但也容易与“空间的生产”这一社会批判关联而跳出地理与规划研究范畴。就技术流来讲，生产性服务业会有技术创新[77]（秦诗立，2015），创新会产生空间扩散[78]（余迎新，等，2002）；3D 打印技术则会使更多的办公空间和商业用地、居住用地、公园用地结合[79]。罗小虹等（2009）建构了基于区域信息网、区域交通网和区域物流网的多网合一，最高等级的综合服务中心和高端生产性服务中心围绕最高等级的区域创新平台[80]，可以视为“流空间体系下”的城市中心。

1.3.2 国外研究

1.3.2.1 多中心大都市区及“多中心”里的“中心”研究

1970—1980年代以后，一种分散化的空间趋向开始在西方发达国家出现。由于“多中心”在当时已然成为一种规范性的治理策略，所以，它被宽泛地应用到各种空间尺度当中。在宏观层面，多中心可以扩展到以多个跨国增长极核区域为依托的洲际尺度；在中观层面，多中心依托一个国家或区域中的多个中心城市来实现；在微观尺度，多中心则是指城市内部的多个增长性功能区域或节点[81]（David Shaw，等，2004）。微观尺度的多中心也是本文中所涉及的尺度，即“Polycentricity”的尺度。这与北美对郊区次中心发展和都市区多中心化研究所涉及的尺度类似，区别于彼得·霍尔所领衔的Polynet小组对欧洲多中心城市区域的研究尺度。在这个尺度下，洛杉矶、芝加哥、亚特兰大、旧金山与墨西哥城等成为研究对象❶。而都市区多中心里的中心可以是郊区的商业中心[82]（Hartshorn，等，1989）、就业中心（Mcdonald，等，2000）[83]、就业增长极（Coffey，等，2004）[84]与边缘城市综合体（Hall，等，2006）[85]，也可以是乡村区域中的磁力中心（Stanback，等，1991）[86]。

关于多中心的形成，亨德森（Henderson，1996）等是从集聚经济与集聚不经济效应出发的，他提出在厂商集聚经济、就业与居住场所的集聚不经济、交通成本严格约束的驱动下，城市的空间发展将会自然地趋向多中

❶ 参见G. Giuliano等的《Sub-centers in the Los Angeles Region》（刊载于《Regional Science & Urban Economics》1991年第21卷2期）、Hartshorn等的《Suburban Downtowns and The Transformation of Metropolitan Atlanta's Business Landscape》（刊载于《Urban Geography》1989年第10期）、Mcdonald的《Employment Subcenters and Subsequent Real Estate Development in Suburban Chicago》（刊载于《Journal of Urban Economics》2000年48期）、Cervero的《Sub-Centring and Commuting: Evidence from the San Francisco Bay Area》（刊载于《Urban Studies》1998年第35卷7期）、Aguilar的《Metropolitan Change and Uneven Distribution of Urban Sub-Centres in Mexico City, 1989-2009》（刊载于《Bulletin of Latin American Research》2016年第35卷2期）。

心化[87]。藤田等（Fujita M.，2001）等从规模报酬递增与循环积累因果的方面给出了解释，提出了一种"自下而上"的、自组织的、非线性的演化模型，最终落实到有序的、开敞结构的多中心城市空间的假设[88]。在他和奥佳华（Ogawa，1982）的研究中就曾经证实，如果人口规模增大，通勤成本会提高，多中心的空间均衡更容易实现[89]。阿瑟·奥沙利文后来（2003）在其《城市经济学》中引介了蒂伯特（Tiebout）模型，他认为城市居民既会考虑对政府公共产品的趋近，也会考虑征收税收负担，这最终会导致城市逐步形成存在不同公共品效率的多中心城市空间结构[90]。近来，布罗伊特曼（Broitman，2015）等的研究建立了一个基于开发商购买土地产权与实现盈利的时间差的城市多中心化动力机制模型[91]。弗雷德（Wrede，2015）等则构建了一个连续的空间选择模型来进行解释[92]。里蒙（Lemoy，2017）等基于代理人模型构建了双职工或多职工家庭对就业居住地的选择模型，提出了只要多中心间的距离可控就仍然会达到 AMM 理论框架（Alonso，Muth，Mills-Framework）的平衡假设[93]。

还有一些学者在实证研究中寻找多中心形成的答案。典型的有：李（Lee，2006）的研究发现美国大都市的规模越大，其所拥有的 CBD 的就业份额越少，也就是说这类大都市区的就业分布会倾向于多中心和分散化[94]；梅杰斯（Meijers，2010）等从城市区域的尺度对证明大都市区规模和多中心程度与劳动生产率间的关系是正向的[95]。也有研究结果与之相反，阿吉莱拉（Aguilera，2005）就发现多中心反而会增加通勤距离[96]。阿里巴斯贝（Arribasbel，2015）等对美国 359 个大都市区的研究发现就业中心规模与其所在城市规模的关系并非线性相关[97]。安琪儿（Angel，2016）建立了五个就业空间模型，并通过 40 个美国大城市的研究验证了有限度分散模型比最大化无秩序模型、马赛克化居住就业社区模型、单中心模型与多中心模型更加适用于当代美国城市[98]。哈吉来（Hajrasouliha，2016）等的研究则证明了美国的中小型都市区也存在明显的多中心现象[99]。

当大都市区次中心开始成为相对独立的关注对象后，朗（Lang，2008）阐述了繁荣的城郊中心会成为下一代的城市中心的推断[100]，麦罗（Mario，2012）从经济、地理与交通方面对次中心进行了单独的研究[101]，麦克米林（Mcmillen，2003）等量化了大都市区产生第一个和第二个次中心的人口规模条件[102]，阿圭勒（Aguilar，2016）用双阈值法界定了三产就业密度的次中心[103]。也有学者认为，识别多中心的方法非常多元，形态与功能可以纳入，可达性可以纳入，甚至社会层面的合作与互动也可以纳入[104]（Schindegger，2005）。这样看来，单一的针对次中心的视角是无法完全契合多中心大都市区的“多中心”本意的，而“多中心”之间的关系则成为重中之重。这种关系的第一个层面是形态，第二个层面则是功能。形态的多中心本质上是库斯德曼（Kloosterman，2001）等所说的城市中心在空间规模上出现均衡分布[105]，功能的多中心内涵上则是强调格林（Green，2007）等所说的它们之间的复杂与多元联系[106]。城市中心体系在空间上体现出分散性，但在功能上则体现出整体性。泰勒（Taylor，2004）同样关注不同中心之间的相互作用[107]，也进一步表明“多中心”是基于中心间的“流动空间”基础上的。

1.3.2.2 城市网络、网络城市及大都市区空间结构研究中的“流”应用

联系形成网络，也促进城镇发展进入高水平阶段——网络化阶段。既有的城市网络研究更为关注城市间的联系，它的本质上是“关系”[108]的联系，侧重的是水平的、非等级的、协同合作的。城市网络的概念则被卡斯特（Castells，1996）定义为：两个及其以上大小不均、各具特色的城市所构成的城市群体，功能互补，依靠交通或通信基础设施走廊的帮助而产生规模经济的活动地点[7]。网络在空间规划与区域政策中起到规划整合、合作协调的作用[109]（Vinci，2009），地区的规划也需要将城市置于网络之中[110]（Meijers，2008）。“网络”自身一直是关注重点。网络的构成方面，有卡佩罗（Capello，2000）的网络要素、网络外部性要素与合作要素三要素说[111]，也有梅杰斯（Meijers，2005）的城市与企业等节点、设施与关系等节点间的联系、人口与货物等流要素以及网状物理设施四要素说[112]。网络的类型方面，有安德森（Anderson，1993）的物质网络与非物质网络[113]，也有卡马尼（Camagni，1993）等的等级网络、互补网络和协同网络划分[114]。而网

络的理论构建方面，则主要包括连锁模型[114]、一模与二模网络模型[115]、替代算法模型与位序—规模模型[116]、神经网络模型[117]。最近几年，网络研究已经成为城市区域空间研究中的热点[118]。从研究的地理广度看，德国、法国、匈牙利等国家的都市区均开始涉及❶。从研究的内容纵深看，城市网络的联系通道[119]、拓扑形式与等级结构[120]等构成要素成为单独的研究对象，城市网络的演变过程[121]、面临风险[122]以及应用空间网络去进行区域或社区的自我认同[123]等前后向内容也成为关注对象。与此同时，斯米尔诺夫（Smirnov，2011）将图论与微观经济学联系起来，从经济地租角度解释了城市网络形成的必然[124]；泰勒（Taylor，2010）则提出了用于补充完善中心地理论的中心流理论，中心地理论中地方产生流动、而在中心流理论中流动产生地方的框架实际上是对中心地理论的巨大冲击[125]。

上述繁多的研究均针对城市间的网络（city network）开展。基于快速交通和通信网络以及范围经济的新型城市形态——网络城市（network city，卡马尼，1993）更与本研究相关。相比针对城市间网络的研究，城市内部尺度的网络性相关研究成果相对较少。但是，城市间的网络特性可以应用到城市内部。比如，伯格（Burger，2014）关于形态多中心与功能多中心的比较图示中，多中心的规模变迁和流动方向同样适用于城市大都市区内部[126]。再比如，伯格等将形态和功能联系在一起的论述中，将一个城市的重要性归结为其自身规模，这种规模保证了其为自身服务，也为其他地区服务[127]（Burger，2012）。更重要的是，通过空间网络的分析方法可以确定城市的动态空间结构[128]。这些流元素的运动不仅对交通产生正面影响，还可以放大到经济的增长与社会的公平方面，自然也会通过各类元素流动的相互作用左右城市空间结构[114]。由此，城市路由、网络中心与联系边界等网络构建也可以在城市中落实。

在大都市区的尺度，尤其是在城市尺度，测度的数据不像城市间关系

❶ 参见 Patuelli R. 等的《The Evolution of the Commuting Network in Germany：Spatial and Connectivity Patterns》（刊载于《Journal of Transport & Land Use》2010 年第 2 卷 3 期）、Alber A. 等的《Spatial Disaggregation and Aggregation Procedures for Characterizing Fluvial Features at the Network-scale：Application to the Rhône basin》（刊载于《Geomorphology》2011 年第 125 卷 3 期）、Giordano A. 等的《On Place and Space：Calculating Social and Spatial Networks in the Budapest Ghetto》（刊载于《Transactions in GIS》2011 年第 15 卷 s1 期）。

的数据那样丰厚。后者可以利用的数据包括：航班[129]、铁路和港口[130]等交通流量数据，互联网流量、网络带宽[131]与包裹邮件[132]等邮政通信数据，总部—分支机构[85]的企业、NGO[133]及论文合作作者科研机构[134]等社会组织间联系数据，人的商务流与购物流[127]等移动数据。前者则主要集中在相对单一的人的行为移动方面。为了获取可资利用的测度指标，西方学者主要围绕这样三个方面展开：一是手机信令（GSM 数据）[135]，二是智能卡（比如：smart-card 的支付信息与伦敦地铁的牡蛎卡[136]），三是出租车（比如：GPS 定位与乘客上下车信息[137]）。总体上，这些数据的获取目的在于获得人的行动路径。近些年，这方面的研究有两个重要转向：一是从人的行为路径选择入手进行深化，人的认知、心理与行为[138]开始涉及人对时间的敏感性、空间能力与对待风险的态度[139]；二是伴随海量数据的使用，数理统计方法开始融入，离散模型[140]与概率模型[141]等数学模型开始使用。

这些移动数据本质上是对城市大都市区动态性结构特征的关注。如果回归到“流”的本质，即信息时代的城市空间结构角度，则需将另一类研究纳入视野。这类研究大概可细分为三种类型：其一，国外学者格瑞艾姆（Gramham S.，等，1996）早期提出的替代、协作、增强和衍生的四类效应，从宏观角度进行了现象归纳和框架建构[142]；其二，高迪（Krings G.，2009）等尝试将城市间电信流应用到城市引力模型中，开启了实证研究的范式[143]；其三，在微观角度上，同国内研究类似，电子商铺和实体店的竞争、网购对城市中心购物的影响、传统城市中心该如何定位（Weltevreden，2007，a，b）[144，145]也是研究热点。无论如何，流空间对地理空间的作用是研究重点[146]（Felix，2001）。

1.3.2.3 流动视角下对城市小尺度功能片区的研究

在国外研究中，“流”不仅与空间相组合（space of flow），“流”还与地方、城市相组合，直接构成了流场所[147]（flow-place，L. Halbert，2010）、流城市[148]（flow city，Stephen Graham，2002）。不仅如此，在史密斯（R.G. Smith，2007）看来，“地方”甚至直接作为了网络（place as network），因

为任何空间都是通过联系形成的，所以，每一个空间看起来都不是完全的，既是一种莅临又是一种缺席，因为它在一定程度上是由整个网络关系决定的[150]。早期对城市中心区的研究中渗透了一些这种思想。尼埃翁（Nyatwongi，1997）从大小城市中心的对比出发，通过小额投资、基础设施对小型城市中心腹地的影响研究，将影响要素拓展到了社会经济条件[150]。彼得（Peter，2012）等则将城市中心区的发展置于城市竞争力的视角下[151]。罗德里格（Rodrigue，2013）认为，土地使用固然受到其形态、方式等方面的影响，但却也是社会经济因素在空间中的响应[152]。相比容纳与承载这些社会经济活动的土地使用变化，社会经济自身要素所能揭示的时空动态更为敏捷与有效地反映现实情况。

当多中心研究中的“功能性多中心”成为热点之后，这类研究开始侧重对城市中心的外部联系。这类研究并不丰厚，米勒（Miller，2004）将流动性引入微观尺度，从流空间的角度去解读里士满唐人街社区与温哥华唐人街社区的不同，发现前者不会定义在具体有形的空间而是更多的定义在本地和全球运动中，这种运动是人流、物流以及移民所携带的文化流[153]。钟晨（Zhong C，2014）利用智能卡所携带的数据推断一栋建筑的主导功能，将更小尺度的城市空间所受到的流动影响纳入了研究视野，其构建的理论模型已经在新加坡得以证实[141]。

1.3.3 小结

无论是城市中心还是流空间，都是规划与地理领域的研究重点、热点与难点之一。但是，对城市中心与流空间进行关联的相关研究较为鲜见。

从城市中心的研究现状看，传统的建筑与用地视角仍是主流，人的使用行为研究崭露头角，城市中心需要新的思路与方法进行认知与建构，尤其需要信息时代背景下的新方式。而从具体的研究对象看，针对中心城区的城市中心研究很多，而中心城区外围的城市中心研究极少。多中心大都市区被普遍视为解决城市病的救命稻草，而如何认知这个多中心里的城市中心并指导其空间发展是亟待解决的重要问题。

从流空间的研究现状看，城市间的尺度仍是研究重点，向城市内部尺度的进军正在进行，以城市某一功能区域为对象的研究相对较少。流空间是新颖的空间研究视角，但限于实证需求对其进行指标替代化的现象存在，使用单一“流”代替其他“流”而表征空间的研究较多。而实际中，“流”是相互粘合的。比如，轨道交通流会运送人流，而人流本身会携带技术流、资金流。从社会经济发展进程看，迅速的轨道交通与发达通信是在同时代诞生的。既然流空间诞生的本意在于快速发展与交际联系，那么一切流动元素和联系路径都可以作为“流”来定义。显然，寻求复合化的视角会具备更全面的刻画力。

城市中心是复杂而多元的，其空间的任何发展是牵一发而动全身的。空间发展作为一个系统，影响它的“流”也会具有综合性。然而，各种“流”对空间的作用并不一致。清晰而狭小的研究界定会深刻与细致，但用某一类流空间替代流空间整体，可能存在忽略整体性的内部机制问题，所以适当尺度下的复合性研究同等重要。在一个共有的空间效应过程中，各种流空间如何相互作用并协同运行、从而发挥共同作用值得探究。在此基础上，有助于更好地寻求规划控制的抓手。这是一个大数据的时代，一些研究方法也日臻成熟，进一步为复合“流”视角下大都市区外围城市中心的空间发展研究提供了具体方法和实证保障。

1.4 预期目标与意义

1.4.1 预期目标

本研究的预期目标主要包括：第一，挖掘一种采用“流”视角认知城市局部空间的方法，并以大都市区外围城市中心作为案例予以应用；第二，基于各类“流”的复合作用初步构建一个理论框架，剖析“流”对大都市区外围城市中心空间发展的影响效应、作用机制与响应形式，并利用典型案例进行实证分析；第三，构建通过控制“流”来控制城市中心空间发展的规划控制思路与方法，针对大都市区外围城市中心提出具体措施。

1.4.2 研究意义

1.4.2.1 理论意义

大都市区是城镇化发展进程中的必然选择形式，其外围区域是保证大都市区高效协调的长期焦点，而城市中心则是其所处的外围区域发育成败的关键所在。该研究选择大都市区外围城市中心作为研究对象，体现了对大都市区空间发展与城市中心公共服务水平的关注，符合我国城镇化进程和城乡规划工作的背景要求。

在大都市区内，要素的流动通过不断运动来支撑空间区域的运行，也作为大都市区外围城市中心空间发展的重要基础。将流空间理论作为该研究的切入视角，是在扩展地理学科信息地理方向理论前沿并将其与城乡规划学相融合的创新性工作，延展了“流”空间理论的应用对象。

大都市区内的各类“流”通过其自身对空间承载的诉求而对城市空间产生影响，而对大都市区外围城市中心与“流”进行关联的研究仍然处于完全的空白区域。该研究用“流”聚焦大都市区外围城市中心空间发展，是将城市局部空间通过“流”元素介入从而进行动态化、过程化、流态化空间发展研究的一次尝试，从而构成对城市中心及大都市区空间发展与规划理论在新时代社会经济背景下的有效补充。该研究也是对流空间理论在城市中观与微观尺度内的拓展应用，尤其会在“流”的复合化作用原理方面进行探索。

1.4.2.2 实践意义

通过本研究的开展，可以充分了解到大都市区外围城市中心空间发展的基本规律，尤其是可以掌握其在人流等要素流动影响下的空间响应态势，可以掌握各类“流”对大都市区空间发展产生影响时的状态状况。这些研究成果可以作为大都市区外围城市中心及其周边区域进行开发策划、规划编制、建设管理等工作开展时的技术参考，将促进大都市区新城、新区公共设施服务水平，有利于统筹大都市区内外、大都市区中心城区内外、大都市区外围区域之间相互协同发展。

在上述研究基础上，可以明确城市局部空间发展中"流"的重要性，也会引申出通过对"流"的控制转而进行对空间的控制的必要性与可行性。由此提出的相关措施，是在现有城乡规划编制体系与相关规划层次主体内容基础上进行的创新性探索或补充。这有利于拓展城乡规划编制工作的思路，使其更适合当代社会经济发展条件的需求。

1.5 研究内容与方法

1.5.1 研究内容

研究内容共分为四大部分，分别是研究基础、理论研究、实证研究与研究结论，具体看：

在第一部分的研究基础上，主要涉及理论基础与西方发达国家相关城市的经验借鉴两个部分。涉及信息地理学中的空间影响动力研究、一些空间作用的经典理论模型、不同时空维度下"流"与大都市区外围城市中心关联内容共同作为理论基础研究。在经验借鉴部分，关注西方发达国家的发展历程与基本规律，分别从大都市区整体和外围新城的双重角度出发寻求具有未来昭示性的空间发展规律。最后，做出城市中心完全由"流"构成、"流"会遵循物理学基本规律的假设前提。

在第二部分的理论研究中，从大都市区外围城市中心空间发展与"流"的关系角度出发，构建了关于流空间作用下大都市区外围城市中心生成机理的理论框架。该理论框架包括四个方面，即：差异化位势——流向外围的基本动力，复合式协同——促动演进的运行机制，流动性特征——发挥影响的主要因子，碎化与网络——不同尺度的响应形式。该部分内容重点阐述了各种"流"在时间、空间双重维度复合协同的动力机制，依次分析了流方向、流层次、流速度、流强度和流粘性与城市中心空间形态或职能的关系。

在第三部分的实证研究中，聚焦到北京都市区及通州城市中心，共涉及三章。论文第4章内容是在北京市域尺度下对外围增长中心进行识别，明确通州城市中心的空间范围，并深入该中心内部以对比分析的方式分析中心城区内外城市中心的差别。第5章内容重点关注各类“流”在外围城市中心空间生成过程中的作用，通过发展政策的演进与设施建设跟进分析时间维度的协同，通过人流在通州城市中心空间范围内的时空分布与趋势分析空间协同，通过轨道选线与服务设施建设的相关性计算分析以人流为媒介的时空协同，通过网络平台数据分析外围城市中心空间发展中的信息流作用，并通过空间重心与碎化指数计算来验证外围城市中心的碎化趋势。第6章内容重点研究通州城市中心与外部的联系，主要包括其与中心城区的联系、与中心城区城市中心的联系、参与下的大都市区城市中心网络三个层面。

在第四部分的研究结论中，首先在理论与实证研究的基础上对“以流控形”规划控制思路与方法展开讨论，力争在理念、构思与措施等多个方面予以完善。最后，对研究结论进行总结，归纳创新点，反思不足，做出展望。

1.5.2 研究方法

1.5.2.1 理论研究部分

第一，文献研究与田野观察相结合的方法进行理论研究框架的确定。梳理大量国内外相关文献，结合实地踏勘观察与思考，界定研究对象，深化研究内容与目标，初步形成“流”影响大都市区外围城市中心空间发展的概念框架，大致判断影响机制的元素、路径与效应。

第二，具象表达与抽象概括相结合的方法完成空间描述模型的刻画。基于理论分析与现场观察，划分“流”运动与“流”联系的层次，抽取大都市区外围城市中心的空间形态重构要素和空间职能重组特征，明确二者的关联点与契合处，在高度抽象概括的基础上初步梳理二者质性关系并通过解释合理的数理公式和简洁直观的几何图示予以表达。

第三，演绎推理与溯因推理相结合的方法夯实动力机制模型的构建。大都市区是一个掺杂着社会学气息的复杂巨系统，而信息网络融合地理空间的影响在目前仍是难以全面和深入估量的。因此，在既有理论基础上进行大胆的演绎推导十分必要。与此同时，城乡规划与地理学科中的地理空间规律相对粗放，很多质性研究的根本在于力求追溯解释其形成过程中的原因，这同样十分重要。

1.5.2.2 实证研究部分

其一，传统实证研究方法的应用。利用包括用地性质、城市轮廓、分布特征等描述与分析的静态写实性方法对大都市区外围城市中心进行相关内容的空间形态刻画与对比。运用采集到的发展定位、开发业态、商品品牌、连锁企业、银行设施与商圈演变等方面的资料与数据，充分利用质性研究方法和量化研究方法相互配合的方式进行历史分析和趋势推演，以期对大都市区外围城市中心的职能类型等进行归纳。利用重点访谈的方法对部分办公企业进行社会调查，用于对通信联系和空间联系间的关系进行佐证。

其二，新兴实证研究方法的采用。第一，注重利用与地理空间分布相关的新兴信息网络平台获取实证数据，比如利用“百度地图热力图”网站对人流分布状况进行采集、利用“大众点评”网站对虚拟平台的信息流数据进行采集、利用“智图”网站获取服务企业间的空间联系网络进行采集。第二，注重时空数据的分析与可视图像表达，比如利用 GIS 软件等进行空间布点核密度分析的应用，获得分布特征与聚集方式等的图示成果。

2 理论基础、西方经验与假设前提

2.1 “流”对空间作用的相关理论

2.1.1 空间作用的经典模型

2.1.1.1 聚集扩散理论

经济学中，聚集与扩散是一组对立矛盾体，相互转化的控制阀是聚集经济或不经济。在物理学中，聚集与扩散代表了两种具有空间属性的现象。无论是追溯到田园城市这一现代城市规划的起源，还是定焦于有机疏解等之后的经典城市模式，本质上都包含了对城市聚集或扩散的不同价值取向。相对于单纯的空间外在表征，聚集与扩散“内在”的载体或目的是社会经济系统范畴的要素，所以聚集与扩散又可以作为空间形式背后的动力机制或作用路径，这增加了相关研究的难度。针对扩散现象，地理学界给予了充分的关注且形成了空间扩散理论。从空间扩散的时间轴线看，接受者数量早期通常是相对缓慢上升的，在中期一般会出现急剧增加，至后期将再次减缓。

“流”可以集聚，也可以扩散，其本身就是这种空间过程的主体。只不过此时的聚集与扩散有特定的线性状态。“流”的集聚会导致“形”的生成，而“流”的扩散也会导致一种“形”的扩张型生成。

2.1.1.2 外部效应理论

外部性（Externality）也是一个经济学概念，其本意是个人或企业的行动并不需要该个人或企业付出全部代价或收获全部收益。空间外部性的概念有不同的理解方式。一种是经济活动的空间集聚现象本身是某种外部经济在空间上的反映。另一种是指某种城市空间对周围空间主体造成的额外受益或损失：周围主体受益时，产生空间的正外部性；周围主体损失时，产生空间的负外部性。产生正的外部性时，也称作出现了空间溢出效应。后一种空间外部性是普遍而复杂的存在：城市中某项公共设施改善后，居民使用更加方便，景观形象显著提高，周围地区土地会随之而升值；而伴随而来的是交通拥堵与居住环境的品质恶化。

“流”是产生空间外部性的主体，“流”也可以是空间外部性的受体。通过空间中的“流”去产生外部性，通过“流”去接纳外部性并反映到空间。空间外部性很多时候是一种空间影响的感知，从感知又回馈空间的影响才是空间到空间的影响。

2.1.1.3 触媒效应理论

“触媒”是化学概念，它在化学反应中的存在意义是自身不被消耗的同时又可以加快或改变化学反应的速度。对城市而言，“触媒”可以是一处建筑物或场所的建设项目，也可以是一个城市事件或发展政策等非物质性要素[154]。城市触媒可以改变或转换周围环境中的元素，从而起到对周围环境产生影响的作用。触媒的作用效果有大小和方向之分，因而不同的触媒影响周边环境的程度和方式会有所不同[155]。区别于其他作用形式，城市触媒作用机制的特性在于引发一系列城市空间反映的变化，效应的强度呈现距离衰减规律[156]。以展览中心为例，除了对周边房地产的影响，还有可能对餐饮、住宿与广告等服务业空间产生影响；因为展览人群活动行为的受限，这种影响会呈现圈层性。

“流”可以作为触媒，单独的“流”如此，复合的“流”也如此。“流”还可以作为被触媒触发的对象，单独的“流”与复合的“流”均可以。广义的触媒效应的作用机理离不了“流”的作用，“流”的空间作用结果则可以类比触媒效应。

2.1.1.4 零售商圈理论

商圈又称商业圈、商势圈或购买圈。中心地理论通常被视为商圈理论的基础，引力模型从侧重城市人口的雷利模型（Reilly's Model）到侧重零售店的哈夫模型（Huff's Model）的"系列化"构建代表了商圈理论的成熟。商圈是一个商家销售辐射力和消费者购买向心力交互形成的类似于"商业场"的具体区域空间。商品、服务、定位、形象、商誉与气氛等都是影响商圈的因素[157]。核心的、次级的、边缘的与异地商圈是基本构成的形式，商圈还可以由一个市场区域中的中心点、不同区域间相互依存的连线、市场区域广度的面、反映活动态势和职能变化的流构成[158]。

商业服务是城市中心的重要职能，商圈的概念在一定程度上代表了城市中心的中心圈。人流等在商圈的构成中扮演了重要的角色，这让"流"本身回归到了消费者行为的视角下。

2.1.1.5 其他相关模型

在规划与地理研究领域，还存在一些与空间影响相关的理论模型。以高铁站点为对象的研究中❶，贝尔托利尼（Bertolini L.）将站点地区的职能进行了空间层面的双重化操作：一方面，站点是与交通相关的；另一方面，站点地区又是城市片区之一。所以，前者是"节点"，后者是"场所"。模型的假设在于：加大站点所在区位的交通容量，可以改善可达性，从而使这一地区各种活动强化与多样化；与此对应，这个区域活动的强化与多样化提高将反推对交通连线的需求，从而又会进一步创造基础设施的发展条件。二者会出现平衡，但城市边缘新建成的站点会成为"失衡节点"，可达性较差的城市历史中心会成为"失衡场所"[159]。布兰德万（HA Brandvan Tuijn）等将这个模型发展成了"沙漏模型"，在基于步行距离和其他交通连接的不同尺度下，蕴含交通运输属性的节点与蕴含空间和经济属性的场所隶属于同一个维度，依托区位的潜力和依托实际活动的使用共同隶属于另一个维度。两个维度的四类属性交叉之后，交通节点的"可达性品质"与"业态"都会通过"场所品质"与"交通流"产生间接的相关。王辑宪等的茶壶模型将空间尺度扩大到了自大到小的三个层次：其一是高铁站点所在城市与外部区域的关

❶ 除茶壶模型外，本段其他模型均引自或转引自赫特·约斯特·皮克等的《透视站点地区的发展潜能：荷兰节点——场所模型的10年发展回顾》（刊载于《国际城市规划》2011年第26卷6期）。

系，这时候的有效连接存在于其所通达的邻近城市；其二是城市本身内部可达性中，高铁站点区域优于其他区域；其三是车站及附近地区。后两部分构成了茶壶的壶体，第一部分是壶嘴。[160]

还有的模型脱离了空间研究，而是将视角转向了场所地区交通（节点）、零售及房地产（场所）业务之间的产业关联机制，它们可以提高各自市场潜力并增强相互竞争力，因此被称作利害协同模型。此外，有的模型还加入了时间轴线。在以开发区为例的模型中[161]，极化效应会经历起初的明显期、后续非稳定状态下的低估期、随着土地资源趋少的下降期，以及土地全部用尽时的消失期。扩散效应会经历前期企业与本地联系较少时的前期低潮期、企业数量不断增加导致其与城市其他区域前后向和侧向经济联系持续增加的后续高潮期。极化效应与扩散效应相加形成一个总体影响效应的曲线。

2.1.2 信息地理学中的空间影响

2.1.2.1 直接、间接的作用形式与流场

信息、通信与交通技术的发展和变革推动了社会结构的转型和流空间的诞生，流空间又作用在城市空间发展甚或社会结构的转型中。由于这样一个过程正在进行，所以这种作用的机制仍然在探讨中。从既有的理论研究中归纳，这种作用力首先可以是直接的机制，主要来自于“流”的空间载体发展。在城市尺度内，从实体流的空间载体看：点状类型的包括机场、交通换乘枢纽、城市综合体等的规划建设，线状类型的包括轨道交通线路、快速交通线路的建设[162]，网状类型的则包括点状与线状形式的综合。从虚体流的空间载体看，电缆等一般性设施并不会对城市空间产生影响，但虚拟流的几何倍数化汇集仍然需要现实空间的支撑，比如放置大型交换机与计算机的房间。

这种作用力也可以是间接的机制，比如流空间在大事件的背景下对城市空间产生影响：将流空间分为流动要素、网状设施（线状）和功能区（面

状）的框架，大事件则可以通过改变流量、流速、频率改变影响流动要素，通过新建与扩建影响网络设施，通过新型功能区域改变功能区。将“大事件”分为筹备期、发生期和结束期，流动空间则可以为筹备期提供快速流动资金的影响，为发生期提供运载大量人流、物流与营造媒体信息爆炸的影响，为结束期提供再次汇聚人流与物流的影响[163]。

流空间与场空间是一组对应关系，这种对应也体现在两个层面。第一，是流空间物化为场所空间的对应，即类似物理中的场效应，确切地说是“流场”效应。该效应的产生主要基于流自身的关联与分异、集聚与扩散的作用[164]。不同节点之间通过贯穿相互的一种空间载体来完成辐射与吸收中的物质、能量与信息交换，又会因为流场的性质、等级和属性差异而产生相互间不同形式和强度的相互作用[43]。“流场”有狭义与广义之分，比如广义的旅游流场包含客流场、物流场、信息流场和能量流场等，狭义的仅指客流场。复合性的流空间与场所空间复合[52]。第二，是外来流、外部流与地方、内部的对应。在全球化和网络化的视角下，相对于人才、资本与技术的流动性，城市的现实空间显然是固定的。在流动空间的扰动下，固定空间的行政边界、社会关系等非物质边界都会出现瓦解，如何捕获更多的流动要素并更好地嵌入网络是地方空间的命题。

2.1.2.2 溯源后的人本观念与行为

然而，上述所有的动力机制本质是一种空间影响另一种空间。规划与地理学界里城市的物质空间是社会进程的反映，物质空间显然具有人类主观性，假若用一处物质空间影响另一处空间就显得玄妙。早期信息社会里的空间假设，信息的地理作用依托的是网络改变了生活方式、生活感知与生活需求这一间接途径，而不是直接产生各种作用。虚拟空间有一定特殊性，一是它的存在超脱物质空间，因为它的绝大多数载体（如光缆）对于城市尺度来讲是微不足道的；二是它可以无处不在，比如依托无线通信的传递。但是牵扯到其对物质空间的影响问题，就需要一个中介体——人作为“流”的使用者和“形”的推动者。目前来看，人在其中的动力性研究体现在两个方面。其一，交通工具的不断更新使人的大跨度、长距离流动成为可能，人的可移动性增强，面对“时空压缩”产生新的空间观念和行为。其二，登录网站——获取信息——做出决策——形成人流[165]，构成了信息流导引作用的基本研究范式，也就是信息流影响下的空间观念和行为；“传统的社会化网络社区——虚拟社会化网络社区——虚拟现实社区”，构成了新型信息传播方式下空间社交行为的转化升级[166]。作为一种新的外部环境，网络空间通过影响人的动机认知与激发、认知基础、信息获取与处理而作用于人类行为[167]。可见，信息空间作用的动力机制最终的落脚点仍然在于人类行为，只不过此时人类所面对的环境是一种网络环境，但并不影响人在其中的认知、评价、选择、行动与产生更加利我的空间诉求等既有规律。虽然个体行为带有大量的主观成分，但特定的集团或阶层的大量统计结果却也能反映主体人群的客观规律。

2.1.3 不同时空维度的空间响应路径

2.1.3.1 空间维度下“流”的整体与局部辩证

城市中心是城市的组成部分。显然，二者为局部与整体的关系。在大都市区的尺度下，中心城区内部、外围城市内部以及中心城区与外围城市之间会发生要素的流动，城市中心与其所在城区之间、城市中心之间也会发生流动。相比其他尺度，大都市区外围城市中心的“流”始终可以作为局部出现。

从哲学理论角度出发，整体是由部分组成的，只有当各个组成部分共同参与，整体才会是一个明确的整体；这样看来，没有部分就没有整体。部分是整体中的部分，只有在整体存在的情况下，被包含的部分才会出现；由此又可以认为没有整体也就没有部分。二者的相互影响体现在整体支配、统率与决定部分，部分又会协调并统一形成整体的发展。在这个发展过程中，整体的变化会影响到部分的变化，部分的变化也会制约到整体的变化，甚至关键性部分的变化会在一定条件下起决定性作用。这揭示了大都市区外围城市中心的“流”与大都市区整体的“流”的相互关系可能。

2.1.3.2 时间维度下"流"的共演、协同与耦合

因为城市中心的界线存在，它的"流"与大都市区的"流"还可以被视为形成各自独立的个体。在同一个时间维度内，两个个体的互动可以在共演、协同与耦合的框架内发生。共演概念来源于生物学，本意是不同物种之间或生物与环境之间相互影响、共同演化[168]。该概念内涵的第一层次是"共同"，也就是不同主体的同时空性；第二层次是具备相互影响的"演化"[169]，意味不同主体具备了双向的改变对方适应特征的现象[170]，"变异""复制"和"选择"可以描述具体过程[171]。现在，该理论从社会经济领域向空间领域的探索开始出现。组织环境到组织区域，限定在空间范围内的前提导致了共演理论具有跨地界的空间隐喻[172]。协同理论是系统科学分支，是关于系统内部如何在与外界进行能量或物质交换时自发而有序地表现出时空与功能序列的理论[173]。系统的属性是有分别的，但相互间却在一个牵涉外部的大环境中存在着相互作用。与其类似的是物理学中的"耦合"概念。当耦合从电流泛化到社会或空间的其他现象中时，是指不同系统间通过各种相互作用而彼此影响或者联合起来。中文语境下，"耦合"相比"协同"更强调一种互相融合与动力机理。后两个概念在规划与地理研究中，会用来类比城市整体空间与局部空间的关系、城市各个职能空间之间的关系、城市某种职能空间内部系统间的关系。

共演、协同与耦合理论为"流"对空间的作用机制研究提供了富有系统性的解析框架，这个框架包含对"流"自身的解析，包含"流"元素的动力机制与路径，也包含空间响应的被动机制与路径。总体上，这些理论提供了一个认识复杂交织的空间组织的洞察窗口和动力归纳方式。

2.1.3.3 时空复合维度下"流"的多层与多元相关

与前面的理论相比，"相关"会显得词义宽泛。实际上，就系统论里的内涵看，"相关"的出现更显得多层化和多元化：第一，系统中的要素与要素；第二，系统中的要素与系统自身；第三，系统自身与其外部环境之间。

当次级对象（要素或系统）的独立性被束缚且其独立性服从于合作性时，高级对象（系统或环境）会稳定与有序；当高级对象之间的关联能量小于次级对象独立运动能量时，次级对象占主导地位，高级对象会发生变动[174]。相关性也关注元素、系统或环境的物质、能量、信息和“场”等中介元素。相关性具有多层次性、多方向性以及线性或非线性等特点，相关的形式可以分为目的相关、结构相关、功能相关、因果相关，也可以分为整体相关或局部相关、时间相关或空间相关、量相关或质相关等，相关性决定了系统的结构、功能、动力与运行等，空间分布结构协调、时间序列结构发展、量态平衡与质态适应是相关性的四大规律[175]。相关性分析的量化包括 Pearson 系数、Spearman 系数与 Kendall 系数等。

相关原理为“流”内部与外部空间环境间的双重复杂性认知提供了解析框架，尤其是其中不同的相关形式为空间关联的分析奠定了理性深入的基础，而质性研究到量化研究的转变则提供了方向性的引导。

2.2 西方发达国家中的历程与经验

2.2.1 整体视角：典型大都市区规划中的“心路”

在很多实证研究中，由于西方发达国家因为社会进程相对较早，其出现的城市空间发展现象通常作为普适规律出现，在这些空间现象基础上的理论总结也常作为国内的舶来经验。然而，在我国社会经济快速发展的进程中，城市建设的跨越性很强、周期性缩短，导致了我国的城市空间发展现象更为复杂。加之土地制度的差异和人口规模基数的不同，参照发达国家经验的迫切性与必要性逐渐弱化，有限度的经验学习应该成为共识。进入 21 世纪，全球范围内具有代表性的大都市区多数编制了新一轮规划。这些规划多数为大都市区规划，尺度适宜、期限较长、观念较新，代表了未来的城市发展趋势，具有一定程度的实证经验性。考虑到大都市区的代表性、城市规模的可参照性，选择了美国纽约、芝加哥、波士顿与英国伦敦、法国巴黎、日本东京为案例（表 2–1）。

参考各大都市区规划编制一览　　表 2-1

国家	大都市区名称	规划名称	编制或签发	时间
美国	纽约	更绿色、更美好的纽约——纽约城市规划（City of New York. PlaNYC 2030：A Greener，Greater New York）	市长迈克尔·布隆伯格（Michael bloomberg）	—
	芝加哥	成长中的芝加哥（Grow Chicago）	大都市区规划委员会（MPC）	2015 年 7 月
	波士顿	都市未来——打造一个更伟大的波士顿区域（Metro Future——Making a Greater Boston Region）	大都市区域规划委员会（MAPC）	2008 年 5 月
英国	伦敦	伦敦规划草稿：大伦敦的空间发展战略（The draft London Plan：Draft Spatial Development Strategy for Greater London）	市政厅（City Hall）	2002 年 6 月
法国	巴黎	巴黎大区 2030 战略规划（中文版）	—	—
日本	东京	东京城市规划（Tokyo City Planning）	—	—

注：巴黎与东京规划未查阅到详细信息。

2.2.1.1　大都市区外围城市中心普遍出现

案例中的所有大都市区均在传统的近郊区和远郊区出现了“中心”，只不过这种中心的名称并不一样，但大都市区中心（metropolitan center）的叫法最多（如芝加哥、伦敦），也代表了区级商务区、区域都市中心、地方中心与次中心等其他概念的内涵。总体判断，这类中心因为所处大都市区的原因而不同于原来的发展轨迹，既有职能或者规划定位脱离了路径依赖的范畴。此外，伦敦大都市区规划中还提出，大都市区中心与其他中心一起，共同构成大都市区的城市中心体系（London’s town center networks，图 2-1、表 2-2）。外围城市中心的职能与定位即使没有发展到显著高于原来的情况，仍然会与原有预想有所区别。以东京大都市区的多摩新城为例，对于这样一个因种种原因而没有达到规划目标的新城，整体开发建设用地规模比预想减少，各项用地绝对值均在压缩，而教育设施与商业服务用地占总用地的比例却在增加（表 2-3）。这使得外围城市中心的“中心性”得以加强。

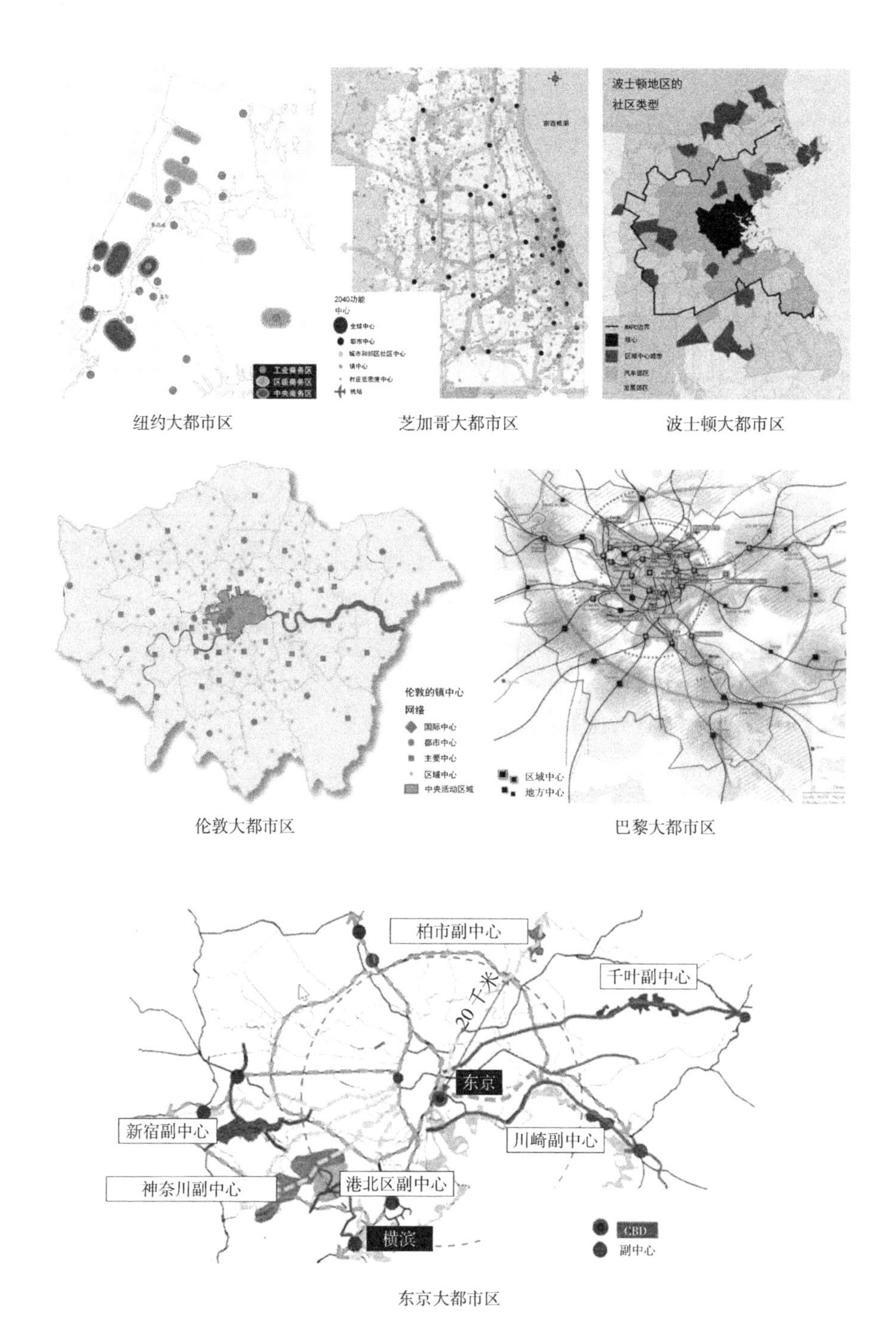

图 2-1　各大都市区规划编制中的城市中心图 [195-200]

大都市区中心体系规划一览表 表 2-2

大都市区名称	大都市区城市中心体系
纽约	中央商务区、区级商务区、工业商务区
芝加哥	全球中心、大都市区中心、城郊社区中心、镇中心、低密度中心
波士顿	内城中心、区域都市中心
伦敦	国际中心（位于中央活动区）、大都市区中心、主要中心、区域中心
巴黎	区域中心、地方中心
东京	中央商务区、次中心

注：根据图 2-1 中的内容整理。

多摩新城两轮规划建设各类用地比例[201] 表 2-3

新住宅市街地开发用地类别	1971 年规划		当前规划	
	面积（hm^2）	比率（%）	面积（hm^2）	比率（%）
住宅用地	1305	47.1	785.6	35.3
教育设施用地	247.7	9	212.6	9.6
商业服务用地	84.8	3.1	77.6	3.5
其他公益的设施用地	323.2	11.6	229.2	10.3
道路用地	504.9	18.2	421.7	19
公园绿地	287.1	10.4	432.9	19.4
其他公共设施用地	17.5	0.6	4.8	0.2
特定业务设施用地	—	—	61.2	2.7
合计	2770.2	100	2225.6	100

注：该表数据来源于百度文库。

2.2.1.2 中心城区双重中心遵循双路迁移

在上述大都市区中，中心城区的城市中心分别被冠以中央商务区、全球中心、国际中心与内城中心等，伦敦还提到了国际中心所处的中央活动区。这类中心明显有别于其他中心，部分显现出了类似空间扩散的现象。比如，纽约中央商务区已经不再集中在曼哈顿下城，而是向南侧的曼哈顿上城、东侧的长岛和布鲁克林、甚至南侧的史泰登岛（Staten Island）北岸多个区域布局；伦敦的中央活动区内存在伦敦西区（West End）与骑士桥（Knights Bridge）两个国际中心；巴黎则更直接的将区域中心相对集中地分散在中心城区和有选择地布局在近郊区内，虽然这类区域中心因为有不同功能的叠加而具有特殊的职能含义，但也显示了扁平化的空间结构，特别是除远郊区以外的其他区域内都存在区域中心和地方中心交互分布的态势。从中心城区的尺度看，这种空间扩散很适合被视为城市中心体系。结合外围城市中心发展状况，可以明确高等级城市中心主要由中心城区传统区位向周边近郊区迁移，次等级中心主要向近郊和远郊区迁移。利德斯（Jonathan Reades，2014）关于伦敦服务业的研究佐证了规划的可实施性：传统郊区所承载的部分服务业空间的职能类型相对多元，空间规模并非势单力薄，甚至很多类型的专业服务有了更大的空间跨度（当然也可能同时发生集约性与紧凑度减低的情况）（图 2–2）。

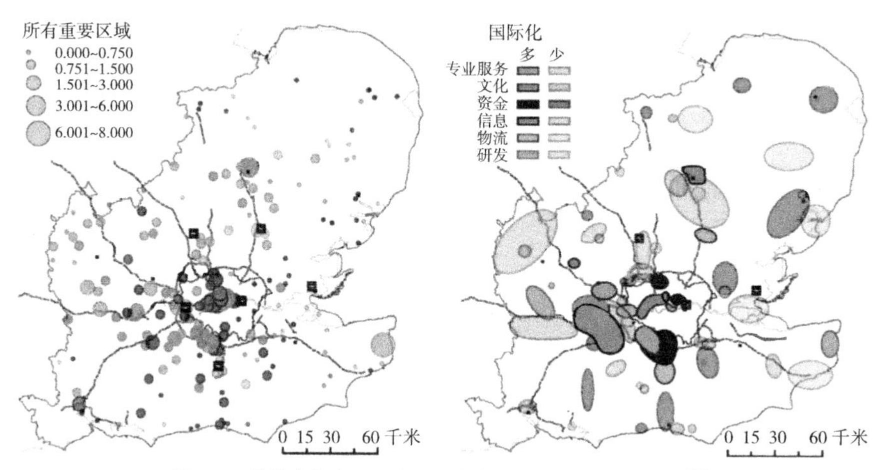

图 2–2　伦敦大都市区服务业分布集聚点与集聚区分布图 [202]

2.2.1.3　外围区域先期集结亟待核心统领

与城市中心的外迁相统一的是，原本属于郊区的地域迎来了很大的发展机遇。在纽约大都市区规划中，人口预测增长率 7.5‰的区域完全跳出了中心城区而向郊区拓展（图 2–3）。与中心城区高增长率向递增率区域逐渐过渡的方式不一样，郊区的高增长区显得“鹤立鸡群”一些。在巴黎大都市区规划中，明确提出将位于默伦（Melun）等共计 12 处外围城市明确为大型的“需要增强的中心”，将谢尔西（Chessy）等若干区域明确为小型的“需要增强的中心”（图 2–4）。这些中心内，有已经城市化地区中的重点加密区，也有新城市化地区内的优先区域。在芝加哥大都市区规划中，发展机遇光顾

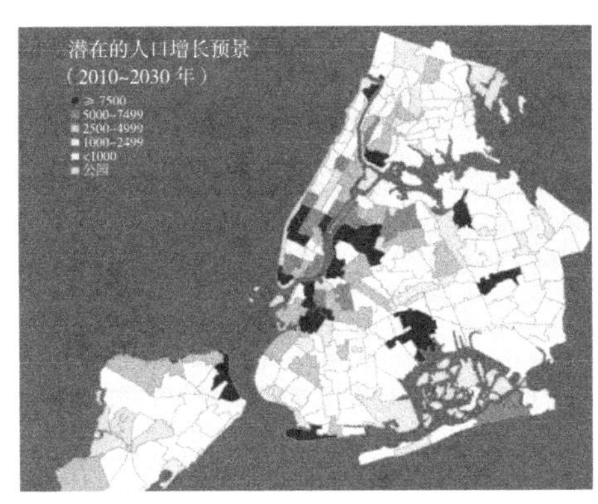

图 2-3　纽约大都市区规划中的人口预景图[195]

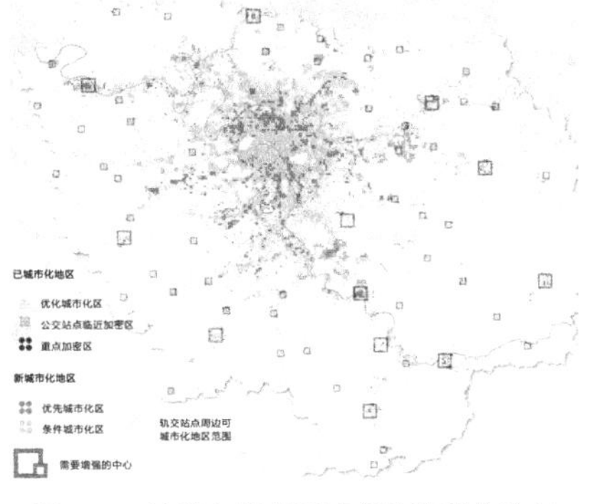

图 2-4　巴黎大都市区城市化类型分类与外围中心分布图[199]

了跨出芝加哥行政区划界限的区域，西侧的绍姆堡（Schaumburg）、内珀维尔（Naperville）和乔利埃特（Joliet）的部分区域与芝加哥城市中心同样成为高发展机遇地区，而且前者的空间尺度更大（图 2–5）。而在东京，大都市区外围区域的集结现象更为明显，绝大多数城市或地区出现了“抱团”式发展态势（图 2–6）。比如前文提到的多摩市与周边的八王子市、立川市共同组成了一个发展组团。

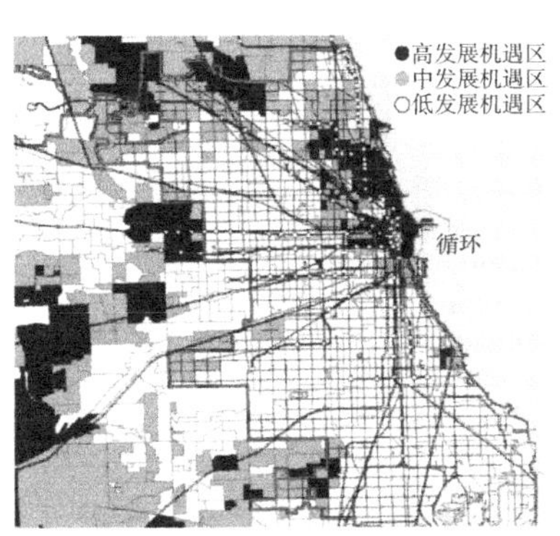

图 2–5　芝加哥大都市区外围不同发展机遇区域的分布图[196]

图 2–6　东京大都市区规划中的多中心示意[200]

2.2.2　个体视角：英国代表性新城中心的“脉络”

对于新城而言，不同国家、不同目的、不同方式的开发会形成不同的概念理解。比如，在法国多指近郊区的大型住宅区，在日本多指专业职能城市，在美国则可以将所有大城市周围或市区内、原有基础上改建或新建的城市都纳入[176]。追本溯源，英国社会学家埃比尼泽·霍华德（E. Howard）在1898年已发布了田园城市计划；在此之前，美国学者泰勒（G.R. Taylor，1916）使用了卫星城（Satellite Cities）的概念❶。卫星城的理论出现以后，迅速被欧洲国家实践，在经过了以居住职能为主的卧城、以产业为主的辅城两代卫星城发展后进入了更具有独立性的第三代。因为这个时期英国颁布了《新城法》（New Town Act，1946），所以此时和此后的"卫星城"均被统称为"新城"。在英国，新城又分为三代，其中第三代新城中建成了被广泛认可的米尔顿·凯恩斯（Milton Keynes）新城。

2.2.2.1 理想城市的理想中心

霍华德的"田园城市"理想更多的是注重城市的构建，但其"反磁力"的核心除去被乡村所包围的环境优势外，也包含城市中心的良好服务引力。田园城市中的城市中心具有鲜明的特征，这体现在[177]❷：

第一，几何形态性。这样一座城市的中心是一块约2.2公顷（5.5英亩）的圆形用地，其功能作为景致优美的花园；市政厅、图书馆、演讲大厅和医院等公共建筑则围绕在花园四周布局。再向外，是面积约为145英亩（约5.87万平方米）的开敞的中央公园，其外围则是一圈串起出售工厂产品的商店和用作室内散步的玻璃廊道。这给田园城市的中心带来了很强的圈层式几何形式感，这种形式感因为每座田园城市的圆形形态而更加明显。

第二，空间均好性。正是由于位于城市的几何中心，而城市的形态又是圆形，田园城市的中心成为不折不扣的中心，也因此获得了最大的可达性和在此基础上的空间均好性。正如霍华德所说，水晶宫构成了"永久性街廊式展会"，为了满足均好地接近每一位城市居民，它被设置成了环形并限定了最远距离。

第三，公益至上性。从空间布局角度看，花园位于最中心，市政厅、音乐演讲大厅、剧院、医院与图书馆等公共设施圈层式布置于周边。水晶宫用于商品销售，也担负产品展示职能。至于市场、牛奶房、煤场等生活必需

---

❶ 参见 Taylor G.R. 的《Satellite cities：a study of industrial suburbs》（2000年 Arno Press 出版）。

❷ 本小节以下部分内容均依据埃比尼泽·霍华德的《明日的田园城市》（金经元译，2010年商务图书馆出版）。

品的商业交易场所则与工厂、仓库、木材场等一起出现在了城市的外围。这表明了田园城市城市中心完全以公共服务为核心的理念。

第四，标准高档性。有几个体现细节的事例可以说明田园城市中心的高标准所在。其一，水晶宫的容量比购物活动所需的空间要大得多，且其两侧分别为花园和中央公园，从景观视觉和空间体验方面均创造了舒适性的标准。其二，之所以出现水晶宫这一玻璃连拱街廊，目的还在于提供一种应付恶劣天气的全天候公共空间。这也从侧面印证了“乡村磁铁”的必要性，即怎样才能使乡村比城市更具备吸引力，至少是物质享受的标准高于城市。

第五，中心体系性。霍华德提出如果 10 个 3 万人口的城市用高速公共交通相连，就相当于提供了一个 30 万人口的城市服务效能。这些城市在政治、经济与文化上相互协作，又不产生大城市那样效率低下的问题。这一理念将促成城市中心体系的出现。

2.2.2.2 实践过程的“硬件硬伤”

因为新城的定位在于吸引原本生活在大城市的居民前来，所以新城的城市中心从本质上具有高档次、高等级、高标准的属性。百货商店、购物街区都成为新城中心的标配。步行街区成为不少新城的选择，这种新的方式也很快被其他新城所模仿。除了商业以外，也有新城通过开发办公街区来减少与中心城区的通勤，而市政厅、法院、警察局、消防站、邮局、学校、医院等公益性设施在新城开发的早期就成为必要条件。一些细节性的事情也被注重，比如在开发居住区和工业区时特别考虑年轻人和妇女的需要。为了达到这样的目的，新城建设着重考虑了设施配置的机制问题。新城开发公司会负责与相关的公司或机构协商落实市政设施，公益性设施则由地方政府负责，主要的商店与办公楼，以及影剧院、酒吧、舞厅及其他服务性设施通常是由私人机构提供。新城开发公司还会通过创造有利条件来促进私企的投资和建设。[178]❶

❶ 本段根据张婕与赵民的《新城规划的理论与实践——田园城市思想的世纪演绎》（2005 年中国建筑工业出版社出版）中的部分内容改写。

对新城中心尤其是各类设施配建的重视，极大地提高了新城吸引人群的能力。但是，只对物质性条件这一“硬件”的重视存在一些“硬伤”。多数新城中心与新城在同一开发周期内完全落成，城市中心的用地缺乏后续进一步调整的“库存”。而在新城所处的大都市区整体发展相对缓慢的情况下，外围新城中心的更新则会完全停顿。新城中心是城市结构的中心、商业的中心抑或就业的中心，但城市中心的硬件不足以让其成为城市主体活动的中心。酒吧、俱乐部甚至非正规经济活动和土地开发的混合性缺失，使城市中心匮乏应有的生活气息，而仅仅作为一个城市中的“服务地”。这是城市中心规划建设中更高层次的精神内涵问题，反映了人在城市中心聚集过程中目的的单一性与行为的被动性特征。在进入 21 世纪以后，很多新城中心都面临更新或重建，扭转过去一直存在的“硬伤”或者通过活动等“软件”植入从而形成地区持续活力成为首要任务。

2.2.2.3 老式中心的新型发展——以“CMK”为例

米尔顿·凯恩斯位于英格兰中部，东南距伦敦 80 千米。目前，它已经从一个村庄发展成为拥有 20 多万人口的新城。它拥有“CMK”（Central Milton Keyne）这一标准的新城城市中心。“CMK”位于米镇的中部偏北，横跨东西距离 2.4 千米（不含 Campbell 公园）、南北距离 1 千米，是一个近乎规则的长方形，承载了大量的公共设施。米镇的城市中心还体现了城市尺度内多中心发展的特点：布莱奇雷（Bletchley）等传统商业区不断壮大，各类服务业用地布局具有整体分散、局部聚集的现象。这些中心都根据各自的人口增长和商业发展趋势制定了各自的发展规划（图 2–7、图 2–8）。梳理“CMK”21 世纪来相关的几次规划（表 2–4），其地位与作用愈趋重要，最突出的是已经从一个城市中心上升为区域甚至国家层面的职能中心。而从具体的规划措施看，呈现出了关联元素更加复杂（如适应米尔顿·凯恩斯大学校园的扩张需求）、人本主义特征更加明显、规划措施更为细致的特点。

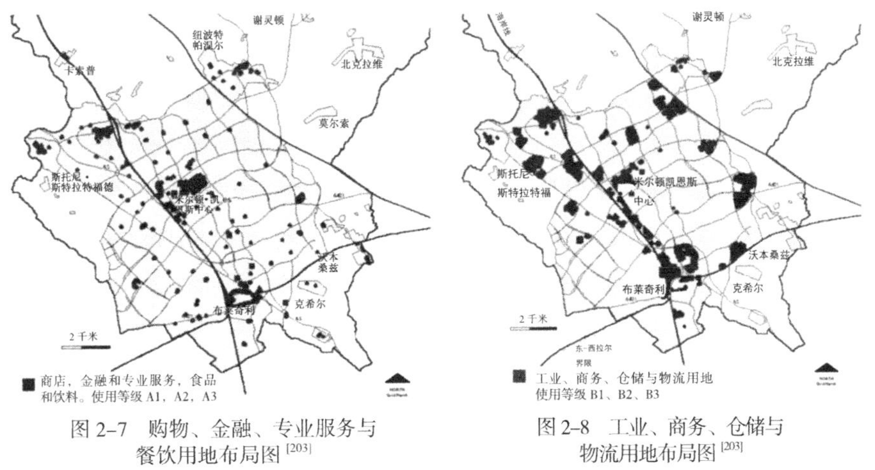

图 2-7 购物、金融、专业服务与餐饮用地布局图 [203]

图 2-8 工业、商务、仓储与物流用地布局图 [203]

米镇近几轮规划中的“CMK”定位与规划措施 表 2-4

比较内容	2001 规划信息	2010 规划信息	2013 规划信息
整体定位	米尔顿·凯恩斯的中心，白金汉郡中心，区域性的购物中心	作为米尔顿·凯恩斯中心，作为次区域（sub-region）中心和欧洲购物、休闲目的地	作为区域中心，提升作为国家性的购物、文化和休闲目的地地位
核心措施	（1）增加多样化的功能； （2）对于购物来讲，关注更加休闲的方式，目的在于周边居民在周末休闲时可以到这里消费； （3）需要在购物与办公之间进行平衡，从而成为整个郡的办公中心。比如，购物中心北部将逐渐发展成为科技研发区域； （4）增加 CMK 的用地复合度，容积率进行调整，提高开发强度； （5）保证社会和基础设施的充足	（1）增加用地混合性； （2）布局新的学校； （3）提供相较周边地区更高水平与档次的服务； （4）增加就业岗位； （5）增强地铁站周边的多样化交通换乘方式； （6）发展米尔顿·凯恩斯大学校园（UCMK）； （7）增加休闲和社交设施	（1）增加人的尺度和细节多样性； （2）在合适区域提高密度，增加慢行、骑行和公共交通空间，做到步行友好； （3）提供多样性的旅游选择，增加来往者的平均旅行距离； （4）适应米尔顿·凯恩斯大学校园（UCMK）的扩张需求； （5）为现在和未来的居民提供具有吸引力的居住环境
信息来源	米尔顿·凯恩斯地方规划 2001—2011（2005 年 12 月实施版本，Milton Keynes Local Plan 2001—2011 Adopted December 2005）	米尔顿·凯恩斯市政府发展规划核心策略（2010 年 10 月修订本，Milton Keynes Council，Development Plans Core Strategy：Revised Proposed Submission，October 2010）	米尔顿·凯恩斯市政府发展规划核心策略（2013 实施版本，Milton Keynes Council，Milton Keynes Core Strategy：Adopted July 2013）
出自章节	城镇中心与购物（Town Centres and Shopping）	发展策略与区域变化（Development Strategy and Areas of Change）	米尔顿·凯恩斯中心（Central Milton Keynes）

注：根据表中信息来源整理。

米镇的城市中心能有今天的发展成就，离不开其高瞻远瞩的规划控制与得天独厚的区位条件。就规划控制看，1970 年代落成时“CMK”内就布置了大型购物中心、娱乐中心和商务中心，在当时成为欧洲最具规模的现代化购物中心。1993 年至 2002 年间，“CMK”商业区的用地规模从 42 万平方米增加到 58 万平方米，增长了近 40%。商业设施的快速发展较好地适应了当地迅速增长的人口需求。不仅如此，米镇还在“CMK”区域内预留了很多用地用以日后的发展，这些用地时至今日仍然有富裕的发展空间。与此同时，决策者在 1970 年代左右便意识到制造业萎缩是未来的趋势，服务业理应成为新城的经济支柱。所以金融和现代物流成为当时城市谋划的主要产业。据统计，该镇服务业从业人数占全部劳动力的八成左右。在服务业当中，就业人口总数的 22%[179] 在从事批发与零售业。这里更是英国有名的总部基地，英国铁路网公司总部、亚马逊英国物流中心、西门子英国总部、西班牙国际银行的总部及一些零售公司和家居品牌总部都在此聚集。由此可见，米镇承担了周围大城市的一些职能。

就区位条件来看，“CMK”的成功得益于两个层面的优势。其一，微观尺度看，“CMK”拥有良好的交通条件，西侧有 A5 高速公路和铁路，南北两侧均有其他 A 级公路，保证了与周边区域联系的可达性（图 2-9）。其二，宏观尺度看，这座新城充分利用其地理位置处于剑桥、牛津两座学府间的优势，将科研、咨询与教育培训等相关服务业纳入囊中，政府还计划在此建一个高新经济产业带。此外，从米镇目前的通勤情况看，与伦敦的联系已经不再一家独大，贝德福德（Bedford）、南安普顿（Southampton）与艾尔斯伯里（Aylesbury）三个周边的郡反而成了主要通勤地。从具体的数据看，与伦敦通勤相比，三个周边郡的通勤均是流入米镇大于流出米镇，这与伦敦恰恰相反；而且，三个周边郡在流入与流出米镇方面更加均衡，而不像伦敦那样完全吸引米镇流出而不向米镇流入，这说明米镇与周边区域的联系是双向的（图 2-10）。从这一点上可以验证，“CMK”不仅是米镇和整个郡的中心，它还是周边区域甚至更广区域内的中心。基于上述条件，“CMK”的发展表现出了后劲十足的特点，也进入了良性发展的路径。显而易见，一个城市中心的成功不仅是这座新城的功劳与幸事。

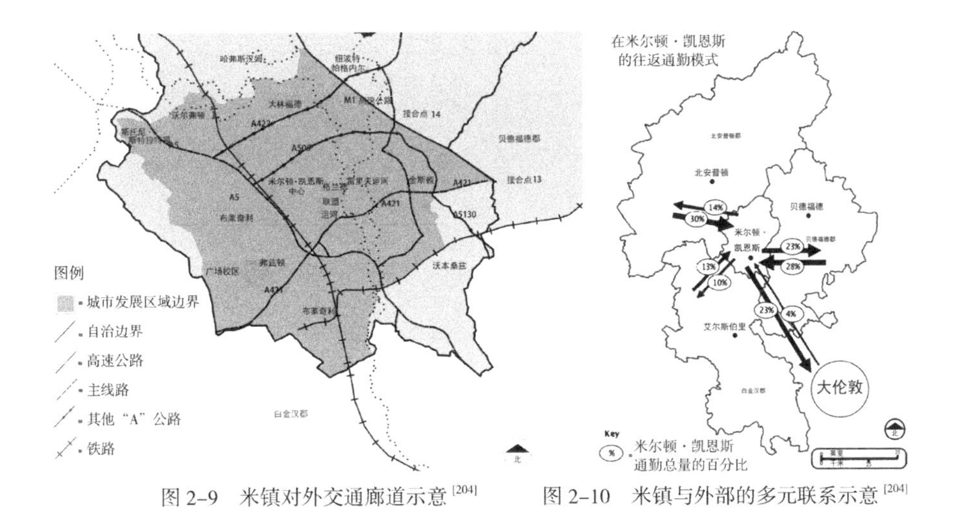

图 2–9　米镇对外交通廊道示意 [204]　　图 2–10　米镇与外部的多元联系示意 [204]

2.3　假设前提

2.3.1　城市中心完全由“流”构成

城市中心与城市的关系可以是静态的，因为城市中心确实是一个实体存在。但从城市中心所承载的功能看，又具有典型的动态性。如果利用这种动态性把城市中心抽象成若干“流”，那么城市中心就变成了“流”的交叉、放射与汇集之地（图 2–11）。城市中心由三个层面的“流”构成（图 2–12）。

第一层面，是日常存在的流动现象中的“流”。这其中又包含两种流，其一是由人流、物流指征的显性“流”；其二是信息流、资本流与技术流等隐性“流”。显性“流”与隐性“流”共同参与到人群购物、娱乐、休闲与工作等行为活动中。这些行为活动发生时，流形成；结束时，流散去。这些

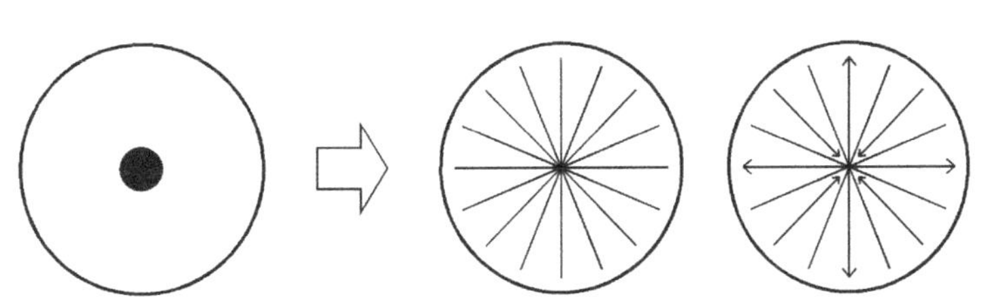

图 2–11　城市中心传统视角向“流”视角的转变示意
（图片来源：作者自绘）

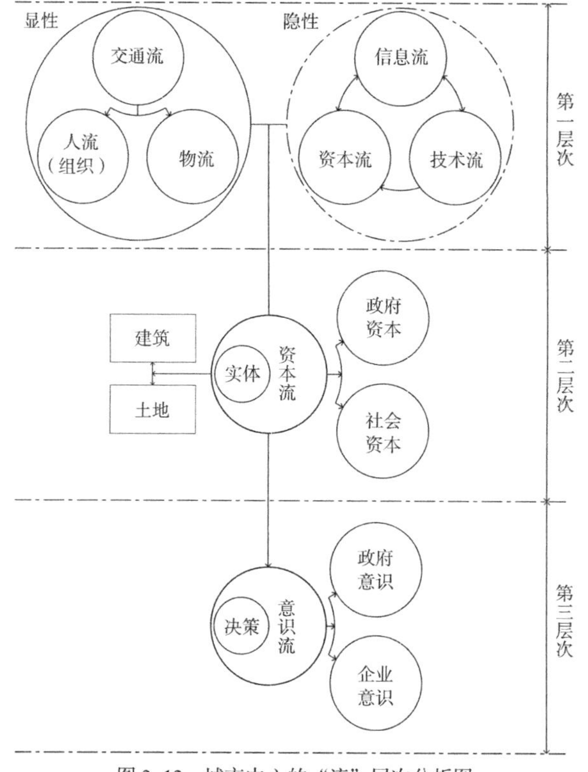

图 2-12 城市中心的“流”层次分析图
（图片来源：作者自绘）

行为活动分个体与集体（比如在服务业企业工作的人群）两类，所以部分流动会带有一定社会组织性。显性“流”还涉及物品的囤积、销售与消耗等行为带来的物流现象，但对城市中心而言，其具有一定的恒定性。左右物流与人流出现的形式是交通流。

第二层面，基于“‘外壳’的空间到空间里面的空间”[180]的研究思路而存在。虽然土地与建筑的存在是固定的，但其存在的前提则在于资本投入。考虑工程建设的周期性，资本投入本质上存在资本流的特征。反映到对应的物质空间实体，其大致关系是资本流快，则物质空间实体建设快；资本流慢，则物质空间实体建设慢；资本流多，则城市中心基本单元的单体大或群体大；资本流少，则城市中心基本单元的单体小或群体小。考虑到城市中心物质空间实体所承载职能的差异性与多样性，所投入的资本又可按政府性与社会性划分，二者分别具有自身的特点。

在第三层面中，也是最高层次，是谁来决定资本流有无及其具体状态的层面。投资需要决策，决策是一种行为，行为归根结底靠意识支配。由于城市中心建设的投入资本可以分为政府性和社会性，这个层次的意识流也可以按此划分。

2.3.2 城市及其中心区的“流”运动遵循物理学规律

首先，“流”存在的前提条件是位势差，从高到低、从有到无、从强到弱的运动才是“流”诞生的基本前提。当然，这种从静到动的过程一定具备现实空间中的线性特征时才是“流”，这对应流体力学中的“流管”概念。在地理空间中发生这种运动的概率是无限大的，因为“世界是平的”[6]。

第二，“流”具有“流体”的矢量化特征。矢量化特征之一的方向对应城市中心各种“流”的方向，比如人流的通勤方向、物流的货运方向、资本流的强弱等；另一矢量化特征的大小对应城市中心各种“流”的速度与强度。比如不同的交通方式会带来不同的人流速度，而同样速度的交通方式又会带来不同的人流密度。

第三，“流”还具有“流体”的其他特征。具体看：其一，“流”在时间序列上具有瞬时性，也存在作用时间的长短问题。比如，“流”的长期作用相较短期作用更易产生城市空间中的一系列连锁效应。其二，“流”也具有黏性特征，这种黏性体现在与地理空间的摩擦。比如，信息流、技术流与资本流属于瞬时传递，体现出了理想流体的特征；而人流与物流的空间位移必须在时间轨道同步推进，故而表现出了现实流体的特征。这种现实流体同样具有黏性特征。比如人流对原有处所精神上的留恋。其三，各种“流”之间的关系存在层流与湍流等特征。从“流”的复合视角看，人流可以附带相对人本身外在的物流与相对人本身内在的技术流等。在正常情况下，它们在起讫点间同步行进，呈现稳步运动、不相掺杂的层流特点；但在某种外力干扰下，可能会出现分裂、传递并混乱位移（比如物品遗失、与同行路人的技术交流）的情况，可以视为轨迹杂乱的湍流。当然，前文中提到的流场也属于“流体”特征。可见，在对空间发展的细化类比中，是不能跳出其物理学意义的。

最后，研究城市中心的“流”，既是以城市中心为固定点去观察各种“流”，又涉及各种“流”自身特点对这个固定点的影响。前者类似于欧拉研究法，研究流场中某一固定点的各质点变化并据此综合所有的固定点得到整个流场的情况[181]；后者类似于拉格朗日研究法，研究流体质点自身运动及参数的时空变化。

3 大都市区外围城市中心的“流”化“形”成

3.1 差异化位势——流向外围的基本动力

3.1.1 大都市区存在势差

与一般城市不同的是，大都市区是由中心城区及其外围构成的，也可以说是由一座中心城市与若干围绕其分布的次级城市构成的。在一座城市当中，集聚与外溢发生的空间扩散尺度仅仅依托这座城市自身而产生，而大都市区则面临分散到一定程度后又因为次级城市的存在而走向新的集中。如果从城市是为了满足生活其中的人的需求来看，大都市区的存在则以其所辖范围具备大致相当的生活水平为责任。聚焦到生活水平所涉及的服务性元素，则进而转化为需要大都市区内的整体服务水平大致相当。这也从另一个方面解释了大都市区以内、中心城市以外的次级城市积极融入大都市区的动力。

追求发展水平大致相当的过程，应该也是弥补中心城区内外差距的过程。在大都市区早期，从行政等级的角度看，国内大都市区中的外围城市多是区县一级，与中心城区的整体实力不可同日而语；而从经济发展的角度看，外围城市可能远远不如中心城区相应的行政等级管辖范围。有两个理论支撑这一观点：其一是商品服务能力为支撑的中心地理论；其二是侧重经济活动由高梯度区流向低梯度区的产业梯度转移理论。两个理论的根本都是城市功能不仅满足这个城市内部的居民需求，还会具有向外辐射的外部功能。综合两个理论的内涵，就会发现一定区域内的城镇之间肯定会因为自身等级的差异而出现人、物、资金、信息与技术等的流动和转移，从而达到相对均衡。这奠定了城市间因为势能的不同而进行能量传递的基础。而城市所拥有的势能则可能是因素在不同地点组合而形成差别的“区位势能”[1]，也可能是

[1] 参见居俊勇与成伟光的《政策势能对区域经济发展的作用》(刊载于《陕西师大学报(自然科学版)》1994年第9期)。

综合GDP等经济指标的“经济势能”[1]，还可能是融合经济、社会发展水平以及公共服务能力等多方面的“综合势能”[2]。在“综合势能”中，与城市中心区相关的公共服务能力已经被纳入势能领域。

3.1.2 从中心城区流向外围城市

3.1.2.1 两种可能的情况

不同立足点的“流”会出现不同的作用形式，也会带来不同的结果，大都市区外围城市中心有可能与中心城区的城市中心同量同构，也有可能完全萎缩而依靠中心城区的城市中心。现实情况下，则会倾向同量同构的可能。

第一种情况下，假设有A与B两个地域，A地域的城市中心构成要素位于高位势（比如档次），B地域的城市中心位于低位势。按照“流”的运动规律，城市中心的流动要素会从高位势流向低位势，即从原来所在的A地域流向将来所在的B地域。因为“流”的运动会消减差别以获得平衡，所以“流”的内涵之一在于无限的均质。这使得空间地域A和B的城市中心势位差将缩小以至消逝并最终形成一种均衡，也就是说A、B两个地域最终会拥有相同的城市中心。而且在极端状况下，这种均衡的最高级状态应该是同质与同构。在实际的大都市区中，利用A指代中心城区、B指代外围城市，中心城区与外围城市及其城市中心的差别会逐渐趋同。

第二种情况下，同样是在A与B两个地域中分别存在位势差别很大的城市中心。因为地域A与B的城市中心之间存在“流”，而“流”的内涵之一还在于瞬时性，导致了企图通过前往地域A的城市中心而获得服务的行为可以转移到前往地域B的城市中心而获得。而且，如果地域A、B及其城市中心之间也有“流”存在，前往地域B城市中心的行为也不需要。在这

[1] 参见王宇与徐应萍的《国际大通道沿线云南城市经济势能测算研究》（刊载于《云南财贸学院学报》2005年第1期）。

[2] 参见董少军与刘倩的《综合势能视角下四川城市等级规模结构研究》（刊载于《国土资源科技管理》2015年第1期）。

种情况下，地域 B 的城市中心根本不用发展，地域 A 的城市中心则可以继续保持高位势效果或进一步发展并提升位势。在实际的大都市区中，同样利用 A 指代中心城区、B 指代外围城市，外围城市似乎一直不会拥有中心城区那样的城市中心。

3.1.2.2 现实空间的选择

看似都可以实现的两种可能，在现实空间中更倾向实现第一种可能。因为第二种可能里的假设目前似乎难以实现，也就是说地域 A 和 B 的城市中心不具备瞬时完成的“流”运动。如果将“流”予以解构，信息流、资本流与技术流等虚拟流可以做到瞬时流动，但人流、物流等实体的显性流则不能完成。显然，现实与现时中的城市中心职能构成中是离不开人流、物流参与的，即使地域 B 的城市中心起到虚拟流的中介作用，也需要对应的人流参与。所以，现实发展中更倾向二者具有类似的趋势。但是，也正因为一些虚拟流的存在，地域 A 和地域 B 的城市中心不可能发展到完全的等同。

当然，造成这种不同的原因也是十分复杂的，它牵扯到另一个问题，即并不是地域 A 的所有流会流向地域 B，否则就会出现 A 与 B 两座相同的城市和两个完全等同的中心。也正是因为“非建制”的整体迁徙性流动并不存在，局部流动更增加了地域之间流动的复杂性，同样加剧了不同地域的城市中心的不同。城市中心的不同现象或许是十分复杂的，这将在后文陆续展开。

3.1.3 三个空间条件作为前提

3.1.3.1 中心城区输出方向的轮回

上述提出地域 A 和地域 B 的终极状态不是等同，而两个地域中的城市中心则会处于大体相同的状态是需要前提条件的。大都市区内的中心城区与外围城市的关系原本隶属于一种“中心地”的状态，二者的数量级差别极大。由于发展机遇的不均等，中心城区相关元素向外的流出会在某个时期内集中在某一个方向，这一方向的城市中心会得以迅猛发展。没有外力的情况下，由于地理距离的作用并不会完全消逝，所以中心城区会逐渐向其他方向流出相关元素，并最终形成新的平衡。当然，现实中完全平衡是不现实的，因为在中心城区向其他方向不断输出的过程中，大都市区并不会处在一个真空中，其他外力（比如跨大都市区的力量）也会发挥作用，某个或一些方向的城市中心会得以持续发展。

3.1.3.2 中心城区的中心体系形成

两座数量级不一样的城市（把中心城区也视为一座城市）是不可能出现同数量级城市中心的，之所以出现它们的城市中心趋同化可能还需要满足另外一个条件——中心城区的城市中心在进行体系化的发展。出现中心城区向外围流出相关元素之前，首先是中心城区内部的流动。多个城市中心存在的重要意义在于缩小人流流向城市中心获得服务的时间。在大都市区的尺度下，尚未完全发育的中心城区与外围城市（或者称其为郊县）之间，隔离着中心城区自身扩张的空间。同样因为地理距离作用的存在，加上外围城市的交通方式并非一蹴而就，导致中心城区的城市中心元素会优先选择流向较为近便的区域。这种选择有可能依托一定的基础，也有可能完全另起炉灶，但这两种情况更接近于外围城市发展的城市中心现实。所以，可以认为外围城市的城市中心并不等同于中心城区原本的城市中心，而是等同于中心城区城市中心体系化之后的城市中心。

3.1.3.3 大都市区作为开放的系统

现代城市是一个开放复杂的巨系统[182]。“开放”是系统本身与系统外部环境间的，而系统显然可以是大都市区。大都市区边界向其系统外部环境的物质、能量和信息交换才是构成外围中心的条件。这是因为，如果仅限于大都市区内部，流要素的运动线路所交织形成的聚集点（也就是城市中心）很容易以追求几何中心为原则而聚集在中心城区内部，呈现出单中心典型结构。而当流要素来自于大都市区外部时，大都市区外围城市中心则获得了包括更大区域范围的几何中心地位。

3.2 复合式协同——促动演进的运行机制

3.2.1 时序协同中的跟随与反馈

按照上述三个层面的逻辑，第一层面的显性流和隐性流存在于第二层面的资本流当中，两者间产生第一次的跟随；第二层次资本流的落地又受第三层次意识流的支配，两者间产生第二层次的跟随。而对外围城市中心的现实空间形态起到决定性作用的是资本流带来的投入。在这种情况下，以追求剩余价值为己任的资本在流入时将变得十分敏感，这种敏感通常会在感应的速度方面体现。这也是建筑落成后出现车水马龙或门可罗雀两种不同情况的原因所在。

在复合流的视野下，最好的时序体现在意识流、资本流与人流在一个坐标系内先后出现，并且具有相同的流入斜率和紧凑的时间先后关系（图 3–1），并且 T1 和 T2 的数值极小。这种情况下，城市建设是集约的、高效的，也是政府、企业与市民三方乐观其成的。以资本流与意识流的关系为例，当大都市区外围城市中心的意识流（此处可特指政府政策）扩散后，资本流（此处可特指社会资本）闻风而动的情况可分为两种（图 3–2）：第一，资本流Ⅰ认为利好机遇出现，投资斜率迅速提高，其投入程度超过意识流预期，这个时候会导致人流短时难以紧密跟随。反馈到意识流后，意识流有可能继续跟进（比如对该城市中心进行更高的定位），也有可能发觉偏离问题而进行抑制。第二，资本流Ⅱ认为利好条件不足，投资斜率迅速降低，其投入程度逐渐低于意识流预期，这可能会促使意识流从交通政策等更多的方面考虑，也可能降低意识流预期。再以资本流与人流的关系为例，当资本流投入后，现实空间这一物质载体落成，人流进入使用的情况也可以分为两种（图 3–3）：第一，在周边缺失相同服务空间时，人流Ⅰ大量涌入导致服务空间出现供不应求，并反馈到资本流及决定其投入的意识流。第二，假若周边

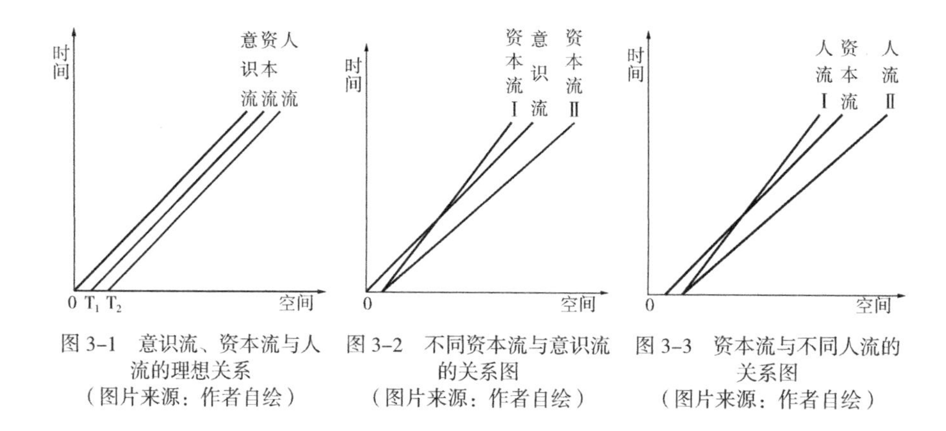

图 3–1 意识流、资本流与人流的理想关系（图片来源：作者自绘）

图 3–2 不同资本流与意识流的关系图（图片来源：作者自绘）

图 3–3 资本流与不同人流的关系图（图片来源：作者自绘）

同质竞争严峻，人流Ⅱ始终低迷，这就要求资本流积极缩减后续项目，甚至对已落成项目进行内部职能的变化。由此可见，各个环节内部以及各个环节之间的时间紧密性都起到至关重要的作用。对大都市区外围的城市中心区而言，当跟随与反馈顺畅时，城市中心的空间发展会处在良性的可控之中；当这个反馈与跟随壅塞时，城市中心的空间发展则会出现失控的现象。

3.2.2 空间协同中的聚集与扩散

城市中心区的雏形源于“市井”为原型的物物交换，城市中心区的发展源于城市中心区各种元素的聚集效应。在“流”的视野下，聚集的元素既包含人流与物流等需要物质空间相匹配的显性流，也包括信息流、技术流与知识流等不需要与物质空间相匹配的隐性流。可以明晰的是，现实中的大都市区外围城市中心是纯粹的物质空间，其所协同的则是需要物质空间的显性流。这其中，又以与城市中心日常运行显著相关且拥有空间感受敏感性的人流为主。所以，人流聚集的越多，所需要的物质空间越多；当人流聚集到一定程度，空间匹配的舒适性降低，因为过度聚集而不可避免地出现聚集不经济问题，进而影响城市中心区职能的正常发挥。为了改变这种空间规模失配的问题，促使聚集不经济正消减，就需要承载人流的物质空间进行扩散，从而导致城市中心区的空间规模扩大。

虽然隐性流自身并不占据城市中心区通常意义上的物质空间，但它仍然与物质空间存在大体的线性关系。这是因为人流是各种隐性流的携带者，其在自身的集聚过程中又集聚自身所携带的各类隐性流。但是，大体的线性关系以外，二者还具有非线性的一面。因为城市中心的活动充斥着人与人的交流与沟通，这不仅会减少信息的不对称性，还会带来信息的创新和新生。也就是说，隐性流会出现与人流以及物质空间不相匹配的一面。这个时候，隐性流既可以在物质空间的相对逼仄中形成高密度的压缩体（图 3-4，2），也可以完全跳出该处的物质空间而流落他处（图 3-4，3）。尤其是在信息基础设施完善的时候，大都市区外围城市中心区的区位偏远劣势完全被隐性流的聚散灵活优势所消减，聚集与扩散完全以一种联系的方式存在。进一步说，显性流对城市中心提出周边腹地范围内的近域有“形”扩散诉求，而隐性流则可以在远域范围内施行无“形”扩散，后者构成了“流”在城市中的又一本质——联系。

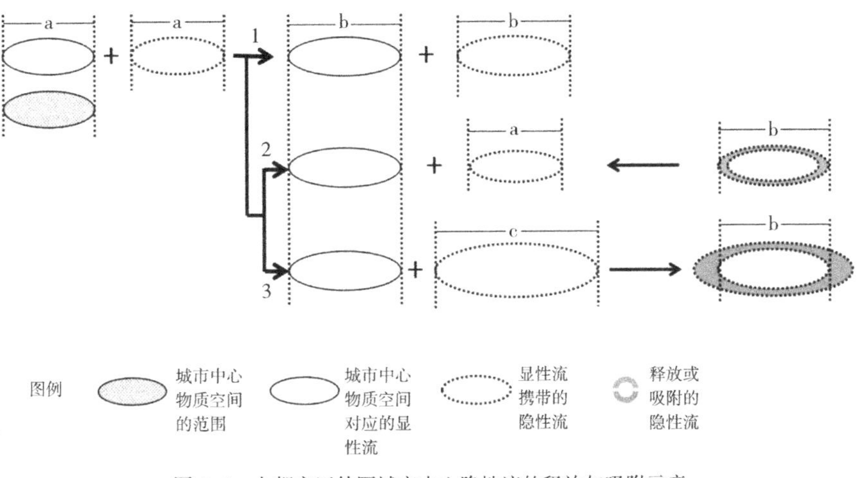

图 3-4　大都市区外围城市中心隐性流的释放与吸附示意
（图片来源：作者自绘）

3.2.3　复合协同中的生成与演化

在前面内容中，分别讨论了时间与空间角度对大都市区外围城市中心的协同方式，接下来尝试建立的是将两个维度重合。图 3-5 中展示的是大都市区外围城市中心空间生成与演化过程。在一个外围城市中心中，有物质空间（范围 a）、物质空间所承载的人流与物流等显性流、显性流等所携带的隐形流共同存在。出现聚集效应后（1），各种流越聚越多；基于人流与物流的空间匹配程度要求，对城市中心物质空间范围的扩大提出了诉求。此时，决定资本流投入物质空间建设的意识流会出现（2、3 和 4）。如果这种意识流判断失误（2），城市中心物质空间范围保持不变（2′），聚集效应难以为继（2″）；如果判断恰当（3），意识流决定资本投入，将显性流相匹配的城市中心范围扩展至 b（3′）；如果判断激进（4），意识流决定加大资本投入（4′），城市空间中心空间将扩展到超出既有人群使用能力的范围 c。当出现后一种情况时，大都市区外围城市中心的开展将反馈到对显性流、隐性流等使用者的诉求中。当使用者对范围 c 出现难以撼动的意识流时（5），城市中心的规模范围将供大于求（5′）；当使用者对范围 c 出现恰当呼应的意识流时（6），城市中心的规模范围将供求平衡（6′）；当使用者对范围 c 出现判断激进的意识流时（7），城市中心的规模范围将供小于求（7′）。当后一种情况出现时，显性流与隐性流的空间规模 d 又将往复 2、3、4 的步骤，并进入不断循环往复之中。

这一模型揭示了大都市区外围城市中心空间生成的过程。这个过程的效应方式是空间发展的过程，但过程中却融合了大量时间的因素。作为使用者的显性流与隐性流、作为空间载体投入方的资本流、作为决定使用者或承载体流入的意识流，三者在时间轴线上取得协同，才会共同促成空间规模化

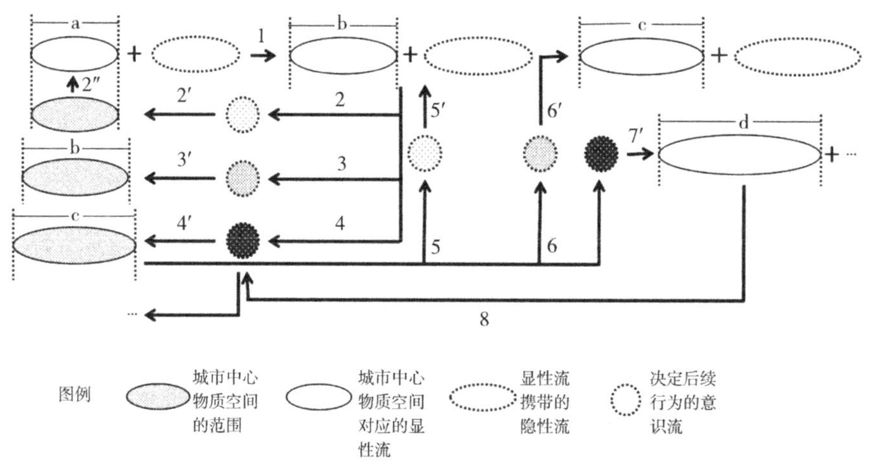

图 3-5　大都市区外围城市中心的实践与空间复合式协同图
（图片来源：作者自绘）

的发展。任何的不协同环节，会造成时间的滞后，也就是发展的缓慢。所以，时间与空间两个维度上的复合式协同作为构成大都市区外围城市中心的生成机制。通过上述模型还可以发现，最终实现空间发展的关键一步都是意识流。决定资本投入的意识流和决定进入使用的意识流中，任何一方意识流的消极应对，都将造成空间发展的裹足不前；任何一方意识流的恰当反应，都将唤醒空间发展的有序扩张；任何一方意识流的判断激进，都可能促动空间发展的跨越增长。这样看来，大都市区外围城市中心的快速发展要面临依靠谁首先迈出一步的风险。在整个协同的过程中，因为参与者均为流动状态，所以各种流自身的特征会发挥变量作用。

3.3 流动性特征——发挥影响的主要因子

3.3.1 流方向

前述关于隐性流的释放与吸附暗含了大都市区外围城市中心元素的不同流动方向（图 3–4）。事实上，不仅是隐性流，显性流同样具有方向性，二者的方向性可以共同归纳在服务流与被服务流的方向体系中。其中，服务流即构成城市中心并进行服务的元素流，被服务流即前往城市中心获得被服务的元素流（图 3–6）。在大都市区初期的 A 阶段，外围城市的中心尚未发育，无论是中心城区还是外围城市的被服务流都将前往中心城区的城市中心。在大都市区中期的 B 阶段，中心城区城市中心因为聚集不经济而导致服务流向外围城市中心流出，外围城市及其周边区域的被服务流流入外围城市中心。在大都市区后期的 C 阶段，外围城市中心的服务能力显著提升，中心城区被服务流前往该处获取服务，导

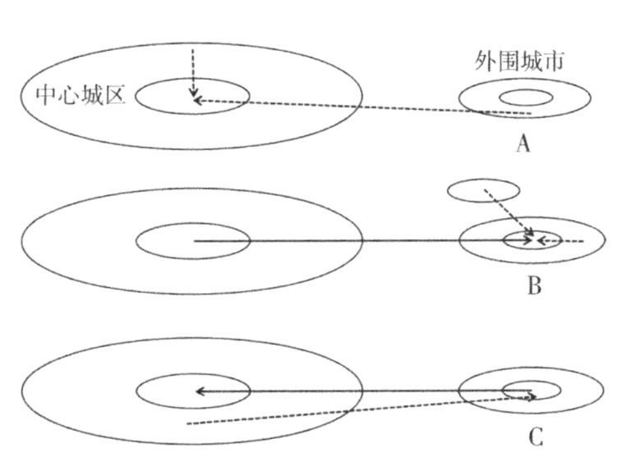

图 3–6 大都市区城市中心服务流与被服务流的流向图
（图片来源：作者自绘）

致外围城市中心服务流逆流向中心城区城市中心。可以认为，大都市区外围城市中心，通常是在相当长的时间内以接受中心城区城市中心流向外围的元素为主流。一旦出现从大都市区外围城市中心反向流向中心城区城市中心的情况，那么就真正形成了大都市区外围城市中心，这是条件之一。条件之二则可以从被服务流入手，一旦出现其从中心城区流向外围城市的现象则同样可以认定外围城市中心形成。对服务流而言，“流”会由高位势地区流向低位势地区，进而导致两个地区的势能差别缩减以致消失。当这种差别不存在后，流的运动会停止，然后两个地区之间会达到一种均衡的状态。之所以出现 C 阶段的情况，是因为大都市区作为开放系统而导致“流”的层次在变化。

流向大都市区外围城市中心的服务流可以来自于中心城区城市中心及其体系，也可以来自大都市区外围（图 3–7）。来自大都市区外的服务流会非常匹配大都市区外围城市中心的定位，比如对较低的土地价格及其他低门槛感兴趣（a）。来自中心城区时，服务流可以采取分体性迁徙代替本体性迁徙等多种方式降低风险（b）。除此以外，从服务流的方向看，还存在一种相对复杂的情况（c），这种“流”元素首先在大都市区中心城区内的城市中心及其体系的空间中落地，然后依靠这种落地挤压了其他“流”元素的空间，从而迫使这些“流”元素向中心城区外围流出，并最终在大都市区外围城市中心落地。这种挤压有可能出现在不同职能之间，也有可能出现在同类职能之间。比如同为购物业态，流入中心城区的可能是流行的体验性业态，而原本的批发等业态会流出至外围区域。虽然在实践领域中很难判断这三种方式的先后顺序和难易程度，但却无法忽视它们的客观存在。之所以出现 c 类型的情况，同样是因为大都市区作为开放系统而导致“流”的层次在变化。

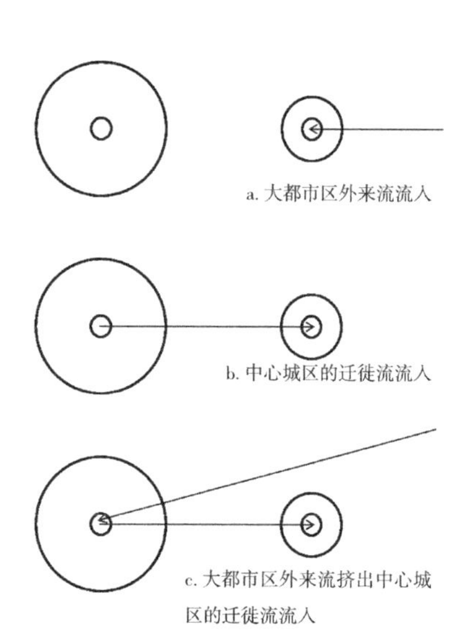

图 3–7　大都市区外围城市中心服务流的来源图
（图片来源：作者自绘）

3.3.2 流层次

3.3.2.1 资本能级差异

流有不同的层次，就好比流具有能级的差异。比如说，有的服务职能背后是一种个体劳动或极小型公司提供的支撑，例如个体裁缝店、小型餐饮铺等；有的服务职能背后是一种较大型私人资本所拥有和控制的，例如商场、大型酒店等；还有的服务职能背后是更大能级，是国家提供资金并进行类似经营的控制，例如一些大型文体设施。这些不同资本流等级的职能直接决定其自身需求的空间形式，越是资本流能级高的，对空间的需求性高、对空间的决定性也高，也就越具有空间里的“中心性”。而相反的一些个体劳动采用分销贸易的方式建立销售渠道，转嫁到空间中就是一种对空间的松散性把持。从这个角度看，由于地价差异的存在，中心城区城市中心的高层次服务空间更容易在高度上要空间，外围城市中心的高层次服务空间更容易在广度上要空间。

3.3.2.2 日常性与否差异

假设经营奢侈品和生活必需品的商店面积等大、可服务人流的密度和速度等大，由于日常生活决定了前往的频率不一样，所以奢侈品商店要有足

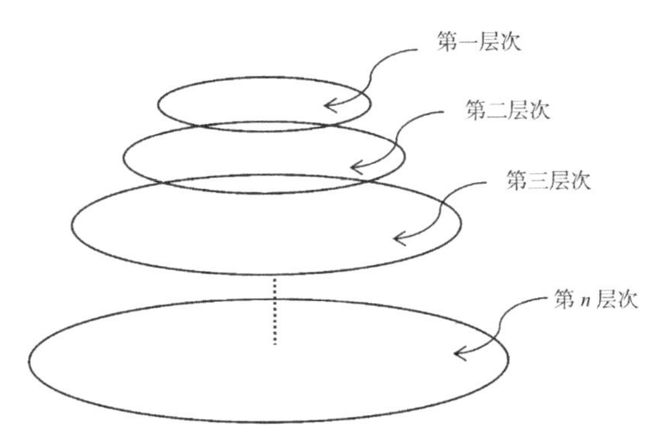

图 3-8 大都市区外围城市中心“流”层次图
（图片来源：作者自绘）

够的支撑就会减少布局的数量，而生活必需品商店的大量布局仍然可以获得足够支撑。于是，奢侈品商店和生活必需品商店在同一个空间里面形成了不同大小的商圈。从平面上看，这两类商圈是重叠的；但从立面上看，则完全是在两个独立层面。人流的日常行为涉及地理空间是独一份的，即在同一份时间里只能在一处空间里完成一件事情。选择任何一个层次，完成的事项不同，耗费的地理距离通过时间也不一样，但结合频繁次数之后的总体时间是一样的。这样，从整个的地理空间角度去看，越是日常性的事务行为越不具有“中心性”，而越是非日常性的事务行为则越具有“中心性”（公式 3–1）。假设在一个相同的地理空间领域 S 中，上述日常性行为与非日常性行为的频率分别为 r_1 与 r_2，$S=\pi d_2$，$d_2>d_1$ 将作为 $r_1>r_2$ 的前提条件。

$$T_{1总}=d_1/p_1+T_1 \quad (3\text{–}1)$$

$$T_{2总}=d_2/p_2+T_2 \quad (3\text{–}2)$$

式中：$T_{1总}$为日常性事务行为耗费总时间；d_1 为前往日常性事务行为地点的距离；p_1 为来往日常性事务行为地点的速度；T_1 为日常性事务行为的进行时间。$T_{2总}$为非日常性事务行为耗费总时间；d_2 为前往非日常性事务行为地点的距离；p_2 为来往非日常性事务行为地点的速度；T_2 为非日常性事务行为的进行时间。

针对大都市区外围城市中心的职能流入，越是日常性职能越容易流入大都市区外围，越是非日常性的职能迁往此地才越代表该城市中心的“中心性”提高。因为这种流入的发生会改变到达其所拥有的等值通勤时间圈的形状与领域。大都市区内外对这一时间圈的关注并不一样，大都市区之外可能会放弃对到底在这个城市的哪里的关注。这里的是否日常性，是从被服务流的角度出发的，对服务流来讲则一直是日常性的行为，这导致参与服务流的人群仍然十分关注地理临近。

3.3.2.3 服务行业类型差异

按照服务业行业门类，城市中心所对应的服务可以划分成公益性服务、生活性服务与生产性服务三类。这种看似是同一“高程面”上的划分，其实却有层次的不同，因为每一类服务设施落地的决策者不同。第一，公益性设施通常由政府投资，而投资的力度是与政府的级别相关的。所以，不能忽略对外围城市自身及其内外府际关系的关注。在国内，大都市区的外围城市原本属于县的建制，后来随着外围城市的地位上升，多数成为区或县级市的建制。在县改区建制的情况下，外围城市与中心城区之间通常在进行制度与空间双重层面的融合。从外围城市的内部尺度看，除了原有的县建制下的街道转变成区建制下的街道以外，也会面临隶属于大都市区城市政府的经济技术开发区与高新技术开发区等高级别管理机构“植入”。在公益性设施的空间布局里，中小学、幼儿园属于遵从服务半径的扁平性设施，而其余都与该公共设施布局所在地的行政级别相关。比如，在一个大都市区里，中心城区作为一座城市会有医院，而周边乡镇则仅有卫生院。如果用科层制来形容以集权指挥与分工分层为特征的府际关系[183]是恰当的，那么用这个词来形容城市公共设施间的关系形态也是合适的。在大都市区外围城市，因为府际关系经历了相对复杂的变化过程，原本的科层制空间是很容易打破的。这些变化所带来的空间迹象不同于传统建制市所拥有的封闭、规则与等级属性。既然这些公共管理机构的出现预示着很多横向和斜向[184]的府际关系代替了科层制，那么其昭示的空间意义自然具备扁平倾向。

第二，由于与被服务流的紧密地理接触关系，生活性商业服务设施更容易呈现均衡状态，也就是很容易走向自组织式的竞合关系。为了追求相对稳定的被服务对象，该类设施一定会在势力划定和各自为政的基础上相互保持一定的距离，从而隐含了合作关系。在现代企业制度的背景下，各种合作方式的关系成为规模效益的基础，原有的竞争关系也可能向合作转向。空间领域，由于竞合关系的存在以及大都市区居民对服务的共同要求，“敌退我进、敌进我退”的状况并不存在，反而“敌弱我弱、敌强我强”成为它们螺旋式上升过程中的真实写照。商业服务的店面、陈设与包装等小尺度表象空间统一化仅仅是连锁关系空间效应的一部分，连锁的标准化还出现在商业服务空间选址对周边环境的影响方面，这反向推动了备选空间的连锁化。而连锁企业内部对配送、管理的严格要求，又构成了一个巨大的联系网络，延伸与放大了连锁关系的空间效应。只要连锁无孔不入，城市中心之间的均质化、同构化甚至一体化就会出现。

第三，在城市中心，生产性服务企业多以办公行业的形式存在。看似独立的存在方式，其背后却与形成这类服务流的就业人群紧密相关。由于该类人群对地理临近的关注，外围城市中心的生产性办公行业多与当地“生产”相关，下级从属的、松散型与偶然型的机构远比平行化的、紧密型与经常型的分支机构更容易流向外围。

3.3.3 流速度

3.3.3.1 出行速度提升推动服务职能升级

大都市区的中心城区与外围区域的交通联系大致经历了普通公路、高速路或快速路、轨道交通三个阶段，相对应的出行方式也有所不同。普通公路时期，长途客运车是“进城”的普遍工具，来往的时间会在四至六个小时，来往的班次有严格控制。即使有些区位的郊县因铁路经过而建有火车站，但过路车的性质和极少的班次限制了也反映了本就少量的需求。在这个时期，郊县就是另一番天地，城市中心的职能是小微型自给自足的状态。

在高速路或快速路时期，长途客运车被公交车或通勤班车取代。来往的通勤时间被压缩到二至四个小时。这个时候，会有市民选择居住在郊区、工作在城里，也会有市民选择居住在城里、工作在郊区。由于“原住民”夜晚的回归，夜态生活的需求也会极大地促进当地城市中心商业的繁荣。由于“外来客”白天的到来，低廉的租金与良好的环境又促进了办公行业的兴起。所以，这时候的城市中心的职能会呈现出商业、商务双重职能同步上升的情形。而随着“原住民”的带眷人口涌入和下一代成长，公益性职能的投入是一种“必须品”。最终，大都市区外围城市中心的职能会进一步走向多元。

轨道交通的来临，在将通勤时间缩短至一小时之内的便捷同时，还提供了安全、稳定的心理感受。因为它的存在，大都市区内外乐意来此做“原住民”的人群越积越多，井喷式的发展逐渐带来通勤时候的拥挤，“原住民”

舍弃奔波为目的的就业需求反而促进了当地办公行业的发展。而对那些“外来客”来说，交通的发展使其来访的频率上增大、驻留的时间上增长、可做的事情类型上增多，导致一些非日常性服务的流入偶然或必然地发生。到大都市区发展的另一个阶段，轨道交通会体现出一定的网络特性，这又会成为进一步吸引周边地区“外来客”的基础。总体上，“外来客”还是“外来客”、但“原住民”已经真正成为“原住民”的阶段决定了大都市区外围全时型、全天候的城市中心职能。更为重要的是，由于通勤时间的减少导致心理紧张程度的降低，中心城区的人群流入会带有一部分真正的闲暇。闲暇的拥有意味着地理距离的进一步模糊，导致中心城区城市中心所具备的休闲业态同样可以在外围城市中心落地。

3.3.3.2 轨道交通触发空间布局的时序化

相比中心城区轨道交通人流多方位目的性出行的特点，外围区域的通勤方向会具有明显的钟摆式特征。构建一个时空棱柱模型：① $T_{早路}$代表早上从家到站点的时间；② $T_{早站}$代表早上从到达站点到离开该站点的时间；③ $T_{晚站}$代表晚上从到达站点到离开该站点的时间；④ $T_{晚路}$代表晚上从站点到家的时间，$T_{晚家}$代表晚上休闲在家的时间。该空间模型的左侧作为中心城区轨交站点，右侧作为大都市区外围城市中心轨交站点（图 3–9）。

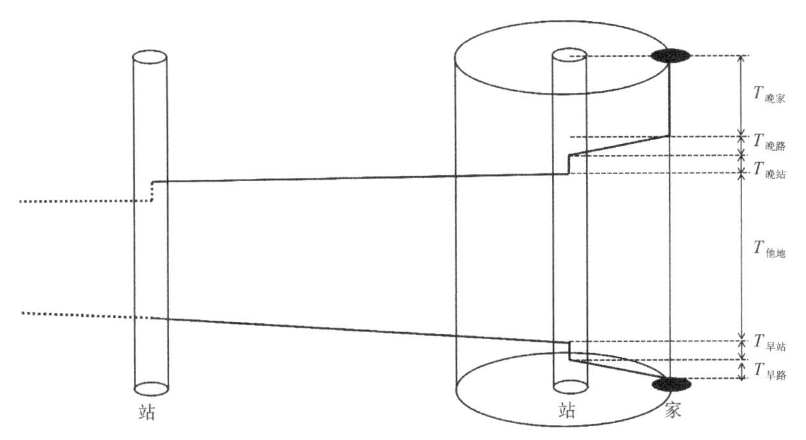

图 3–9　流出人流围绕大都市区外围区域轨交站点的时空棱柱图
（图片来源：作者自绘）

从该空间模型可以看出，在每个工作日的起讫时间范围一定的情况下，$T_{他地}$越压缩，在大都市区外围地区围绕轨道站点的时间越多，相应的城市服务需求越多；$T_{他地}$越拉长，在大都市区外围地区围绕轨道站点的时间越少，相应的服务需求越少。显而易见，距离中心城区距离更近的外围城市中心会发展越好，拥有更多更快与中心城区联系方式的城市中心会发展越好。还可以看出，$T_{他地}$以外的时间都是与大都市区外围区域这个地方性空间接触的。在这些时间窗口中，$T_{早站}$与$T_{晚站}$是与站点紧密接触的时间。由于行为主体人群本身是在赶路的过程中，所以提款机、报刊亭和便利店等符合流动随机性的“随手”消费品是这个过程中的所需。假定所有人的$T_{晚路}$与$T_{晚站}$的总时间一定，这时候距离站点更近的人群会因为$T_{晚路}$缩短而拥有更多的与站点接触的时间。所以，在大都市区外围区域中，深居居住片区中的站点与深居公共设施片区中的站点相比，会在临时性、便捷性上盖物业的配套中具备优势。在剩余的$T_{晚路}$和$T_{晚家}$的时间中挤出的消费时间才是城市中心商业职能的重要支撑，所以单一外围向中心城区通勤导向的城市中心是绝对的夜态商业范与日常商业范。考虑到接触界面的机会多少性，在$T_{晚路}$的这段时间里能有更多的机会是最为理想的方式。这类似于一种轨交站点——城市中心——家庭住址为序列的理想路径，这样的商业空间结构自然是扁平化的。

城市中心不只是商业服务，更不只是日常性的商业服务。前述已经论证过大都市区外围城市中心的良好发展是靠非日常性服务职能支撑的。所以，居住在中心城区、工作在外围区域的流入人群应该是不错的行为观察对象（图 3-10）。很明显，为了达到这个目的，$T_{早站}$和$T_{晚站}$的短时要求同样会使工作地点与轨交站点靠近，这要求上盖物业就是吸纳大劳动力数量的写字楼；而$T_{他地}$的短时要求则会促使工作地点周边所形成的工作圈可以在最小的半径范围内（也就是最快的时间范围内）满足所有业务与非业务需求。在这种导向下，城市中心就是一个工作圈，而最良好与最极端的方式是工作圈与地铁圈呈现同心圆式的重叠形式，而且重叠的好坏直接决定效率的高低程度。按照目前的理论基础，轨交站点自站点向周围开始会呈现高密度逐渐向低密度过渡的圈层式开发模式。经过上述分析，这种开发

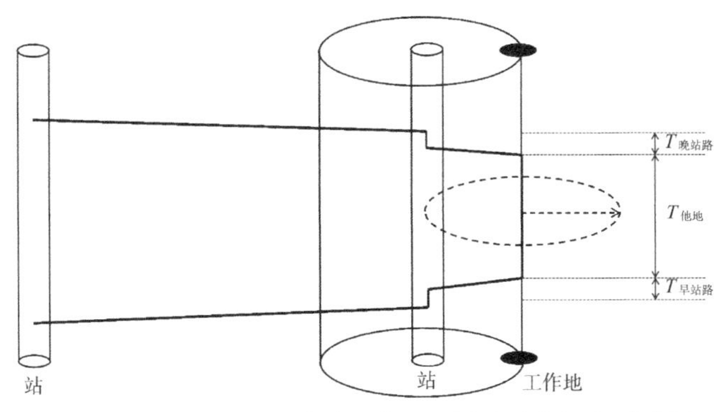

图 3-10　流入人流围绕大都市区外围区域轨交站点的时空棱柱图
（图片来源：作者自绘）

模式的内部特征还会受到上下游及相关行业对空间需求规模的影响。圈层里面的居中（几何中心）者，是对空间需求最大者和与其他行业联系最紧密者。这类似于城市新区里的大学城中，多所高校共有的图书馆、体育场等文体设施居中布局。

对大都市区外围区域而言，既然通勤时的流入与流出人口对空间职能有不同的诉求，二者之间的关系如何将起到决定性作用。流出人口多，商业服务职能得以发展。流入人口多，办公职能得以发展。叠合时，城市中心会兼顾两种人流的需求，就像上盖物业既会有商场、办公，也会有轻便商服业态。在这个过程中，办公行业和商业服务业也会因为各自侧重自身的人流吸附而出现空间的分裂，也会带来外围城市的商业结构扁平与办公结构极化，或者依托不同站点组织不同功能的方式。

3.3.3.3　虚拟时代塑造虚拟中的城市中心

导航对行车速度自身没有提升作用，而是因为不断缩减找寻目的地的时间而发挥作用。网络也在无形之中增加城市中心的服务效率。过去，城市中心只能提供给服务使用者一种到达以后的体验。在此之前，消费者只能携带大致的预期目标前往该地并做随机的应变。服务商品的品牌、档次甚至类型所面临的随机性，导致了城市中心服务空间被选择的随机性。在信息时代，城市中心的服务与消费者的被服务演变成了一个融合多个角色、包含多

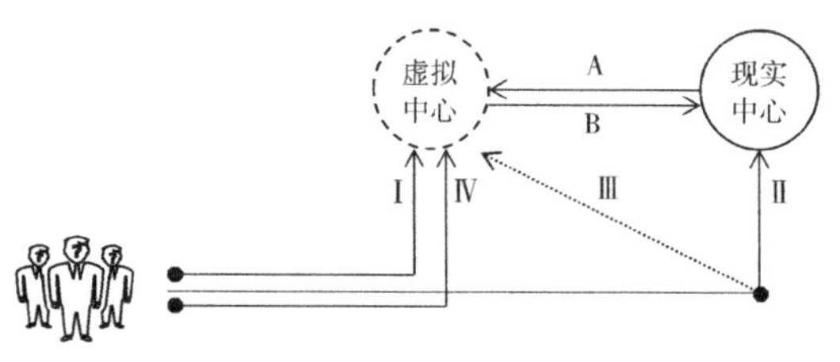

图 3-11 信息时代的城市中心服务途径图
（图片来源：作者自绘）

个步骤（事前、事中与事后）的互动框架（图 3-11）。在这个框架中，手机、电脑等移动终端作为桥梁将城市中心进行服务所需的相关网络信息向消费者提前展示，形成一个现实城市中心的网络映像体，即依托文字、图片与影响等视听感受形成的虚拟城市中心（A）。消费者有任何关于城市中心的服务需求时，可以在此基础上根据个人需求就做出知晓、判断和选择（Ⅰ）。这时候，具体到消费者到达以后的情况，就变成了一种双方参与下的定向性服务与被服务行为（Ⅱ）。此时，虚拟中心仍然起到交通指引与预约排号等职能（Ⅲ）。同样因为网络的存在，虚拟的城市中心仿佛成为另一种“存在”，因为被服务者受定向服务的影响而更加关注服务本身的体会与心得，这在虚拟城市中心的平台中就会形成回顾与评价（Ⅳ）。信息时代让虚拟中心获得了比现实中心更多的关注，为了获得更多的服务机会，商家自然不会忽视虚拟中心的构建。由于其可以反馈消费者的评价，现实中心希冀可以从中获取做好自己的信息（B）。如此看来，虚拟中心仿佛成了真正的“中心”，至少是一个连接多个环节的“枢纽”，这就是信息时代带给城市中心的附加魅力。考虑到多数外围城市地理弱势导致生活“惜时”，移动终端承载的用户强关系化平台（如微信、微博）更容易发挥作用，而虚拟平台中的活力也可以转化成现实空间中的活力。

3.3.4 流强度

无论是中心城区内的还是外围城市内的城市中心都位于黄金地段，但二者的差别较大。对中心城区而言，它的城市中心通常寸土寸金，且多位于该市发展水平较高的下辖区（通常是最好）。即使是城市中心体系化以后诞生的城市中心，其所处区域也多是下辖区而非郊县。与之相对照，大都市区外围城市中心基本位于原属郊县的县城中。因为郊县自身的社会经济发展水平相对较低，其城市中心所处片区的地价也无法与中心城区城市中心相提并论。这种巨大的位势差会让流动势头迅猛，却也面临地理距离的屏障，而且很难在现实中理清速度与层次的权重。所以，从外来与地方的碰撞结果反推流强度比较现实（图 3–12）。第一种碰撞结果是外来流战胜了地方流。由于外来流整体都处于较高的位势、地方流处于较低的位势，导致后者被前者战胜的现象十分常见。在现实空间中，类似于一种同化与被同化的状况，也就是通常认为的大都市区的发展过程会带给外围地区真正都市化的城市中心享受。第二种碰撞结果是地方流战胜了外来流。这里所提及的地方流战胜外来流的情况相对特殊。比如，外围城市中最具有历史传承性的地方最具备抵抗外来流的能力，形成“这里的这种流会战胜那里来的那种流”。以某一姓氏的祠堂为例，它的保留从单独的地理空间尺度上或者大都市区尺度上看只是一处小型的空间场所。但是从功能服务的空间尺度上看，它不仅服务于大都市区外围这个地域的该姓氏人群，还会服务于有共同祭祀需求的其他地域的该姓氏人群。第三种碰撞结果是外来流与地方流相互交融的。比如，城市中心内新建了一处商业设施，其商业业态可能既包括了外来“移民”相对高档的需求，又考虑了“原住民”相对低端的需要；其建筑符号可能既会包含时尚元素，也会使用地方元素。在原有保留的空间中也会产生这种交融。比如，分担城市中心职能的传统商业步行街区，一方面满足了地方基本生活需求，另一方面又承担了对外的旅游服务职能。

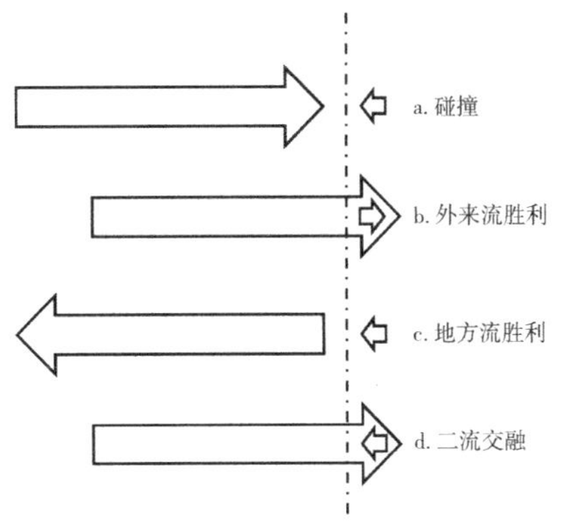

图 3–12　外来流与地方流的碰撞及其结果图
（图片来源：作者自绘）

上述三种不同的空间改变形式暗含了从大到小三种程度的“流”。第二种碰撞下，物质空间边界没有发生变化，社会边界发生变化；第一和第三种碰撞下，物质空间边界发生变化。人对某处物质空间及其关系空间的偏好与行为会导致其对该处空间及其关系进行认知与评判，不同人或阶层的认知与评判会产生不同程度的认同性与排斥性。这种认同或排斥的心理边界就是一种空间的社会边界。大强度外来流的出现，改变外围城市中心原本的物质空间边界，却有可能改变不了社会认同的边界；低强度外来流的出现，改变不了物质空间边界，却仍有可能改造社会空间边界。从社会边界形成本质看，越是使用次数多的物质空间，越容易形成具备高度认同的社会空间边界。当针对外来流重塑的物质空间使用频次超过地方流留存空间的使用频次，就代表着大都市区外围城市中心的形成。

3.3.5 流黏性

服务业迁移的研究中“面对面”是一大热点。“面对面”的本质是人与人的“面对面”。具体又涉及两类：如果人群关系是同事，共同在城市中心提供服务，那么他们面对面交换的通常是信息与技术等；如果人群关系是服务人群与被服务人群，面对面交换的通常是有形的服务产品。信息流、技术流依托网路与电路流动，从时间轨道层面讲属于瞬时传递，体现出了标准的理想流体特征；而人流与物流的空间位移必须依靠各种交通方式推进，体现出了其与地理空间的摩擦性，也就具备了现实流体的特征。

3.3.5.1 “面对面”作为黏性流体的高黏度

服务人群与被服务人群之间的“面对面”又可以分为两种方式：其一，被服务人群进行空间位移从而到达服务人群所处实体空间；其二，服务人群进行空间位移从而到达被服务人群所处实体空间。这两种形式中，只要服务人群的日常活动空间是位于城市中心，那就更从根本上涉及此处的空间发展问题。这样看来，常被关注的被服务人群的日常活动空间反而并不起决定作用。不妨用“走出去”和“走进来”形容这两类服务。“走出去”的是服务人群，“走进来”的是被服务人群。“走出去”的服务人群是牺牲自己的时间换取被服务人群的时间，比如一些私人订制的高端型服务行业；“走进来”的被服务人群，是牺牲自己的时间换取对城市中心这个空间体的依赖。

在“走进来”的类型中，绝大多数服务行为是需要满足空间、人群与商品三重合一的。客人在宾馆的住宿、在剧院的看戏、在饭店的用餐与在商店的购物都可以归为此类，因为乍看起来被服务人群都是一定需要“莅临”的。但是又有所不同。第一种情形，客人在宾馆住宿时，消费的商品就是其所处的客房，进一步说，此时空间本身就是商品的主体。第二种情形，客人在剧院看戏时，消费的商品看似是各种曲目的表演，但这种表演却难以脱离剧院这处空间。空间有限度地融入了商品之中，因为曲目表演是可以以影像制品方式转播的，只不过二者给被服务者的视听感受是不同的。第三种情形，客人可以在饭店用餐，但也可以点餐后打包带走食物，还可以在他处（比如家里）点餐后等待送餐。当然，后面的形式也是在脱离原本的空间环境。到了第四种情形，客人在商店购物时，作为商品的物品只是依托了商店这处带有陈设意味的空间，二者几乎是完全可以脱离的。这四种情形中，空间融入商品的程度是不同的。融入的程度越深，越是需要满足空间、人群和商品三重合一，也越是需要现实的空间；融入的程度越浅，越是可能出现空间、人群和商品的相互分离。最极端的情况下，一个只关注送餐的饭店可以只剩下后厨而不需要前厅，一个只关注网上销售的商店可以只剩下库房而不需要卖场。

由于这种三重合一形式，“面对面”的参与者与其说是人，不如说是人与空间。所以，仅从人的“面对面”情况分析该行业是否可以或者容易发生迁移是片面的。就算是仅从人的“面对面”出发，无论是“走出去”还是“走进来”的“面对面”的产生都带有“黏性”。当人流与物流企图以最快的时空速度从某地前往另一地时，运输工具自身的局限成为黏性产生的主因，由此产生的滞后是人流与物流所不乐意面对的，故可将这种黏性称为被动黏性。而当人流对某地出现一种类似于“留恋”的状态时，就产生了另一种黏性。这是一种主动黏性，因为人流对原有的空间怀有“感情”。就此来看，外围城市中心的空间发展将得益于被动黏性的降低，以及对中心城区城市中心主动黏性的减少和对外围城市中心主动黏性的培育。

3.3.5.2 “面对面”作为理想流体的零黏度

人群作为同事共同在城市中心提供服务的，更多的发生在生产性服务业中。当电话、电邮等现代通信方式被广泛运用时，信息与技术的交换便不再需要“面对面”的形式完成。所以，这让很多原本位于中心城区城市中心的企业开始出现分化，它们的组成部分或分支结构会因为新型实时通信联系方式的存在而弱化原本的区位要求，迁离中心城区以及其城市中心。前述面向大都市区以外范围的非日常性活动迁徙到外围城市中心与此相符。这样看来，如果一些跨国公司总部企业的“面对面”联系并不是侧重内部组织的话，那么它们的选址会自由很多。然而，这些企业并没有轻易地从中心城区城市中心迁移，原因直指这类企业跨行业间的“面对面”，而不是工作组织中的“面对面”。

对于生产性服务业而言，电话、电邮等现代通信方式解决了很多沟通问题，但是仍然没法完全取代或逾越人类交际的最终极与最高级的形式——“面对面”。网络可以把“面对面”的沟通变成瞬时的，高品质的视听技术手段也可以把双方错综复杂的语气、语调和手势等肢体语言最大限度地呈现出来。但是，呈现信息的屏幕和人之间，与人之间的沟通还是相差那么一个鸿沟。这个鸿沟是一种空间参与下的空间氛围，“面对面”不是人与机器的“面对面”，人与人的亲密感绝不会输给人与机器的亲密感。企业服务的信息不是纯粹的信息，而是包含一种隐含背景性、泛化性的信息，这类信息往往是通过当面沟通和意会获得的。从服务企业的外部对象看，从大都市区中心城区向外围区域的外迁，本质上是放弃了原本工作组织中的一些“面对面”，同时又力争保留可以在大都市区外围城市中心再次出现的一些“面对面”。

单纯从流动的黏性角度看，企业相互间的简单关系构成程度较低的黏性，复杂的关系构成程度较高的黏性。商场与办公行业相比，前者面对的消费者人数固然更多，但消费者在此的需求形式却十分简单，“走马观花”与“适时出手”就是终极方式；后者面对的消费者人数虽然较少，却很有可能进入长线型的“入木三分”式服务。单一化与精细化服务类型的企业会比多元化与复杂化服务类型的企业更容易在大都市区外围城市中心驻扎。或者，可以更干脆地认为大都市区外围城市中心是一个创业型城市中心，因为这里的空间本身没有“关系”，处处是需要重新打造的“关系”。在由中心城区流向外围城市中心的企业中，如果企业的原有关系也可以一同流出，就会将其流动的主动黏性降至最低。这也可以用来解释大都市区外围早先形成的是自上而下的办公园区而非自下而上的“散户”聚集。生产性服务业也有服务与被服务人群之间的“面对面”，比如很多行业中甲乙双方合同谈判与汇报交流的“面对面”。这时候的“面对面”场所与生活性服务业的要求有一定相似性。

3.4 碎化与网络——不同尺度的响应形式

3.4.1 个体尺度的碎化

3.4.1.1 根源基础：碎化现象成为必然

一般的城市中心的空间模型主要有单核、圈核和多核连绵三种结构形态[185]。这三种结构形态可以认为是不同的城市中心状态表征，也可以认为是不同发展阶段的城市中心表征。它们均具有自身尺度内的“中心性”，本质上是基于固定圆心、由内向外逐渐过渡的圈层化布局区域。即使是多核连绵结构，扁平化、去中心的态势出现而围绕原有中心的区位框架没有变化，也就没有摆脱这种内部的“中心性”。

对于大都市区外围城市中心而言，这三类城市中心的空间模型都很难在此得到验证，这是流动在大都市区外围产生的作用效果。因为从中心城区向外围的代价，“流”的出现与形成自然会慎之又慎，“流”的过程或许会戛然而止，“流”的结果甚至半途而废。因为从中心向外围的势头，“流”的速度与强度加大，对承接之地的冲击性影响很大，盲目性、随意性的空间可能会出现。如果这种势头持续的时间较短，会产生强大的短时空间效应，空间的持续性发展与过渡性发展缺失。如果这种势头持续的时间较长，格局性的

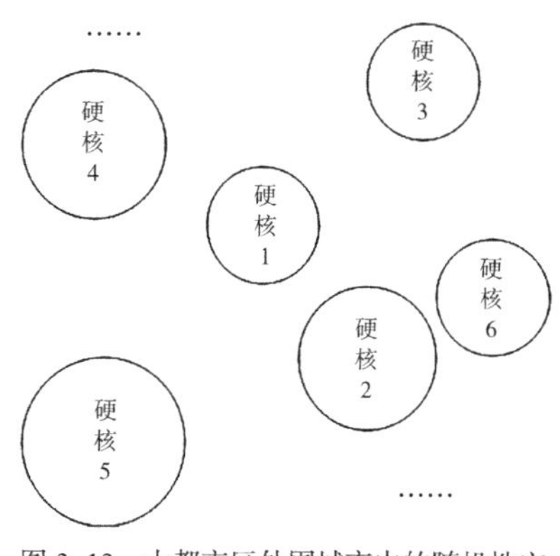

图 3-13　大都市区外围城市中的随机性空间模型图
（图片来源：作者自绘）

变化便会随之产生。工业化后期的城市，规划管理已经处于相对成熟的时期，因此即使出现规划被不断突破和修正的情况，也会大致限定在一个框架内发展。在大都市区外围城市中心的发展中，每个时期的“流”具有每个时期的特征。伴随大都市区整体的社会经济发展过程，中心城区城市中心流出的强度会在一个较长的时期内保持逐渐加大的状态，反映到现实空间就是开发强度的逐级提高。这就最终导致空间形态在一个大致发展框架的约束内形成不断攀高的阶梯状况。这里的“高”，既是建筑高度上的高，也是开发档次上的高。大都市区外围城市中心也会有内部“中心性”，但是阶梯形态的作用效应导致这种“中心性”的区位不断变化，后续的“星”不会拱既有的“月”，因为此时“星”可能已经成为此时的“月”。由此，像一般城市那样的中心向外围辐射状态不复存在，而是类似于一种时空随机的空间模型（图 3-13）。

3.4.1.2　推波助澜：流要素的相互绑架

作为城市中心的主要职能之一，商业地产的开发会进一步在资本流的高低投入与人流的多寡状态之间取得平衡。绝大多数时候，通过地价或建安成本的控制追求资本的低投入会对应区位与品质的下降，仅靠后期的软宣传极有可能造成人流的“曲高和寡”。所以，为了寻求真正的平衡或者为了保险起见，采取合适的方式对人流进行“绑架”十分重要。比如，一片空旷之地的新区内开发住宅项目时，为了保证居住区服务配套的资本投入不出现过剩情况，商业服务空间容量会仅仅考虑满足本小区。与其相对应，在城市中心的商业地产开发中，为了使服务空间物尽其用，服务空间的资本流希望尽可能靠近人流。在靠近不了其他人流的现实条件下，那就先保证靠近自己的人流。所以，大都市区外围城市中心的商业地产开发通常会尽可能多地增加住宅开发，或者采取城市综合体的方式落地。国内很多着重进行新城开发的地产企业是“多能”开发商而不是“专能”开发商或者宣称自身并不是房地产开发商[1]说明的也正是这其中的奥妙。

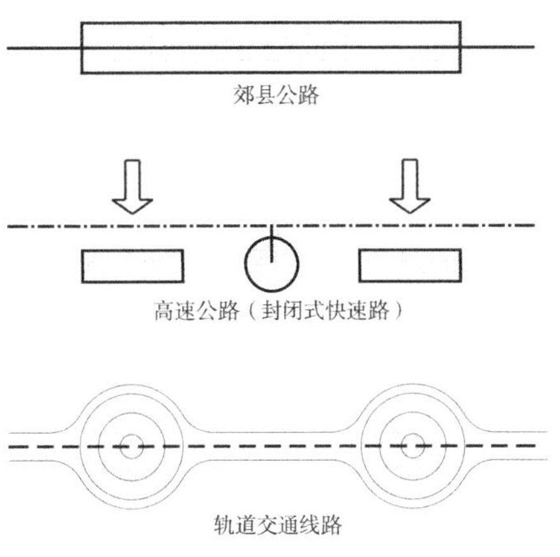

图 3-14　不同交通方式对服务设施的空间引导作用图
（图片来源：作者自绘）

除了上述地产开发方面以外，资本流对人流的“绑架”还体现在其对代表人流的交通流“绑架”方面。每一种交通方式都会对公共设施产生空间引导作用，而且每种作用都会有所区别（图 3-14）。第一，郊县公路对于服务设施空间的引导作用可以用“马路经济”来类比。由于郊县公路在外围城市内部多会成为城市道路，所以这种自组织的经济现象在正式的规划建设体制内放大，就成为对公共设施紧邻道路两侧进行布局的带动。第二，作为联系中心城区与外围城市的通道，高速公路或封闭式快速路通常并不止于外围城市，容易造成从一侧穿城而过的局面。在城市空间里面，因为其与车行、人行并不处在一个高程平面中，所以难以利用交通流带来的人气。相反，因为其城市景观方面的劣势和道路两侧联系的不便，这种交通方式在很多时候成为城市空间发展需要跨越的屏障，而唯一的空间带动作用仅会出现在上下线口周围。当然，高架路建在原有公路基础上的情况除外。第三，城市轨道交通系统，运载的人流众多、持续、稳定，与城市空间的关联是体现在站点位置的井喷。很多服务设施的开发瞄准了这一商机，积极向其区位靠拢，形成了依靠站点聚集高密度城市空间开发并逐渐向外围减弱的区域。而由于轨道交通与地面道路在很多时候的上下重叠，所以站点与站点之间的城市地面空间也会受到过渡性的影响。对这三种情况的空间作用总结见表 3-1。

[1] 参见孟航的《华夏幸福：我们不是房地产商》（刊载于《中国城市报》2016 年 1 月 11 日 08 版）。

不同交通方式对服务设施的空间作用 表 3-1

交通方式	空间特征	对城市中心空间组织的优、劣势	
		优势	劣势
郊县公路	促进线性扩张	具有历史积淀性，增加人群消费界面，利于地面标高上城市功能与交通的空间组织	不利于城市中心的团块状发展，通达性不高
高速公路或封闭式快速路	促进点性扩张、阻碍线性扩张	对外联系中具有较强的通达性，对内联系中具有较强的通过性	对城市中心的空间形态产生割裂影响，较难进行地面交通组织
轨道交通线路	主要促进点性扩张、次要促进线性促进	对空间作用的较强影响力会持续稳定、受其他因素干扰较小	由于通达性平均，不利于“宏大”城市中心的塑造，缺乏与机动车接驳的机动性

从发展历程看，郊县与中心城区的连接方式从普通公路到高速公路、再到轨道交通的逐渐演进中，并不是完全更替或者完全交叠的。相反，正式更替与交叠并存的复杂情况推动着大都市区外围中心的交通复杂化演进。而且，伴随大都市区空间结构的网络化发展，外围区域新落成的交通线路会在另外一个方向出现（比如过去的国省道是东西方向，但后来的快速路却是南北向；图 3-15）。轨道交通的站点对中心城区和外围城市的影响会是不同的，本质原因在于二者的空间尺度是不一样的。轨道交通站点的“流”能级在理论上是一样的，但在大小不同的空间尺度内，其能级释放后的空间能效是不一样的。这就跟一个超市之于乡镇和城市的区别，前者可能会导致整个城市的空间结构演变，后者只不过多了又一处便民选择。在这个演进过程中，因为大都市区外围城市中心的空间不断受新的交通形式所诱导，所以整个城市中心似乎是流动的；而从未来趋势判断，由棋盘式格局向其内部街坊的格局转变则可以称为大都市区外围城市中心走向一般性城市中心的拐点。

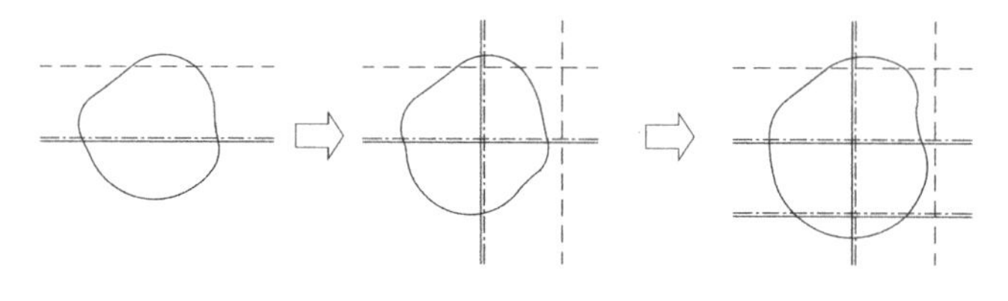

图例 —— 普通公路 - - - 高速公路 -·-·- 轨道交通

图 3-15 大都市区外围城市发展与交通方式演进的抽象示意

（图片来源：作者自绘）

3.4.1.3 另类视角：超级大都心的诞生

人类进程不断推动社会经济的发展，所处空间也逐渐适应发展的需求。所以，大都市区及其外围区域的空间发展不会停滞，大都市区外围城市中心的空间发展也不会停滞。它大体会处于一种不断追求与流协同的均衡状态，但这个过程由渐进或突变两种打破均衡的方式不断推动。在流的作用力恒定而持久的情况下，大都市区外围城市中心会以渐进的方式进行空间发展；在流的作用强度更加庞大的情况下，大都市区外围城市中心的空间发展中会有更多突变情况。无论采用哪一种方式，外围城市及其中心都不会与一般城市及其中心走向完全一致，因为这里存在着不会被抹掉的地方性。地方性对空间的作用源自于其所饱含的特殊性。在某一种空间尺度下，这种特殊性会转换成一种有价值的优势存在。当大都市区外围的这种优势存在产生后，中心城区会产生与其更为紧密的联系。在外力的作用下，这种联系的持续作用会产生新的空间诉求。为了满足这种空间诉求，处于联系通道上的空间"近水楼台先得月"。在中心城区与外围城市区域之间的空间里，前述提及的流从有到无优于从有到有等原则会发挥作用，从而使中心城区靠近该外围区域的边缘地带呈现出内外策应的城市中心职能（图 3–16）。这样的情况下，该处的城市中心与中心城区城市中心体系化分化后的城市中心、外围城市中心三部分共同构成一个空间上不连接、职能上相联系的新的大都市区超级城市中心（图 3–17）。这种

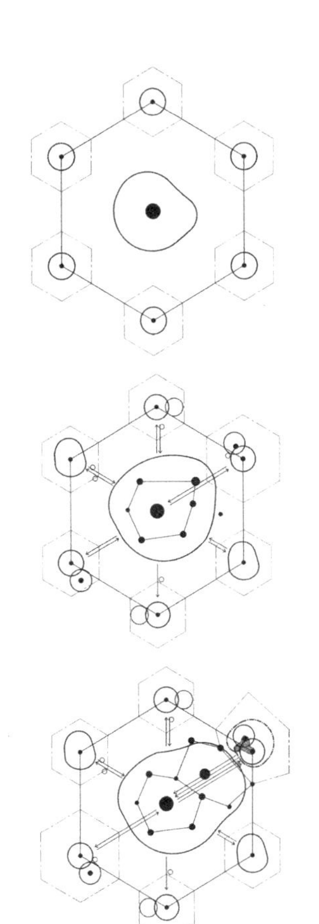

图 3–16 中心地理论视野下的大都市区城市中心体系演变过程图
（图片来源：作者自绘）

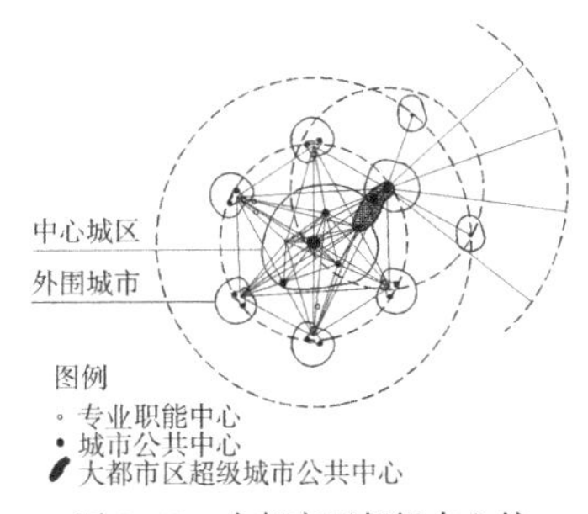

图 3–17 大都市区超级中心的形成图
（图片来源：作者自绘）

类似于联合体的超级中心在空间规模上会在大都市区乃至更大范围内首屈一指，在空间职能上会与外围城市中心的倾向与跨大都市区的范围需求有关。

3.4.2 群体尺度的网络

3.4.2.1 从中心地范式向网络范式演进

克里斯塔勒（W. Christaller，1933）的中心地理论常用于表达城市体系和城市内部的商业结构。它更多地强调自我封闭、等级差异、腹地引力与不可重叠，而当前城市中的网络理论则主张对外开放、均衡公平、相互联系与交互影响。所以中心地理论这一传统视角下的产物不断面临挑战。以城市体系中的研究为例，普拉得（A. Pred，1977）较早的注意小城市并不是只从距离其最近的大城市获取商品和服务，而是会跟相隔更远的大城市产生关系；小城市也并不完全作为大城市的附庸，相反却因为自身更加专注于生产一种或几种具有比较优势的产品而供应大城市，继而迈入专业化发展路径[186]。

中心地理论视野下，大都市区及其城市中心的发育主要经历了以下几个阶段。第一阶段中，大都市区还不能被称为大都市区。此时，这个区域里的中心城市这座“大城市”和郊县、“大城市”里的城市中心和郊县的城市中心构成双重的中心地形式。第二阶段中，中心城市和郊县的互动增多，中心城市得以快速发展，郊县城市也获得很多机会，大都市区的状态萌芽、发展。此时，中心城市内部进入城市中心体系化的阶段，个别郊县城市服务职能因为新职能迁入而开始活跃并裂变，轨道交通在个别郊县的建成则奠定了外围城市中心与中心城区城市中心体系间的联系基础，轨道交通沿线及附近快速发展并落地更多的城市中心。第三阶段中，大都市区内的轨道交通进入网络化发展阶段，中心城区由单中心走向多中心，先前获得轨道交通优先发展的外围区域被进一步注入新的联系渠道后形成真正意义上的大都市区外围城市中心。这时候，大都市区里的优先区域会形成带状的隆起区域。如果仍然考虑螺旋上升的状态，这种隆起区域会成为一片“带状地”而非“中心地”。最终，回归到假设的理想模式下：中心城区里的多中心和外围城市中心共同成为相同等级的中心地，大都市区也从此进入真正的多中心网络化阶段。

3.4.2.2 大都市区城市中心网络的构成

在一个大都市区之内，中心城区与外围城市所拥有的位置显著不同的城市中心区在规模上有所不同、职能上有所分工、辐射能力上有所差别，各自之间又因为紧密联系而相互协同与配合，共同完成面向大都市区以外更大范围的服务使命。由此，这些城市中心区以及它们相互间的联系通道共同构成了大都市区城市中心网络。

城市之间有相互作用力的关系，城市内部功能之间有空间竞合的关系，这些跨边界、多功能之间的联系想必也会发生在大都市区外围城市中心与中心城区的城市中心之间。若存在联系，就必定有通道。从物质性的联系通道看，主要是基础设施的联系。比如道路系统和电缆、光纤等市政设施。从非物质性的通道看，主要是依托各种市政设施而进行的通信联系以及连锁品牌企业之间的、总部—分支机构之间、各级公益性公共服务之间的各类联系。在道路交通层面的联系中，传递的是人流与物流；在通信方式层面的联系中，传递的是信息流、知识流与资金流。无论是道路交通等显性联系，还是现代化通信方式等隐性联系，联系越为紧密，现实空间的距离越被压缩。而城市中心间的网络化程度也会越强，城市中心的节点属性越大。对其中的使用者来讲，地理距离的敏感性由此降低，服务设施会据此进一步产生分散。轨道交通中的人流，更作为决定性因素加剧了原本两个城市中心间的同构或互补可能。人流流向这里和流向那里是一样的，这会导致同构性的集聚；人流流向这里，就不用再流向那里，这会导致双方的差异性互补。

空间相互作用的关系可以用引力模型进行解释，两处城市中心之间的关系也不例外。而“引力”的变量经历了从狭隘到泛化的修正与完善，从规模正比、距离反比等基础指标的发展到商圈理论中衍生出的复杂体系。进入信息时代以后，地理距离不会被网络空间完全取代，既有交通条件并未具备促成任何空间选择的可能，因此地理的先觉性作用将持续发挥。但是与此同时，网络的作用不容小觑。更远方的城市中心可能会因强大而迅猛的信息传播与渗透而产生吸引力，更近处的城市中心则可能会因虚拟平台的滞后与弱势而丧失吸引力，在日益更新的交通方式帮助下舍近求远回应远方城市中心的吸引力，最终成为消费者动摇封闭城市中心体系的号角。这启发了一种从虚拟网络出发去研究现实城市中心网络的方式。二者匹配，是大都市区城市中心网络不能摆脱地理临近作用的有力佐证。

3.5 小结

“流”作用下，大都市区外围城市中心空间生成机理的理论框架包括前提条件、动力机制、变量影响与响应形式四个方面。

从前提条件看，大都市区中心城区与外围城市之间的综合势能差别成为“流”运动的先决条件，中心城区城市中心与外围城中心之间的服务势能差别使“流”运动成为可能。经过“流”运动，外围城市中心有可能与中心城区城市中心同量同构，也有可能因为流的瞬时联系作用而完全萎缩并依靠后者。因为人流、物流等显性流无法实现瞬时位移，现实情况更倾向二者同量同构的可能。当然，这是以中心城区向外围城市的流出具有轮回性而非单一性、中心城区城市中心已经实现多中心化、大都市区是一个对外开放的系统等为条件的。

从动力机制看，“流”的复合式协同是大都市区外围城市中心生成与演化的关键。所谓复合式协同，是指各类“流”在时间、空间两个维度相互协同并最终在空间生成方面统一。在时间维度，作为使用方的人流、作为空间承载方的资本流（代指建设实体）、作为投资决策方的意识流等相互跟随并反馈诉求，形成双向往复或闭合循环，共同追求时间序列的紧密性这一“流”的本质。在空间维度，需与物质空间匹配的显性流、不需与物质空间匹配的隐性流相互携带或附着，基于聚集经济效应构成大都市区外围城市中心空间演化的基本动力。聚集不经济出现时，显性流对城市中心提出周边腹地范围内的近域有“形”扩散诉求，而隐性流则可以在远域范围内施行无

"形"扩散，后者构成了"流"在城市中的又一本质——联系。

在变量影响方面，分别涉及流方向、流层次、流速度、流强度与流黏性五个方面。①流方向方面。应区分城市中心服务流与被服务流的不同方向，明确了一旦出现城市中心服务流从外围城市流向中心城区并且城市中心被服务流从中心城区流向外围的现象，可以认定外围城市中心开始形成，一旦两个类别的双向流达到均衡，则意味着外围城市中心已经形成。"流"动导致两个地区的势能差别缩减以致消失之后，又会出现逆向流动的原因在于大都市区作为开放系统而导致"流"的层次在变化。②流层次方面。资本能级差异、日常性与否差异、服务行业类型差异造成"流"的层次不同。中心城区城市中心的高层次服务流更容易在建筑高度上要空间，外围城市中心的高层次服务流更容易在用地广度上要空间。越是日常服务型职能越容易流向大都市区外围，越是非日常服务型职能越容易流向大都市区外围，后者的流入代表该城市中心的"中心性"提高。大都市区之外的被服务流会忽略大都市区内部的具体区位，但服务流仍然十分关注地理临近。公益性公共设施的布局因为其间科层制关系而呈现封闭、内向与等级性；生活性商业服务设施因其间的竞合关系而呈现平衡、均质与同构性；生产性办公行业多与当地"生产"相关，下级从属的、松散型与偶然型的机构远比平行级别的、紧密型与经常型的分支机构更容易流向外围。③流速度方面。中心城区内外间的交通方式演变恰恰对应了外围城市中消费者从周末型消费经过晚间型消费到全时型消费的阶段。其中的轨道交通在人流转向客流的过程中起到重要作用并促发多种空间布局的模式。最快的信息传输速度让城市中心"映射"出一个虚拟中心，多数外围城市生活的"惜时"特征让移动终端承载的用户平台更容易发挥作用，而虚拟平台中的活力也需要转化成现实空间中的动力。④流强度方面。大强度外来流的出现，必然导致外围城市中心原本的物质空间边界改变，却有可能改变不了社会认同的边界；低强度外来流的出现，改变不了物质空间边界，却仍有可能改造社会空间边界。当外来流重塑的物质空间使用频次超过地方流留存空间的使用频次，就代表着大都市区外围城市中心的形成。⑤流黏性方面。运输工具的局限产生被动黏性，人对空间的认同产生主动黏性；外围城市中心的空间发展将得益于被动黏性的降低以及对外围城市中心主动黏性的培育。机构之间的隐性流联系属于无黏性的理想流体，但外迁机构仍然不能忽略它们即将失去与其他合作机构间的“面对面”沟通及其基础上的“关系”；所以，简单关系的机构更易迁出，并且而外围城市中心更像是一个创业型城市中心，因为这里的空间需要重新打造“关系”。

在响应形式方面，存在个体与全体两个尺度的区别。在个体尺度，大都市区外围城市中心里面的“中心”会出现区位上的不断变化，从而加剧了空间发展的随机性。资本流对人流的“绑架”，其作用结果是空间结构的扁平与碎化；交通流对资本流的吸附，会使得外围城市中心随复杂交通设施的流动（布局）而“流动”。在地理临近持续发挥作用和规划失控的情况下，中心城区城市中心体系化分化后的城市中心、外围城市中心及其之间联系通道上的职能区域共同构成一个职能上相联系、空间上不连接或者轻度连绵的新的大都市区超级城市中心。在群体尺度，在一个大都市区之内，中心城区与外围城市所拥有的位置显著不同的城市中心区在规模上有所不同、职能上有所分工、辐射能力上有所差别，各自之间又因为紧密联系而相互协同与配合，共同完成面向大都市区以外更大范围的服务使命。这些城市中心区以及它们的联系通道共同构成了大都市区城市中心网络。

总体看，“流”对大都市区外围城市中心的空间发展产生重要影响。有时，这些影响具有共同的指向，则产生共同的空间效果；有时，这些影响具有不同的指向，则会产生不同的空间效果。这些空间效果相互叠加或是互相抵消，取决于影响作用发挥的广度与深度。而且，由于这些影响的作用是一个漫长的过程，阶段性与局部性的显现相当普遍。

4 北京都市区外围城市中心的识别

因为流空间本身是社会发展高水平阶段的产物，选择处于大都市区发展相对高级阶段的外围城市中心作为研究对象自然是首要任务。一般认为，大都市区的发展阶段与中心城区社会经济发展的水平紧密相关。在国内，北、上、广、深等一线城市对应着更为发达的大都市区。还需指出的是，即使在同一个大都市区内，不同外围城市中心又会因为同样的前述原因而拥有各自的时空特征。而且，通常是先期发展的少数外围区域相应的城市中心发展更快速，空间特征与流的关系也会更明显。以此为基础，考虑实证数据获取的方便性与可行性，选择北京大都市区发展较快的一至两个外围城市是较为合适的。关于北京大都市区的研究中，不少专家学者都使用了“北京都市区”；简便起见，本书也用都市区指代大都市区。考虑到单一的城市中心不能具备多个样本所具有的说服能力，实证对象又有必要在个别时候予以扩展，比如在信息时代城市中心的研究中，就加入了大兴。关于大都市区外围城市中心的识别，共分为三个层次：第一层次是在大都市区尺度证明区域社会经济发展中的增长中心在大都市区外围的出现；第二层次的外围城市尺度则以界定该外围城市的城市中心区为目的，用以作为后续“流”相关研究的基础；第三层次则是深入城市中心内部尺度，以期从更为微观的角度发现中心城区与外围城市的城市中心间的异同。

4.1 北京都市区尺度的初筛

4.1.1 社会经济要素的空间格局演变趋势

4.1.1.1 研究思路和方法

空间的集聚与分散是社会经济要素在空间上的具体表现，正是这两种作用力共同促使经济和社会要素经济资源配置而在一定区域中形成增长极核。采用空间自相关方法对北京市市辖区主要社会和经济要素的空间集聚与分散进行研究，可以从不同的角度分析北京市域范围内的空间结构演化特征，分析北京市空间极化的变化趋势。

选取 Moran'I 值作为全局自相关指数，利用 ArcGIS 软件来分析各种属性在空间上集聚或离散的相关性程度。首先通过该值判断属性与空间的相关性是否通过统计学上的显著性检验。如果显著相关，则进一步通过 Z 值判断其相关程度。全局空间自相关是衡量整个研究区域空间相关性程度的主要标度，反映区域经济空间极化总趋势，计算公式如下：

$$I=\frac{N}{S_0}\times\frac{\sum_{i=1}^{N}\sum_{i=1}^{N}W_{ij}(x_i-\bar{x})(x_j-\bar{x})}{\sum_{i=1}^{n}(x_i-\bar{x})^2} \qquad (4-1)$$

式中，N 表示北京市市辖区个数；S_0 表示各市辖区点位间的距离 x_i 和 x_j 分别是北京市各个市辖区 i 和 j 的某项指标值；$\bar{x}$ 为 x_i 的平均值；W_{ij} 是一个研究 i 空间单元与 j 空间单元的权重矩阵。为了便于分析，将空间相邻定义为 1，不相邻定义为 0，取值范围为［-1，1］。当 $0<I<1$ 时，表示空间正相关，越趋近于 1 表明空间集聚性越强；当 $-1<I<0$ 时，表示空间负相关，越趋近于 -1 表明空间离散型越强；当 I=0 时，表示空间随机分布。Z 值的计算公式为：

$$Z=\frac{1-E(I)}{SD(I)} \qquad (4-2)$$

式中，$E(I)$ 代表期望值，$SD(I)$ 代表标准方差。当 Z 值显著为正时，表明相似观测值空间聚集；当 Z 显著为负时，表明相似观测值区域空间分散；当 Z 值接近 $-1/(n-1)$ 时，说明观测值随机分布。

本文选取 Getis-Ord Gi*（热点分析）作为局部空间自相关的指数，同样利用 ArcGIS 软件来分析各种属性在空间上的集聚或离散的相关性程度，识别北京市各个研究指标属性数据的热点区和冷点区。

4.1.1.2 研究对象和数据来源

以北京市 16 个市辖区为基本研究单元。其中，东城区、西城区、朝阳区、丰台区、石景山区、海淀区构成中心城区，其余市辖区为外围城市。研究时间节点为2005、2008、2010、2013和2015年，其中常住人口总数、外来常住人口总数、建筑业总产值、社会消费品零售额、固定资产投资额为2005、2010和2015年数据；金融从业人数、批发零售业从业人数、住宿餐饮业从业人数为2008年和2013年数据。所使用的数据来源于《北京市区域统计年鉴》[1]。

4.1.1.3 全局空间自相关的结果分析

采用全局自相关来分析北京市的常住人口总数和外来常住人口总数、建筑业总产值、社会消费品零售额、固定资产投资额在不同区域之间整体上的空间关联和空间差异。在ArcGIS中，采用Spatial Autocorrelation工具定义多边形邻接关系权重，计算出2005、2010、2015年的北京市16个辖区上述5个指标的全局Moran'*I*值及其各个指标的*Z*值（表4-1）。

各项指标的Moran'*I*值及其*Z*值　　表4-1

年份	常住人口		外来常住人口		建筑业总产值		社会消费品零售额		固定资产投资额	
	*I*值	*Z*值	*I*值	*Z*值	*I*值	*Z*值	*I*值	*Z*值	*I*值	*Z*值
2005	0.114	1.165	0.069	0.885	0.217	1.846	0.312	2.477	0.264	2.419
2010	0.057	0.792	0.034	0.605	0.274	2.228	0.264	2.149	0.247	2.232
2015	0.030	0.616	0.038	0.182	0.216	1.790	0.258	2.117	0.231	2.005

第一，从常住人口和外来常住人口方面看。由表4-1可知，2005、2010、2015年北京市16个市辖区的常住人口和外来常住人的Moran'*I*值分别为0.114、0.057、0.030和0.069、0.034、0.038，全局Moran指数呈下降趋势，说明2005年以来北京市常住人口和外来常住人口的离心化趋势在加剧；对应的*Z*值分别为1.165、0.792、0.616和0.885、0.605、0.182，均处在显著性临界值1.65以下，在空间集聚程度的相关性检验中不具有统计学上的显著性，未表现出相似值的集聚分布，并且这种不显著性逐渐增强。在

[1] 涉及的年鉴具体包括：《北京市区域统计年鉴2006》《北京市区域统计年鉴2011》《北京市区域统计年鉴2016》《北京市经济普查年鉴2008》《北京市经济普查年鉴2013》。

此分别计算出2005、2015年各辖区常住人口和外来常住人口占全市的比重及其变化（表4–2）。

2005、2015年北京市各辖区常住人口和外来常住人口比重及其变化（%）　表4–2

辖区	常住人口			外来常住人口		
	2005年	2015年	变化量	2005年	2015年	变化量
东城区	5.59	4.17	–1.42	4.28	2.52	–1.77
西城区	7.75	5.98	–1.77	5.91	3.77	–2.14
朝阳区	18.22	18.22	0.00	23.51	22.37	–1.14
丰台区	10.20	10.71	0.51	10.24	10.19	–0.06
石景山区	3.41	3.00	–0.40	4.17	2.55	–1.62
海淀区	16.81	17.02	0.21	20.63	18.06	–2.56
房山区	5.66	4.82	–0.84	3.33	3.33	0.00
通州区	5.64	6.35	0.71	5.51	6.80	1.28
顺义区	4.62	4.70	0.08	4.37	4.89	0.52
昌平区	5.08	9.04	3.96	6.13	12.47	6.34
大兴区	5.76	7.20	1.44	7.08	9.25	2.17
门头沟区	1.80	1.42	–0.38	1.15	0.58	–0.56
怀柔区	2.09	1.77	–0.32	1.48	1.28	–0.21
平谷区	2.69	1.95	–0.74	0.67	0.64	–0.03
密云区	2.85	2.21	–0.65	0.98	0.86	–0.12
延庆区	1.82	1.45	–0.37	0.56	0.44	–0.12

从表4–2中可以看出，2005年北京市常住人口和外来常住人口主要集中在朝阳区、丰台区和海淀区，常住人口和外来常住人口在三区的数值占全市的比重之和分别为45.23%和54.38%；外围城市的外来常住人口的比重差异较大，其中大兴区、昌平区和通州区比重较高。与2005年相比，2015年北京市常住人口和外来常住人口空间分布发生了比较大的变化，中心城区的常住人口和外来常住人口开始下降，仅有朝阳区、丰台区和海淀区的常住人口比重保持不变或增加，海淀区、东城区和西城区外来常住人口降幅明显。这些表明常住人口和外来常住人口由中心城区向外围扩散的趋势比较明显。而外围城市中，通州区、昌平区和大兴区所占比重均变化较大，尤其是外来常住人口所占比重增长幅度较大，

说明这些地区开始成为北京市常住人口和外来常住人口的集聚地。

第二，从建筑业产值方面看。2005、2010、2015年北京市16个市辖区的建筑业的Moran'I值分别为0.217、0.274、0.216，全局Moran指数呈现出先上升后下降的趋势，说明2005年以来北京市建筑业虽然集聚呈现出集中分布的特征，但向外围扩散的态势已经出现；对应的Z值分别为1.846、2.228和1.790，均高于低于10%显著水平的关键值1.65，尤其是2010年超过了5%显著水平的关键值1.96，说明北京市建筑业产值的空间分布表现为较强的空间集聚性，即建筑业总产值较高的地区相邻，或者建筑业产值低的地区相邻。

分别计算出2005、2010和2015年各辖区建筑业总产值及其所占北京市的比重（表4-3）。由该表可以看出，2005年北京市建筑业总产值主要集中在中心城区，外围城市中除房山区所占比重高于东城区和石景山区所占比重、大兴区所占比重高于石景山区外，其他所占比重较低。与2005年相比，2010年东城区、西城区和朝阳区所占比重呈下降趋势，其他中心城区所涉辖区的所占比重均呈上升趋势；与此同时，通州区、大兴区和昌平区所占比重呈上升趋势，尤其是大兴区所占比重高出2005年4.56个百分点。总之，2010年建筑业总产值的空间集聚更加明显，虽然仍然集中在中心城区，但外围城市出现了新的增长点。与2010年相比，2015年东城区、西城区所占比重持续下降，仅丰台区比重有所上升，其他三个区所占比重呈现小幅下降。通州区和顺义区所占比重呈上升趋势，但通州区所占比重由2010年的6.24%增加到2015年的12.05%，仅次于海淀区、丰台区和朝阳区。

第三，从社会消费品零售额方面看。表4-1中，2005、2010、2015年北京市16个市辖区的社会消费品零售额Moran'I值分别为0.312、0.264和0.258，全局Moran指数呈现下降的趋势，说明2005年以来北京市的社会消费品零售额向外围扩散的态势已经出现；对应的Z值分别为2.447、2.149和2.117，均高于低于5%显著水平的关键值1.96，尤其是2005年接近了1%显著水平的关键值2.58，说明北京市社会消费品的空间分布也表现出了较强的空间集聚性。

2005、2010和2015年北京市各辖区建筑业总产值及其比重（单位：亿元、%） 表4-3

辖区	2005年		2010年		2015年	
	产值	比重	产值	比重	产值	比重
东城区	137.3	7.25	350.3	6.74	552.8	6.55
西城区	190.2	10.04	389.3	7.49	584.1	6.92
朝阳区	285	15.05	703.7	13.54	1073.6	12.73
丰台区	174.3	9.20	622.1	11.97	1280.3	15.18
石景山区	80	4.22	311.5	5.99	454.5	5.39
海淀区	389.7	20.58	1132.6	21.80	1649.9	19.56
房山区	145.7	7.69	260.0	5.00	346.3	4.10
通州区	78.1	4.12	324.2	6.24	1016.6	12.05
顺义区	68.5	3.62	151.3	2.91	296.8	3.52
昌平区	68.5	3.62	197.2	3.80	179.3	2.12
大兴区	85.2	4.50	470.9	9.06	584.7	6.93
门头沟区	41.3	2.18	50.8	0.98	92.6	1.10
怀柔区	54.1	2.86	75.0	1.44	77.1	0.91
平谷区	25.4	1.34	44.1	0.85	74.3	0.88
密云区	35.5	1.87	71.0	1.37	117.0	1.39
延庆区	35.2	1.86	42.0	0.81	56.7	0.67

分别计算2005、2010和2015年各辖区社会消费品零售额占北京市的比重及其增长速度（表4-4）。可以看出，除石景山区社会消费品零售额占全市比重较低以外，2005年北京市社会消费品零售额主要集中在中心城区，中心城区扮演了不折不扣的北京市消费核心角色，外围城市所占比重均较低。与2005年相比，2010中心城区所占比重大体呈现下降趋势，外围城市中，通州、大兴和昌平三个区均呈明显上升趋势且增幅较大，门头沟区和平谷区所占比重小幅上升。与2010年相比，2015年除了石景山区和海淀区呈小幅上升外，2015的其他四个中心城区依然呈下降趋势，表明北京市社会消费品零售额的空间集聚程度下降，向外围地区扩散的趋势逐渐显现；外围城市的所占比重均呈上升趋势，增加幅度比较大的有大兴区、顺义区和通州区。从增长速度来看，外围城市的增长速度明显高于中心城区所涉各区，尤其体现在2010至2015年间。

第四，从固定资产投资方面看。2005、2010、2015年北京市16个市辖区的固定资产投资 Moran 指数 I 值分别为 0.264、0.247 和 0.231，全局 Moran 指数呈现下降的趋势，说明 2005 年以来北京市的固定资产投资向外围扩散的态势已经出现；对应的 Z 值分别为 2.419、2.232 和 2.005，均高于低于 5% 显著水平的关键值 1.96，尤其是 2005 年接近了 1% 显著水平的关键值 2.58，具有统计学上的显著性，说明北京市固定资产投资分布表现为较强的空间集聚性。但是，这种集聚程度呈下降趋势，外围地区出现新的投资中心。在此分别计算出 2005、2010 和 2015 年北京市各辖区固定资产投资额及其所占比重（表 4–5）。

2005、2010 和 2015 年北京市各辖区社会消费品零售额比重及其增速（单位：%）　表 4–4

辖区	比重			增长速度	
	2005 年	2010 年	2015 年	2005~2015 年	2010~2015 年
东城区	10.09	9.38	9.54	13.51	10.32
西城区	9.95	9.46	8.83	12.87	8.46
朝阳区	27.33	26.18	24.33	12.16	8.36
丰台区	10.90	10.83	9.74	12.19	7.66
石景山区	4.55	2.25	2.57	12.24	12.99
海淀区	19.80	19.79	20.26	7.23	10.47
房山区	2.17	1.94	2.23	13.77	13.03
通州区	2.83	2.98	3.44	13.78	13.17
顺义区	2.34	3.03	3.97	15.75	16.01
昌平区	1.93	3.80	3.83	19.65	10.14
大兴区	3.68	5.06	6.88	21.56	16.95
门头沟区	0.44	0.47	0.56	20.82	13.64
怀柔区	1.13	0.87	1.00	16.18	12.96
平谷区	0.70	0.73	0.89	12.08	14.35
密云区	1.23	1.07	1.16	16.35	11.71
延庆区	0.93	0.75	0.78	12.82	10.88

从表 4–5 中可以看出，2005 年北京市固定资产投资主要集中在中心城区，只有石景山区固定资产投资占全市的比重较低，外围城市所占比重均较低。与 2005 年相比，2010 年中心城区所占比重明显下降，只有丰台区和石景山区所占比重呈小幅上升趋势；而外围城市所占比重大多呈现上升趋势，

增加幅度最大的是大兴区和通州区，呈现下降趋势的只有怀柔区。与2010年相比，2015年中心城区所占比重持续下降，特别是朝阳区所占比重呈大幅度下降的趋势，所占比重由2010年22.40%下降到2015年的15.50%，下降了6.9个百分点，变化幅度是三个年份所有区中最大的，而丰台区和海淀区所占比重呈小幅增加趋势，说明北京市投资重心由原来的核心区逐步向外围地区扩散。外围城市中房山区、顺义区、怀柔、密云、延庆下降，其他区均呈上升趋势，尤其是通州区和大兴区增加幅度较大，分别增加了3.38个百分点和3.13个百分点，说明外围城市成为北京市投资的重点。

2005、2010和2015年北京市各辖区固定资产投资额及其比重（单位：亿元，%）　　表4-5

辖区	2005年		2010年		2015年	
	产值	比重	产值	比重	产值	比重
东城区	242.2	8.57	180.7	3.29	235.2	2.94
西城区	280.2	9.91	181.7	3.31	246.0	3.08
朝阳区	729.5	25.80	1230.7	22.40	1238.7	15.50
丰台区	232.2	8.21	504.6	9.19	862.3	10.79
石景山区	76.5	2.71	154.5	2.81	201.3	2.52
海淀区	428.3	15.15	567.0	10.32	870.5	10.89
房山区	127.0	4.49	403.8	7.35	532.3	6.66
通州区	112.3	3.97	364.7	6.64	800.8	10.02
顺义区	133.8	4.73	413.7	7.53	465.2	5.82
昌平区	120.5	4.26	374.4	6.82	581.1	7.27
大兴区	171.9	6.08	659.3	12.00	1209.0	15.13
门头沟区	22.8	0.81	94.8	1.73	292.1	3.66
怀柔区	54.9	1.94	103.6	1.89	130.9	1.64
平谷区	33.5	1.19	82.4	1.50	146.9	1.84
密云区	44.8	1.59	121.7	2.22	107.6	1.35
延庆区	16.7	0.59	55.7	1.01	71.2	0.89

4.1.1.4　从业人数的局部自相关

接下来从主要就业指标入手，分析北京市就业空间变化的特征，揭示局部的空间差异。选取金融从业人数、批发零售业从业人数、住宿餐饮业从业人数作为测度指标，分别对 2008、2013 年的这三个指标进行热点分析。

首先，就金融业从业人数的局部自相关来看。从 2008 年金融业从业人数的 Z 值得分所处区间来看（图 4–1），中心城区以及通州区、大兴区的局部空间集聚相关性较为显著，其中东城区、丰台区、海淀区和通州区 Z 值最大。从 2013 年金融业从业人数的 Z 值得分看（图 4–2），与 2008 年相比变化不大，仅有石景山区的等级发生了变化，由 2008 年的通过 5% 显著性检验变为通过 1% 显著性检验，但热点的范围未发生较大的变化，说明现代服务业在城市核心区集聚依然十分明显，但是通州区成为中心城区以外的唯一强热点区域，说明北京的现代服务业的功能出现了外溢现象。

其次，就批发零售业从业人数的局部自相关来看。从 2008 年批发零售业从业人数的 Z 值得分所处区间来看（图 4–3），局部空间集聚相关性较为显著的区域有中心城区和大兴区、通州区，与金融业从业人数的空间分布相似，其中海淀区的 Z 值通过了 1% 的显著性检验，通州区的 Z 值仅通过了 10% 的显著性检验。从 2013 年批发零售业从业人数的 Z 值得分看（图 4–4），与 2008 年相比变化不大，热点的范围未发生较大的变化，仅有海淀区的 Z 值发生了变化，说明批发零售业在北京城市核心区集聚依然十分明显。外围区域的通州区和大兴区成为核心区以外的热点区域。

再次，就住宿餐饮业从业人数的局部自相关来看。从 2008 年住宿餐饮业从业人数的 Z 值得分所处区间来看（图 4–5），局部空间集聚相关性较为

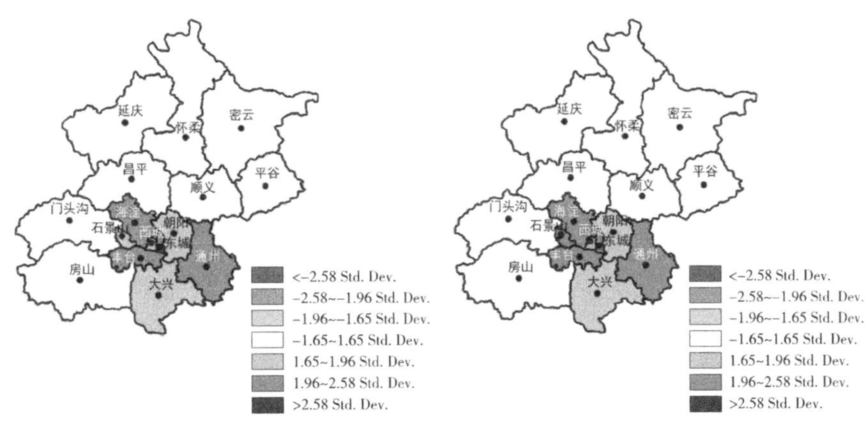

图 4–1 2008 年金融业从业人数局部自相关图（图片来源：作者自绘）

图 4–2 2013 年金融业从业人数局部自相关图（图片来源：作者自绘）

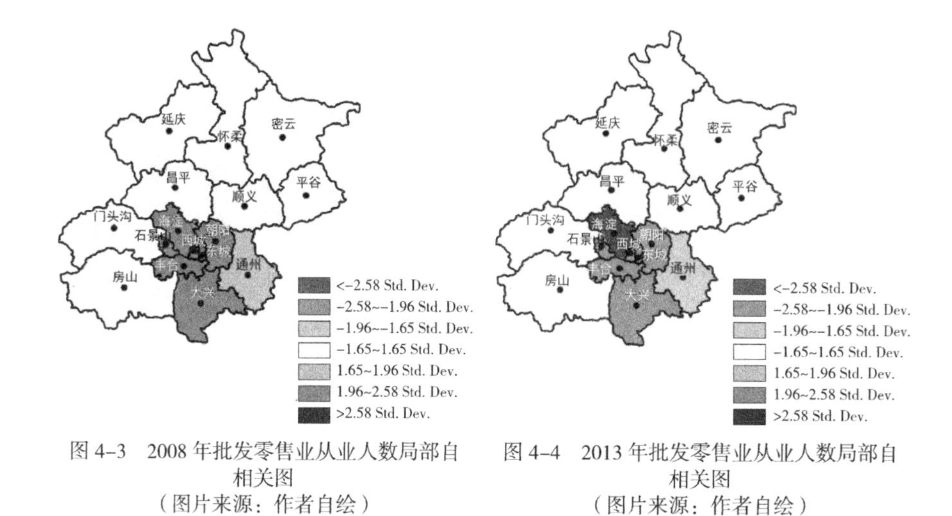

图 4-3　2008 年批发零售业从业人数局部自相关图
（图片来源：作者自绘）

图 4-4　2013 年批发零售业从业人数局部自相关图
（图片来源：作者自绘）

显著的区域有中心城区与通州区、大兴区，与批发零售业从业人数的空间分布相似，但是热点强度从中心城区向外围呈递减趋势。西城区和海淀区的 Z 值通过了 1% 的显著性检验，成为强热点区；东城区、石景山区、丰台区、朝阳区的 Z 值通过了 5% 的显著性检验，成为较强热点区；大兴区和通州区的 Z 值通过了 10% 的显著性检验，成为次热点区。从 2013 年住宿餐饮业从业人数的 Z 值得分所处区间来看（图 4-6），局部空间集聚相关性较为显著的区域与 2008 年结果相似。热点强度由核心区向外围递减的趋势依然明显，外围区域的通州区和大兴区成为核心区以外的热点区域。

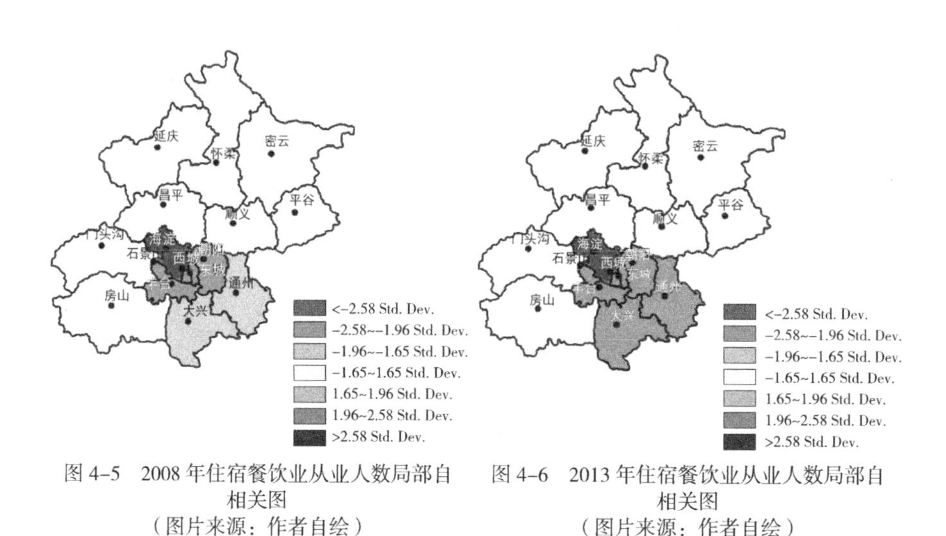

图 4-5　2008 年住宿餐饮业从业人数局部自相关图
（图片来源：作者自绘）

图 4-6　2013 年住宿餐饮业从业人数局部自相关图
（图片来源：作者自绘）

4.1.2 市域中心性测度及其空间格局

4.1.2.1 研究方法与数据来源

城市中心性是决定一个城市地位高低的重要指标，指征为它以外地方服务的相对重要性。中心性测度的方法较多，常用的熵值法、区位熵法与主成分分析法等。指标选取对城市中心性综合评价的影响较大，研究目的和对象不同，评价模型亦有差异。本书从城市人口集聚能力、城市发展活力和城市经济实力三个方面入手，通过综合指标法构建城市中心性指数。遵照系统性、科学性和可获得性原则，选取外来常住人口比例、常住人口与户籍人口比值、小学生在校人数反映城市人口聚集能力；人均固定资产投资、人均建筑业产值和人均财政支出反映城市发展活力；人均财政收入、人均社会消费品零售额和人均三次产业产值反映城市经济实力共三组九项指标，作为定量研究北京市各辖区城市中心性的指标（表 4–6）。其中外来常住人口比例是各单元外来常住人口占常住人口的比例；小学生在校人数则从侧面反映了各单元人口集聚能力，也是城市中心性的重要表征。本书的原始数据来自于《北京市区域统计年鉴》[1]。

城市中心性指数指标体系构建　　表 4–6

目标层	系统层	指标层
城市中心性程度	人口集聚能力	外来常住人口比例
		常住人口与户籍人口比值
		小学生在校人数
	城市发展活力	人均固定资产投资
		人均建筑业产值
		人均财政支出
城市中心性程度	城市经济实力	人均财政收入
		人均社会消费品零售额
		人均三次产业产值

[1] 涉及的年鉴具体包括：《北京市区域统计年鉴 2006》《北京市区域统计年鉴 2011》《北京市区域统计年鉴 2016》。

本书采用熵值法计算出各辖区的综合得分，以此得分作为评价城市中心性程度的依据。采用客观赋权信息熵对各指标进行赋权以减少和避免主观因素与客观局限。在此基础上利用加权求和方法对北京市各辖区的城市中心性进行对比研究。指标 $X=\{X_{ij}\}n\times m$ 代表 n 个待评方案、m 个评价指标构成的矩阵，该值离散程度越大，在评价中的分量越大，赋予的权重也越大；反之亦然。具体计算步骤如下：

第一，标准化处理原始数据：

正向指标，$X'_{ij}=(X_{ij}-\overline{X})/S_j$；逆向指标，$X'_{ij}=(\overline{X}-X_{ij})/S_j$　　（4–3）

式中，X_{ij} 和 X'_{ij} 分别为第 i 个样本、第 j 项指标的原始数值和标准化后的指标值，$\overline{X}$ 和 S_j 分别为第 j 项指标的平均值和标准差。熵值法中存在对数，故标准化后的数值不能直接使用，继而对标准化后的数值进行平移：

$$Z_{ij}=X'_{ij}+A \quad (4–4)$$

该式中，Z_{ij} 是平移后的数值，X'_{ij} 为平移的幅度值。

第二，同度量化各指标，计算第 j 项指标下第 i 个城市占该指标比重（P_{ij}）：

$$P_{ij}=Z_{ij}/\sum_{i=1}^{n}Z_{ij}\ (i=1,\ 2,\ \cdots,\ n;\ j=1,\ 2,\ \cdots,\ m) \quad (4–5)$$

式中，n 为样本个数，m 为指标个数。

第三，计算第 j 项指标熵值（E_j）：

$$E_j=-k\sum_{i=1}^{n}P_{ij}\ln P_{ij} \quad (4–6)$$

式中，$k=1/\ln(n)$，$E_j\geqslant 0$。计算第 j 项指标的差异系数（G_j）：

$$G_j=1-E_j \quad (4–7)$$

第四，归一化差异系数，并进一步计算第 j 项指标的权重（W_j）：

$$W_j=G_j/\sum_{j=1}^{m}G_j\ (j=1,\ 2,\ \cdots,\ m) \quad (4–8)$$

第五，计算第 i 城市的中心性程度（F_i）：

$$F_i=\sum_{j=1}^{m}W_iP_{ij} \quad (4–9)$$

4.1.2.2 空间极化水平测度模型

第一，变异系数，用于描述数据离散趋势相对大小，其值等于标准差和均值之比。该值越大，离散程度越高。其计算公式如下：

$$CV=\frac{1}{\bar{x}}\sqrt{\sum_{i=1}^{n}(X_i-\bar{X})/(n-1)} \tag{4-10}$$

式中，X_i 代表北京市各个市辖区的某项指标，$\bar{x}$ 代表北京市所有市辖区某项指标的平均值，n 代表北京市市辖区个数。为了与其他空间极化指数的数值保持数量级上的相近，在该公式中添加了值为 1/10 的系数 α。

第二，*TW* 指数，是在 *Wolfson* 指数的基础上利用增加的两极化与扩散两个排序推导出一组新的极化测度指数，其计算公式如下：

$$TW=\frac{\theta}{N}\sum_{i=1}^{k}A_i\left|\frac{y_i-m}{m}\right|^r \tag{4-11}$$

式中，N 为北京市市辖区的总人口数，A_i 为 i 地区的人口，k 是北京市市辖区个数，y_i 是 i 地区的某项指标的人均值，m 为所有 i 地区某项指标人均值的中间值，θ 为正的常数标量，$r\in$（0，1）。极化指数位于 0 和 1 之间，分别代表无极化和完全分化。取 $\theta=1$，$r=0.5$。

第三，泰尔指数，是利用信息理论中的熵概念计算区域差异的指标，可以进一步用区内差异 T_{wr} 和区间差异 T_{br} 反映区域整体差异，其计算公式为：

$$T=T_{wr}+T_{br}=\frac{1}{n}\sum_{i=1}^{n}\log\frac{\bar{x}}{x_i} \tag{4-12}$$

$$T_{wr}=\sum_{g=1}^{m}P_gT_g \tag{4-13}$$

$$T_{br}=\sum_{g=1}^{m}P_g\log\frac{P_g}{V_g} \tag{4-14}$$

式中，P_g 为第 g 组人口占整个区域人口的比重；V_g 为第 g 组某项指标占整个区域某项指标值的比例。

4.1.2.3 研究结果分析

通过对北京市 16 个市辖区、三个子系统、9 个指标的三个年份数据进行熵值法计算，其各个市辖区单元的综合得分情况如下（表 4–7）。据此可以发现：

2000、2010 和 2015 年北京市城市中心性得分及排名情况　　表 4–7

辖区	2005 年		2010 年		2015 年	
	得分	排名	得分	排名	得分	排名
东城区	8.6105	1	7.0503	2	7.0824	2
西城区	8.484	2	7.3797	1	7.4769	1
朝阳区	6.8763	4	6.4176	5	6.6259	3
丰台区	4.7527	7	4.8614	9	5.5985	6
石景山区	5.0489	5	4.5378	11	5.2893	9
海淀区	7.1856	3	6.5476	4	6.3770	4
房山区	4.1695	11	5.1482	8	3.9978	12
通州区	3.8876	13	5.1787	7	5.4728	7
顺义区	4.5641	9	5.7775	6	5.4607	8
昌平区	4.3446	10	4.5733	10	4.6077	11
大兴区	4.6233	8	6.886	3	6.0219	5
门头沟区	3.9593	12	3.668	13	4.9223	10
怀柔区	4.7548	6	3.857	12	3.5336	13
平谷区	2.918	16	3.1274	15	3.0835	14
密云区	3.4825	14	3.2119	14	2.8955	15
延庆区	3.3553	15	2.7912	16	2.5668	16

第一，城市中心性空间极化现象明显，但极化程度呈缩小趋势。分别计算出北京市 2005、2010 和 2015 年城市中心性的变异系数、*TW* 指数和泰尔指数及其空间分解（表 4–8）。*TW* 指数三个年份均呈下降趋势，*TW* 指数由 2005 年的 0.0401 下降到 2015 年的 0.0092，下降了 77%；变异系数和泰尔指数则表现为 2005~2010 年下降，2010~2015 年又略微上升的特点，但 2015 年与 2005 年相比均呈较大幅度下降的趋势，说明北京市城市中心性指数的区域差异在缩小。按照四大功能区[1]的划分方式将 16 个辖区分为四组，计算北京市泰尔指数的内部差异。结果表明组内的泰尔指数与整体的泰尔指数变化趋势一样，而组间的泰尔指数则一直呈现下降的趋势；从差异贡献率看，组间比重明显高出组内比重，但组间比重呈现出下降趋势，说明北京四

[1] 东城区、西城区与石景山区为首都功能核心区，朝阳区、海淀区与丰台区为城市功能拓展区，通州区、大兴区、顺义区和昌平区为城市发展新区，门头沟区、房山区、平谷区、怀柔区、密云区、延庆区为生态涵养区。

大功能区间差异仍然是导致北京城市中心性差异的主要原因，但四大功能区之间的差异在缩小，而组内比重呈现出上升趋势，说明虽然整体上中心性指数差异呈下降趋势，但组内差异对整体差异的贡献在不断提升，尤其是通州区与大兴区等构成的区内差异均呈上升趋势，说明这两个功能区内中心性指数值变化较大，出现了新的增长中心。

北京市市辖区城市中心性指数的空间极化指数变化情况 表 4–8

主要指数	2005 年	2010 年	2015 年
变异系数	0.0337	0.0285	0.0288
TW 指数	0.0401	0.0142	0.0092
泰尔指数	0.0510	0.0437	0.0473
组内差异	0.0091	0.0084	0.0126
组内比重（%）	17.81	19.34	26.55
组间差异	0.0419	0.0352	0.0347
组间比重（%）	82.19	80.66	73.45

第二，城市中心性指数空间分异明显，呈圈层分布。为了能更清晰地反映出北京市各个市辖区城市中心性的空间分布情况，以各市辖区的平均值 ±0.5 标准差确定临界值进行类型划分，可将 16 个市辖区划分为 3 个类型，如图 4–7~ 图 4–9 所示。2005 年中心性水平较低类型（中心性指数小于 4.211）的共有 6 个区，全部分布在外围地区；中心性水平较高类型（中心性指数大于 5.917）的共有 4 个区，全部分布在中心城区；中心性水平中等类型（中心性指数在 4.211~5.917 之间）的有 6 个区，除了怀柔区外，在中心城区与外围地区均有分布。2010 年中心性水平较低类型（中心性指数小于 4.340）的共有 5 个区，全部分布在外围地区；中心性水平较高类型（中心性指数大于 5.787）的共有 5 个区，除大兴区外，其他 4 个均集中在中心城区；中心性水平中等类型（中心性指数在 4.340~5.787 之间）的共有 6 个区，中心城区与外围地区均有分布。2015 年中心性水平较低类型（中心性指数小于 4.332）的 5 个区分布在北部外围地区；中心性水平指数较高类型（中心性指数大于 5.794）的共有 5 个区，除了大兴区外，均集中在中心城区；中心性水平中等类型（中心性指数在 4.332~5.794）的共有 6 个区，在中心

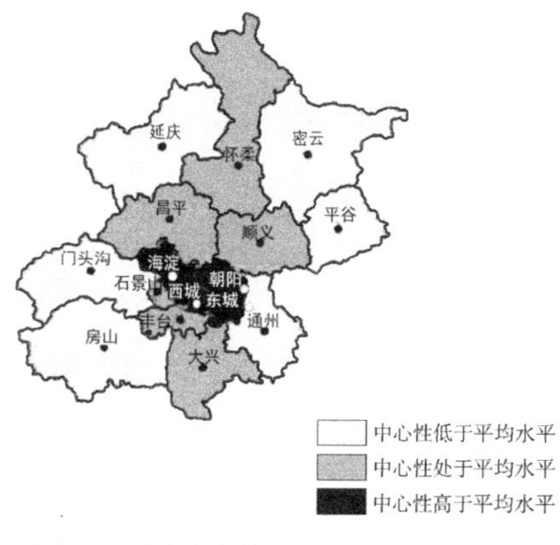

图 4-7　北京市市辖区 2005 年中心性类型图
（图片来源：作者自绘）

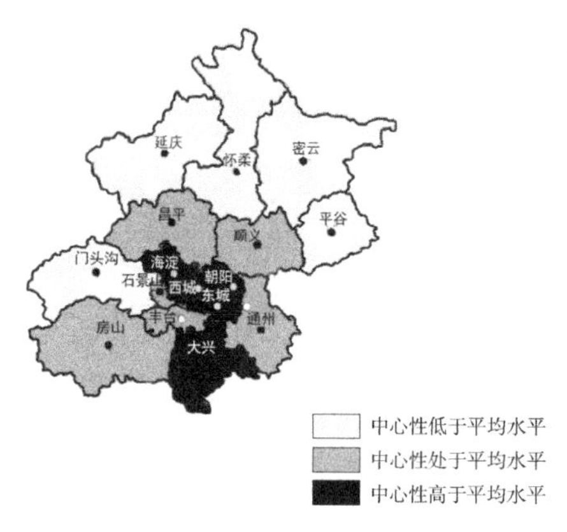

图 4-8　北京市市辖区 2010 年中心性类型图
（图片来源：作者自绘）

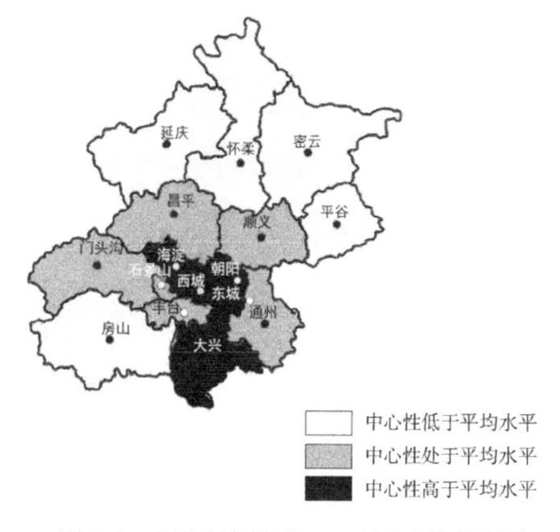

图 4-9　北京市市辖区 2015 年中心性类型图
（图片来源：作者自绘）

城区和外围地区均有分布。

第三，城市中心性指数变化较大，外围地区呈现出新的中心。由表 4-7 可以看出，北京市 16 个市辖区的城市中心性指数变化较大，三个年份比较稳定的主要是东城区、西城区、朝阳区和海淀区，这 4 个区的中心性水平均较高；门头沟区、昌平区、密云区和延庆区三个年份也相对比较稳定，但这 4 个区的中心性水平较低。三个年份变化比较大的有石景山区、怀柔区、通州区和大兴区，其中石景山区由 2005 年的第 5 位下降到 2015 年的第 9 位，怀柔区由 2005 年的第 6 位下降到 2015 年的第 13 位，通州区由 2005 年的第 13 位上升到 2015 年的第 7 位，大兴区由 2005 年的第 8 位上升到 2015 年的第 5 位。在此，计算出 2005、2010 和 2015 年三个年份的局部自相关。

从 2005 年城市中心性指数 Z 值得分所处区间来看（图 4-10），海淀区、丰台区、西城区的 Z 值通过了 1% 的显著性检验，成为强热点区；东城区、朝阳区、石景山区、通州区、大兴区、Z 值通过了 5% 的显著性检验，成为较强热点区，城市中心强度较高的主要集中在首都功能核心区和首都功能拓展区以及个别城市发展新区，且在空间上呈现连续分布态势。从2010年城市中心性指数Z值得分所处区间来看（图4-11），局部空间集聚相关性显著的区域发生了变化，石景山区Z值没有通过10%的显著性检验，东城区、朝阳区、丰台区、通州区的Z值通过了1%的显著性检验，成为强热点区；海淀区、西城区和大兴区的Z值通过了5%的显著性检验，成为较强热点区，说明城市核心区中心性强度空间集聚现象依然十分明显，但通州区等外围地区的中心性作用开始显现。从2015年城市中心性指数Z值得分所处区间看（图4-12），局部空间集聚相关性显著的区域发生了明显的变化，东城区、朝阳区、丰台区、通州区和大兴区的Z值通过了1%的显著性检验，成为强热点区；海淀区、西城区和石景山区的Z值通过了5%的显著性检验，成为较强热点区；外围的通州区和大兴区的均为强热点区，说明这两个区的中心性作用逐渐显现和加强；2015年出现了低值的集聚区（冷点区）即怀柔区和密云区。

从三个年份城市中心类型和

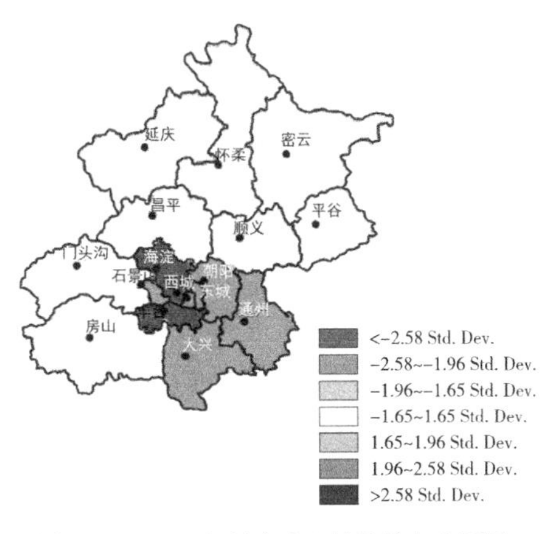

图4-10　2005年城市中心性的热点分析图
（图片来源：作者自绘）

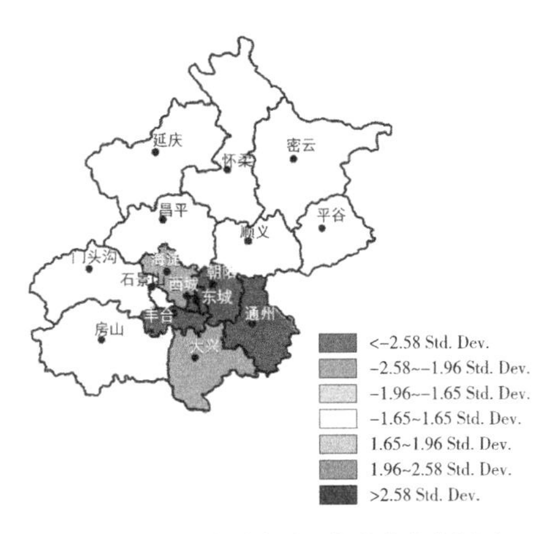

图4-11　2010年城市中心性的热点分析图
（图片来源：作者自绘）

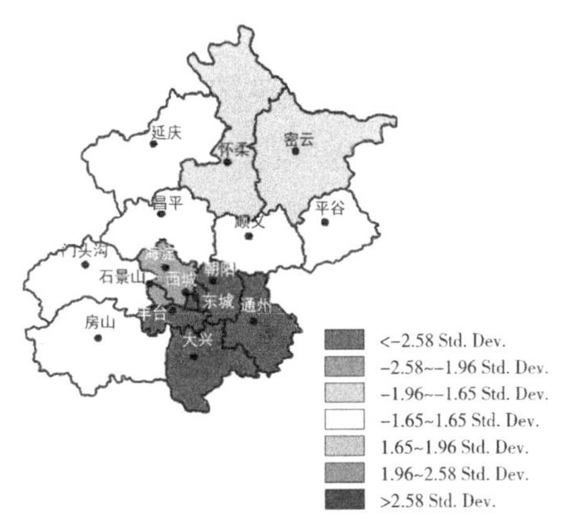

图4-12　2015年城市中心性的热点分析图
（图片来源：作者自绘）

空间分布看，中心城区 6 个区的中心性指数虽然变动较大，但这 6 个区依然是北京都市区的中心，而外围地区的通州区、大兴区的中心性指数增长较快。虽然这些区的功能及其中心性强度与中心城区仍存在差别，但意味着外围区域将出现新的增长中心。

4.1.2.4 基于服务设施密度的验证

决定一个地区服务设施水平的不仅仅是总量，更是该地区的设施密度。利用智图 GeoQ 网站（http：//www.geoq.net/）作为对北京进行都市区尺度研究的基础数据平台。以北京区县级行政区划为单位，分别选取购物中心、酒店、外餐（作为餐饮设施代表）、KTV 和迪厅（作为休闲娱乐设施代表）、剧场和音乐厅（作为文化设施代表）和办公企业（商贸、保险、电信和广告四类）的数量进行统计与图示化（表 4–9）。在“酒店”取值时仅统计三星级及以上酒店宾馆。“常住人口”来源于“六普”人口统计数据。这一数据采用各区县街道与办事处的常住人口，而不统计乡镇常住人口，尽量做到城镇人口与服务设施范围的对应。

从数量来看，外围城市与中心城区的差距是显而易见的。但是，这种差距在较强外围城市和较弱中心城区之间的比较中消失。以通州为代表的外围城市全面超过了中心城区发展较慢的丰台与石景山，甚至也在一些类型中可以与中心城区的东城、西城与海淀相抗衡。从设施密度看，原本处于领先的中心城区一下失去了优势地位，甚至在一些方面完胜外围城市。而且，并不是距离中心城区近的外围城市才有这样的机会，反而距离很远的密云与怀柔等城市发展得更好。这些情况表明，虽然外围城市服务设施的绝对数量仍然不能与中心城市相媲美，但可以反映服务设施水平的设施密度却已经在发生外围城市高于中心城区的境况。这颠覆了传统对待外围城市中心的观念。不过，要说明的是，在大都市区尺度，外围城市的城市中心仅仅是一个点。而上述实证研究能说明的是外围城市这个小型面域中的服务设施在发育壮大。这种对比本质上是一个均质面与另一个均质面的比对，如果需要揭开城市中心的细节特征，则需要在其他的空间尺度下进行。

北京各行政区划服务设施数量及密度统计 表 4–9

区位	名称		服务设施数量									常住人口（万人）
			购物中心	酒店	外餐	KTV、迪厅	剧场、音乐厅	办公企业				
								商贸	保险	电信	广告	
中心城区	东城	数量	62	211	205	43	32	386	45	44	157	91.9
		密度	0.67	2.30	2.23	0.47	0.35	4.20	0.49	0.48	1.71	
	西城	数量	69	168	141	36	36	319	48	42	152	124.3
		密度	0.56	1.35	1.13	0.29	0.29	2.57	0.39	0.34	1.22	
	海淀	数量	122	285	297	115	21	527	36	61	207	282.5
		密度	0.43	1.01	1.05	0.41	0.07	1.87	0.13	0.22	0.73	
	朝阳	数量	200	316	918	154	36	1537	120	71	831	354.5
		密度	0.56	0.89	2.59	0.43	0.10	4.34	0.34	0.20	2.34	
	丰台	数量	63	148	70	98	8	353	31	44	165	155.3
		密度	0.41	0.95	0.45	0.63	0.05	2.27	0.20	0.28	1.06	
	石景山	数量	19	27	22	24	3	75	4	8	37	61.6
		密度	0.31	0.44	0.36	0.39	0.05	1.22	0.06	0.13	0.60	
外围城市	门头沟	数量	10	7	0	5	0	24	0	13	8	16.0
		密度	0.63	0.44	0.00	0.31	0.00	1.50	0.00	0.81	0.50	
	房山	数量	32	33	12	21	1	79	20	27	39	51.0
		密度	0.63	0.65	0.24	0.41	0.02	1.55	0.39	0.53	0.76	
	通州	数量	49	24	30	34	4	163	19	36	101	54.0
		密度	0.91	0.44	0.56	0.63	0.07	3.02	0.35	0.67	1.87	
		总位次	2	12	6	4	5	5	8	4	6	
		较中心城区位次	1	6	5	1	4	3	3	1	2	
	顺义	数量	56	83	43	35	0	135	18	31	96	50.0
		密度	1.12	1.66	0.86	0.70	0.00	2.70	0.36	0.62	1.92	
	昌平	数量	72	97	49	49	0	110	31	20	95	116.4
		密度	0.62	0.83	0.42	0.42	0.00	0.95	0.27	0.17	0.82	
	大兴	数量	48	37	44	51	2	256	24	25	113	98.7
		密度	0.49	0.37	0.45	0.52	0.02	2.59	0.24	0.25	1.14	
	怀柔	数量	11	37	7	11	1	90	6	22	51	22.8
		密度	0.48	1.62	0.31	0.48	0.04	3.95	0.26	0.96	2.24	
	平谷	数量	12	17	11	8	0	61	19	14	46	22.5
		密度	0.53	0.76	0.49	0.36	0.00	2.71	0.84	0.62	2.04	
	延庆	数量	11	19	7	10	1	15	5	11	12	12.6
		密度	0.87	1.51	0.56	0.79	0.08	1.19	0.40	0.87	0.95	
	密云	数量	15	21	8	14	0	76	13	10	52	17.1
		密度	0.88	1.23	0.47	0.82	0.00	4.44	0.76	0.58	3.04	

4.2 外围城市尺度下的界定

4.2.1 研究思路

大都市区尺度下的识别完成，似乎是仅仅证明了在大都市区外围拥有一个中心城市的结论，这与本书所涉及的城市中心区这一研究对象尚未建立直接联系。所以，本节将在更为微观的空间尺度下进行识别。这里，又包含外围城市所在行政区划范围与外围城市两个尺度。由于大都市外围城乡分野特征明显，所以对城市中心区的界定可以限定在外围城市的尺度内。城市中心区的量化方法中，墨菲指数十分重要，但是这种针对西方城市 CBD 建筑高度与用地特征完全异于住区的方法并不适合住宅高强度开发的我国。近来，利用路网密度、人口密度与心智地图等进行确定的各类方法不断出现。

大都市区外围城市的中心区界定应该充分尊重这一区域的建设特点。比如，外围城市新区建设的路网间距较大，旧区尚未改造的城中村路网间距较小，这导致通过路网密度确定的方式并不适用。再比如，由于大都市区外围，城市综合体开发的形式较为普遍，使得准确界定承载公共服务设施的建筑与用地的难度很大，又导致了依托公共服务设施高度与密度指数的不适用。在这种情况下，结合近年来地理信息数据平台的兴起与 GIS 技术分析的成熟，本书城市中心区的界定将面向服务设施的点位数据。一则，无论是点位的数量还是位置信息都较为精准且易于获得；二则，这些电子地图中的服务设施类型多样，既有与生活服务紧密相关的“购物”“餐饮”，又有与生产性服务相关的“大厦”“金融服务”，是完全贴近城市中心区公共服务本质的；三则，这一面向公共服务企业的数据来源规避了既有方法中重建筑实体、轻使用主体——消费者的弊端。

4.2.2 评价体系与数据处理

多因子综合评价方法的基本思路是综合考虑多种服务设施的影响因素，对各个因子分配权重及赋值。结合数据获取的现实条件，选取“大厦”“政府”“餐饮”“购物”“休闲娱乐”与“金融服务”共6类服务设施指标进行评价。针对各类服务设施在同一空间中的分布数量确定重要性：同一空间范围内分布数量越少的，代表其空间稀缺性、重要性越高，权重系数相应提高；同一空间范围内分布数量越多的，代表其空间稀缺性越低，权重系数相应降低。据此，“大厦”与“政府”的权重系数分别为1.5、1.3，“餐饮”与“购物”的权重系数为1.0，“休闲娱乐”与“金融服务”的权重系数为0.6。各因子重要性参数值用1至9来表示从低到高。城市中心性综合评价指数P的计算公式如下：

$$P=\sum_{i=1}^{n}B_iW_i/n \tag{4-15}$$

式中：B_i为第i种评价因素的得分值，W_i为第i种评价因素被赋予的权重值，n为参与评价的因素数量。

提取2015年北京市通州区电子地图中的“大厦”“政府”“餐饮”“购物”“休闲娱乐”与“金融服务”6类服务设施的点位信息作为基础数据。按照搜寻半径50米的数值对这6类服务设施进行核密度分析，按照200米×200米网格对评价区域进行划分，分别统计每一方格网中的得分并进行加权叠加操作。在SPSS中采用K-Means聚类法将上述结果划分为两类，高于分界值的网格区域视为城市中心区，低于该分界值的网格区域不列为城市中心区。随后，将视为城市中心区的连续网格利用CAD样条曲线自动拟定包络线，并将此包络线作为城市中心区的初选范围划定到所在区域的遥感影像图中。最后，结合影像图中城市道路等要素选定最终范围。

4.2.3 通州城市中心区的范围

评价区域涉及北京市通州区的19.2平方千米范围，东西长4.8千米，南北长4千米，是通州建成区的核心区域。在评价区内，有新华大街、玉带河西街、通朝大街等东西向主干道和新华北路等南北向主干道，八通线与6号线两条轨道交通和京唐铁路穿过整个区域。在这个区域内，汇集了通州人民商场等早期的大型商业设施，也包含了万达广场等城市综合体。

首先对这个区域内的6类服务设施进行核密度分析（图4-13），划定9

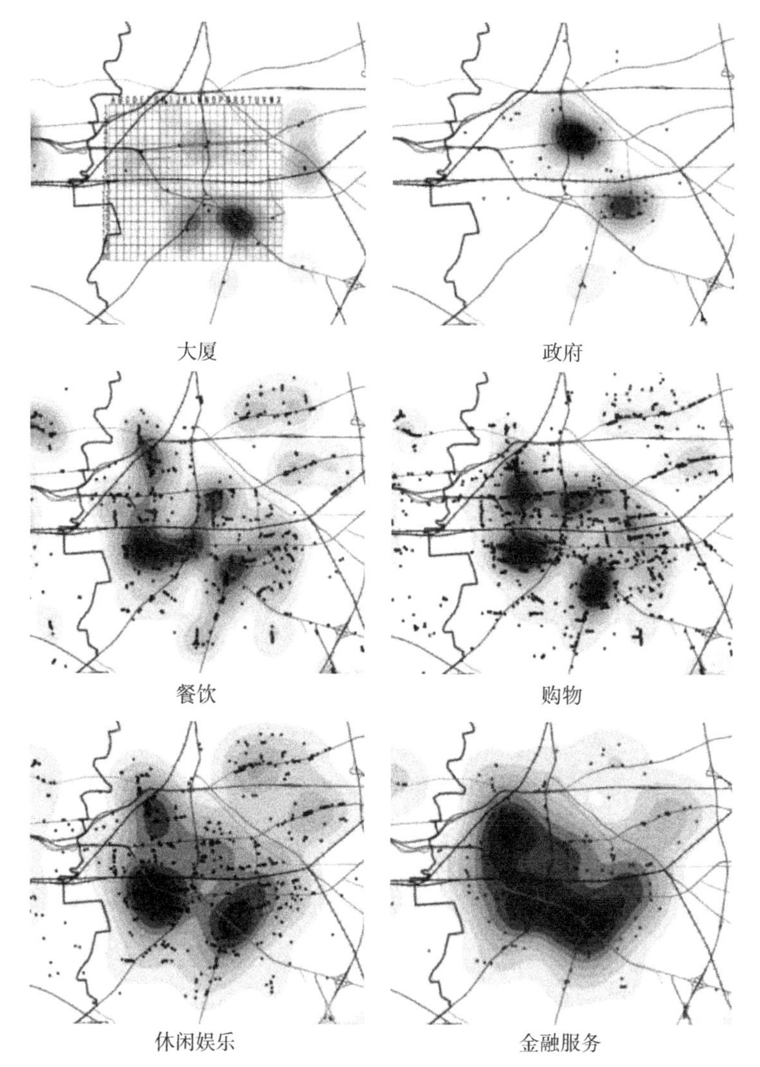

图 4-13 通州建成区各类服务设施的核密度分析图
（图片来源：作者自绘）

级差别的不同密度区域，并据此作为数值 1~9 的打分依据。在 6 张核密度分析图的基础上划定赋分网格，统计每个网格所对应的各类设施加权平均分值（表 4-10）。高于 K-Means 聚类法结果分界值 4.29 的网格区域视为城市中心区，利用 CAD 样条曲线拟定包络线（图 4-14），并结合遥感影像图予以修正，得出最终结果（图 4-15）。结论显示：北京市通州区城市中心区共计 5.27 平方千米，由东北的较小部分和西南的较大部分共同组成。东北较小部分区域东至通州区博物馆、南至西顺城街、西至新仓路、北至通惠河南岸，面积 1.28 平方千米。西南较大部分东至玉桥中路、南至瑞都国际、西至北

各栅格城市中心性综合评价指数一览

表 4–10

	A	B	C	D	E	F	G	H	I	J	K	L	M	N	O	P	Q	R	S	T	U	V	W	X
1	1.40	1.77	2.47	3.38	3.65	4.08	4.17	4.12	3.63	3.20	2.58	2.27	1.93	1.52	1.40	1.30	1.30	1.30	1.30	1.30	1.47	1.47	1.40	1.40
2	1.50	1.87	2.40	3.22	3.92	4.35	4.08	4.17	3.47	3.15	3.00	3.12	3.02	2.92	2.38	2.00	1.68	1.68	1.47	1.30	1.30	1.40	1.57	1.73
3	1.50	2.03	2.50	3.48	3.92	4.35	4.35	4.17	3.78	3.57	3.73	3.85	4.07	4.13	3.82	3.13	2.65	2.33	1.95	1.57	1.57	1.40	1.57	1.83
4	2.03	2.13	2.83	3.37	3.97	4.47	4.36	4.32	3.95	3.83	4.00	4.92	5.13	4.98	4.93	3.98	3.88	3.08	2.38	1.90	1.57	1.67	1.67	1.67
5	2.20	2.57	3.00	3.78	4.32	4.55	4.38	4.12	3.95	4.00	4.68	5.53	5.82	5.98	5.80	5.27	4.63	3.77	3.07	2.52	2.10	2.00	1.83	1.83
6	2.53	2.98	3.35	3.95	4.32	4.45	4.31	3.95	3.73	4.37	4.63	5.48	6.03	6.20	6.02	5.80	4.77	4.03	3.17	2.47	2.52	2.10	2.20	1.93
7	2.63	3.15	3.77	3.93	4.37	4.48	4.12	4.07	3.73	3.95	4.42	4.97	5.35	5.68	5.58	5.20	4.57	3.82	3.43	2.88	2.78	2.37	2.37	2.20
8	2.88	3.25	3.77	4.20	4.37	4.12	3.85	3.90	3.57	3.57	3.78	4.12	4.28	4.67	4.57	4.18	4.02	3.53	3.27	3.15	2.90	2.90	2.80	2.37
9	2.72	3.25	3.87	4.13	4.35	4.22	3.95	3.62	3.67	3.57	3.48	3.65	3.98	3.82	3.55	3.38	3.22	3.05	3.12	3.12	3.07	3.23	3.07	2.73
10	2.72	3.25	3.68	4.42	4.32	4.48	4.32	4.15	3.82	4.10	3.65	3.82	3.60	3.43	3.38	3.05	2.88	3.05	3.27	3.53	3.70	3.87	3.48	3.28
11	2.47	2.90	3.78	4.33	4.40	4.92	4.92	4.58	4.21	4.22	4.22	4.12	4.12	3.58	3.25	3.15	3.10	3.48	3.75	4.23	4.23	4.08	4.08	3.67
12	2.37	2.90	3.87	4.30	5.00	5.17	5.25	5.25	4.92	4.65	4.38	4.12	4.03	3.77	3.65	3.23	3.83	3.89	4.23	4.70	4.25	4.23	4.13	3.82
13	2.10	2.90	3.67	4.20	4.22	5.17	5.27	5.35	5.18	5.17	4.80	4.72	4.25	3.88	4.23	4.12	5.03	5.67	5.57	5.53	5.43	5.08	4.20	3.88
14	2.00	2.53	3.23	4.20	4.22	5.00	5.10	5.18	4.92	4.83	4.82	4.63	4.63	4.22	4.68	5.58	6.48	6.60	6.40	6.03	5.58	4.27	4.28	3.87
15	1.57	2.37	2.90	3.33	4.03	4.10	4.12	4.29	4.57	4.38	4.47	4.38	4.28	4.47	4.73	5.87	6.68	7.07	6.85	6.48	5.45	4.53	3.87	3.65
16	1.57	2.00	2.37	2.73	3.27	3.53	3.70	3.78	3.70	3.95	3.77	4.35	3.87	4.37	4.90	6.13	6.38	6.85	6.47	5.95	4.28	4.15	3.65	3.23
17	1.30	1.67	2.10	2.20	2.40	2.83	2.83	3.08	3.23	3.42	3.33	3.43	3.60	4.32	4.82	5.25	6.30	6.12	5.95	4.27	4.27	3.35	2.90	2.70
18	1.30	1.47	1.67	2.20	2.20	2.30	2.30	2.72	2.87	3.05	2.88	2.82	3.00	3.45	4.12	4.80	5.22	4.23	3.80	4.05	3.18	3.15	2.70	2.28
19	1.30	1.47	1.67	1.67	2.10	2.10	2.10	2.10	2.25	2.33	2.53	2.47	2.82	3.17	3.60	3.93	4.28	4.10	3.50	2.97	2.35	2.15	1.95	1.87
20	1.20	1.47	1.47	1.57	1.73	1.73	1.73	1.73	1.73	1.73	1.92	2.12	2.20	2.73	3.23	3.33	3.33	3.22	2.88	2.40	2.20	1.95	1.70	1.70

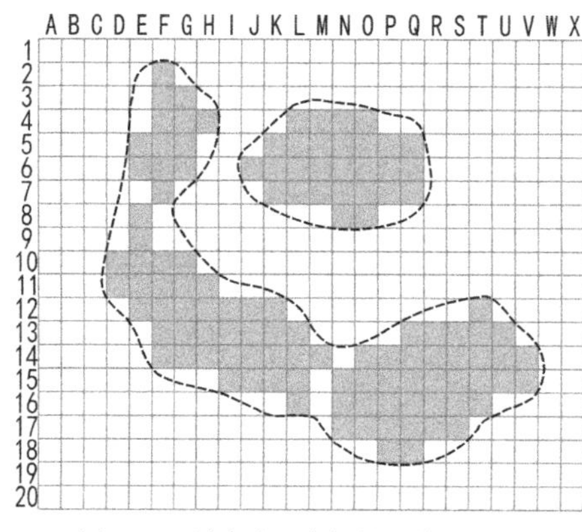

图 4–14　城市中心行栅格及其包络线
（图片来源：作者自绘）

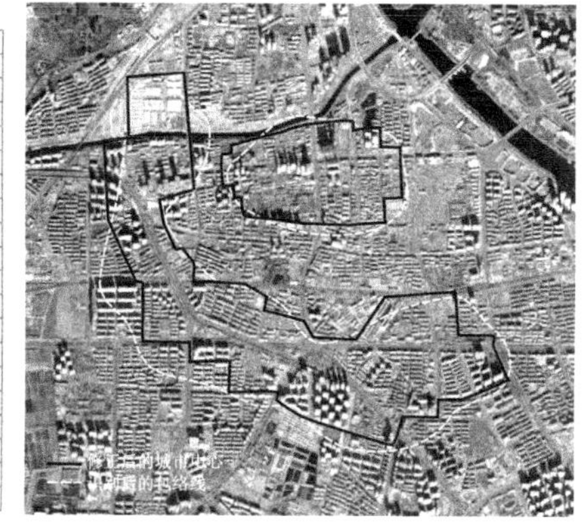

图 4–15　遥感影响图中对标包络线与修正范围图
（图片来源：作者自绘）

苑南路、北至八里桥市场，面积 3.99 平方千米。这两部分的城市中心区形态差异较大，东北部分呈团簇形态，西南部分呈狭长形态。需要说明的是，这里完成界定的通州城市中心区是在没有考虑规划预期的情况下完成的，是仅针对现有建成区的城市中心区。

4.2.4　研究思路

都市区尺度的识别都揭示了大都市区外围有一个发展迅速、充满活力的中心城市存在；外围城市尺度的识别则界定了一个显著区别于周围服务设施密度的城市中心区。这两个尺度内的识别完成后，并没有揭示这个外围城市中心是一个什么样的城市中心。即使这些以“脱颖而出”为目的的识别工作暗含了这两个尺度下城市中心与其他地区之间具有怎样的差异，但却缺少从内部构成元素出发的同类间横向比较。

这就要求接下来的研究需要深入城市中心区内部尺度，并选择不同地区相同或类似的代表性空间进行比较，以期深入认知大都市区外围城市中心。在这里，选取典型的品牌化城市综合体作为研究对象。由于此类城市综合体施行品牌化策略，它们的选址是要有一定标准的。换句话说，它在不同区域的存在一定程度上代表了这些不同地区之间具有标准化的空间，其所处的城市环境应该具有可比性。此外，它们还拥有相对固定的开发模式，比如会采用诸如订单商业等运营模式。如果围绕不同地区的、具有城市中心性的相同品牌城市综合体发现一些差别，就会反映出开发企业对不同地区的预期，并可以就此推理不同地区城市中心的相似与差异。分别从周边现状用地、开发业态规模、办公行业门类三个方面对通州区和北京中心城区均有的城市综合体相关情况进行比较分析。

4.2.5 周边现状用地

4.2.5.1 研究对象与数据搜集

对城市综合体周边现状用地进行比较，目的在于判断连锁商业自身空间以外的周边环境是否也具有类似性。只有中心城区与外围城市的两处城市综合体周边用地现状达到相似水平，才可以代表外围城市中心真正具备了中心城区多中心体系下的“中心性”。选取万达广场和绿地中央广场作为研究对象。这是因为：第一，越是大尺度的经营场所空间越具有独立性，而越是小尺度的经营场所空间则越有可能成为其他经营场所中的附带。所以，在这里仅选择较高等级的城市综合体。第二，这些城市综合体在整个大都市区内的分布可能较多，而本着外围城市中心仅仅是与中心城区多中心体系下的中心相“媲美”，所以针对该综合体在中心城区的选择时则需要考虑避免处于传统的、超常规等级的城市中心区和具有特殊功能指向性的区域。为了进一步规避这一状况的出现，对城市综合体周边的比较范围也进行限定。考虑到道路网间距的因素，选择城市综合体周边 200 米和 500 米作为研究范围。具体做法是以建筑外轮廓最长对角的包络线为基线，分别向外偏移相应范围。第三，为了能够充分暴露中心城区内外差距，所选择的区域应有一定发展历史而非中心城区的“边缘地带”。以这些原则为指导，经过现场调查、地图校勘，绘制通州绿地中央广场、朝阳绿地中央广场、通州万达广场和石景山万达广场两组共 4 个城市综合体周边现状用地（2016 年 2 月）如图 4–16、图 4–17 所示。

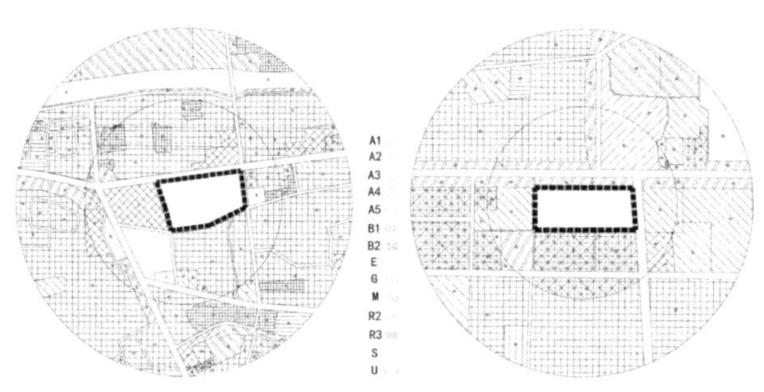

图 4–16　通州绿地中央广场（左）和朝阳绿地中央广场（右）的周边现状用地比较图
（图片来源：作者自绘）

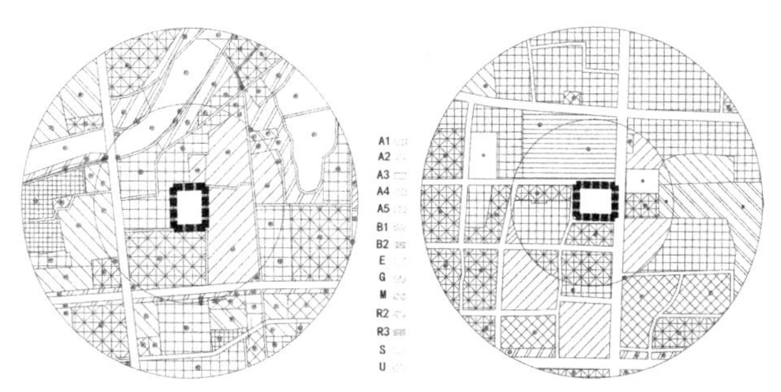

图 4–17　通州万达广场（左）和石景山（右）万达广场的周边现状用地比较图
（图片来源：作者自绘）

4.2.5.2　比较结果与讨论分析

两组城市综合体在中心城区内外的差距是较为明显的，尤其体现在体量更为庞大的万达广场中。通州万达广场周边以居住为主，商业服务业等公共设施较少；而石景山万达广场周边的商务、行政等公共设施所占用地比例较高，且具有进一步向外延伸的趋势。通过用地统计，在近城市综合体的 200 米区域差别相对较小，超过 200 米范围的差别较为巨大。当然，从这两个万达广场所处的区位可找到原因，一个处于通州面向中心城区的门户区，一个位居石景山区公共服务的核心地段。显然，外围城市门户区与中心城区某一中心的差距是巨大的（北京已经落成的另一个万达广场处于朝阳区国贸 CBD 核心地段内，其周边用地的差别理应更大）。

绿地中央广场位于通州更为核心的地段，其周边用地与中心城区相应比较结果的差别要小于万达广场。特别是从公共服务设施用地的规模上看，二者是相对接近的。具体的差别可以通过用地统计显示（表 4–11、

表4–12）。在包络线200米范围内，通州绿地中央广场（以下简称“通州绿地”）的居住用地比例比朝阳绿地中央广场（以下简称“朝阳绿地”）的该值略低5.3个百分点，公共管理与公共服务设施、商业服务业设施两项用地总量的比值又略高5.4个百分点，二者的差额相抵。而这其中，通州绿地周边的公共管理与公共服务设施用地比例要比朝阳该值高约12.2个百分点，主要是医疗卫生用地与教育科研用地；其商业服务业设施用地比例比朝阳的该值低约6.8个百分点，差距主要在于商务用地。通州绿地周边的道路与交通设施用地比朝阳该值低约9.8个百分点，而绿地与广场用地则比朝阳绿地的该值高约4.7个百分点。此外，通州绿地周边还有1公顷余的水域，而朝阳绿地周边还有极少量拆迁待开发用地。在周边200至500米范围内，居住用地与服务设施用地的比较与200米范围以内的对比相类似，但又有所不同。通州绿地周边居住用地比例比朝阳绿地周边的该值低，但差额达到14.6

通州、朝阳绿地中央广场周边200米范围内用地构成对比　　表4–11

用地性质			通州绿地中央广场		朝阳绿地中央广场	
大类	中类	用地名称	用地面积（公顷）	占城市建设用地比例（%）	用地面积（公顷）	占城市建设用地比例（%）
R		居住用地	5.03	24.21	6.31	29.56
	R2	二类居住用地	5.03	24.21	6.31	29.56
A		公共管理与公共服务设施用地	7.73	37.20	5.33	24.96
	A1	行政办公用地	1.08	5.20	—	—
	A3	教育科研用地	—	—	5.19	24.31
	A5	医疗卫生用地	6.65	32.00	0.14	0.66
B		商业服务业设施用地	3.28	15.78	4.81	22.53
	B1	商业用地	0.02	0.10	—	—
	B2	商务用地	3.26	15.69	4.81	22.53
S		道路与交通设施用地	2.53	12.18	4.69	21.97
G		绿地与广场用地	0.98	4.72	—	—
E		非建设用地	1.23	5.92	—	—
待开发用地			—	—	0.21	0.98
合计			40.33	100.00	42.49	100.00

注：表中数据根据调研绘制所得。

通州、朝阳绿地中央广场周边 200 至 500 米范围内用地构成对比　　表 4–12

用地性质			通州绿地中央广场		朝阳绿地中央广场	
大类	中类	用地名称	用地面积（公顷）	占城市建设用地比例（%）	用地面积（公顷）	占城市建设用地比例（%）
R	居住用地		21.67	27.83	33.84	42.43
	R2	二类居住用地	17.64	22.66	33.84	42.43
	R3	三类居住用地	4.03	5.18	—	—
A	公共管理与公共服务设施用地		8.18	10.51	2.32	2.91
	A1	行政办公用地	7.59	9.75	—	—
	A3	教育科研用地	0.38	0.49	1.5	1.88
	A4	体育用地	0.21	0.27	—	—
	A5	医疗卫生用地	—	—	0.82	1.03
B	商业服务业设施用地		15.05	19.33	20.83	26.12
	B1	商业用地	5.49	7.05	7.71	9.67
	B2	商务用地	9.56	12.28	13.12	16.45
M	工业用地		5.01	6.43	5.13	6.43
S	道路与交通设施用地		7.8	10.02	14.61	18.32
G	绿地与广场用地		8.26	10.61	0.97	1.22
E	非建设用地		8.79	11.29	—	—
待开发用地			3.1	3.98	2.06	2.58
总用地合计			77.86	100.00	79.76	100.00

注：表中数据根据调研绘制所得。

个百分点，这其中还已经包括了 4 公顷余的三类居住用地。通州绿地周边的公共管理与公共服务设施用地继续比朝阳绿地周边的该值高，差额达到 7.6 个百分点，行政办公用地比例较高是造成这一差距的主要原因。通州绿地周边的商业服务业设施用地继续比朝阳绿地周边的该值低，差值约 6.8 个百分点，这一差距是由商业用地和商务用地两个层面构成的。两个绿地中央广场周边都有工业用地，且所占比例近乎一致。通州绿地周边的道路与交通设施用地比朝阳绿地的该值低约 8.3 个百分点，而绿地与广场绿地则比朝阳绿地的该值高约 9.4 个百分点。另外，通州绿地周边还有将近 9 公顷的水域，而二者周边均有 2 至 3 公顷的拆迁待开发用地。

通过上述两组城市综合体周边现状用地的比对可以发现：外围城市提供商业环境协同的力量显然没有中心城区强大。当然，一个城市综合体的选址是各方面作用的结果。通州万达广场位于通州门户的选址本身就决定了其周边不可能与完全的城市中心相类似。从绿地中央广场周边的比较结果看，外围城市的中心地带是综合的、复杂的，而中心城区的同等级连锁商业体周围则是专业的、简单的。或者，这可以延伸为同样级别的城市中心性职能空间在外围城市的“中心性”要超过其在中心城区的“中心性”，也就是说外围城市中心之于外围城市的重要性更加明显。值得一提的是，尽管外围城市已经非常重视交通设施的建设与配置，但从道路与交通设施用地的所占比例看，外围城市中心相比中心城区的城市中心仍有很大差距。与此同时，绿地与广场用地的比较结果则说明外围城市在自然环境中要比中心城区优异。

4.2.6 开发业态规模

选取国内商业地产的成功案例——万达广场作为研究对象。万达广场的广告语是，“哪里有万达广场，哪里就是城市中心”。选取的通州万达广场位于外围城市通州的繁华区域靠近中心城市一侧，石景山万达广场位于城市边缘区的繁华地段，CBD 万达广场位于中心地区的国贸地段。三者建设时间依次提前，所处区域的繁华程度依次加强。根据报批文件等对三座万达广场的开发业态情况进行归纳如下（表 4-13）：

通州万达广场的体量最大，超过石景山万达广场近 1 倍，也超过 CBD 万达广场约 20%。从整体构成看：通州万达广场相较后两者缺少五星级酒店与酒店式公寓，增加了大量住宅。通州万达广场在超大总建筑面积情况下，仍然没有配套能够提升区域形象的五星级酒店，表明需求预期尚未达到非做不可的地步。而住宅的较多配置说明对外围城市作为“睡城”的状态相当认同。通州万达广场布局了大量写字楼而减少了商业服务的配置规模甚至比例（比如连锁百货和超市都是最低），表明开发企业对办公行业的发展预期要好于商业服务行业。这也可能与通州万达广场开发建设时对周边商业服务的评价有关（比如早其建设的家乐福超市就在不远处）。

通州、石景山和CBD万达广场的开发业态及比重　　表4-13

比对地点			通州万达广场		石景山万达广场		CBD万达	
主体构成			具体内容	购物中心＋甲级写字楼3座、普通写字楼1座＋住宅6座	具体内容	购物中心＋万达纽尔曼酒店＋4栋甲级写字楼＋2栋酒店式公寓	具体内容	购物中心＋万达索菲特酒店＋2栋甲级写字楼＋1栋还迁办公楼＋4栋酒店式公寓
建设用地面积			10.63（单位：公顷）		5.21（单位：公顷）		10（单位：公顷）	
总建筑面积			57.01	比例（%）	28.23	比例（%）	48	比例（%）
（含地上＋地下）				100		100		100
其中	购物中心		6.3	11.05	6.8	24.09	6.18	12.88
其中	其中	国际连锁百货	2.85	5	2.3	8.15	3.1	6.46
其中	其中	国际影城	0.8	1.4			0.7	1.46
其中	其中	大歌星KTV	0.35	0.61	1.5	5.31	—	—
其中	其中	电玩	0.3	0.53			0.08	0.17
其中	其中	超市	1.3	2.28	1.8	6.38	1.9	3.96
其中	其中	其他（书城、健身、餐厅）	0.7	1.23	1.2	4.25	0.4	0.83
其中	步行街与商铺		6.8	11.93	2.5	8.86	3.47	7.23
其中	五星级酒店		—	—	3.4	12.04	6.5	13.54
其中	写字楼（含底商）		18.4	32.28	5.93	21.01	4.37	9.1
其中	酒店式公寓		—	—	4	14.17	18.19	37.9
其中	住宅		12.95	22.72	—	—	—	—
其中	其他（车库、辅助）		12.56	22.03	5.6	19.84	9.29	19.35

4.2.7 办公行业门类

由于商业服务与人流的关系更紧密，生产服务更代表了外围城市中心的发展特征。并不是所有的生产性服务业都布局在城市中心，比如一些企业的研发和总部机构会临近各自生产企业进行组织。因此，关于大都市区外围城市生产性服务业的数据并不能直接说明这里的城市中心的情况。仍然选择万达广场的写字楼作为办公行业的研究对象。于 2016 年 6 月 7 日至 8 日对通州万达广场、石景山万达广场和 CBD 万达广场写字楼的办公企业进行调查，其中：通州万达广场写字楼共 3 栋（另有一栋回迁写字楼未在考虑范围内），入驻办公企业 268 家；石景山万达广场写字楼 4 栋，入驻办公企业 238 家；CBD 万达广场写字楼 3 栋，入驻办公企业 318 家。对所有入驻的办公企业进行分类，并对数量排名靠前的行业门类进行分析（表 4–14）。

三个万达广场排名靠前的企业门类数量及占总企业数比例　　表 4–14

<table>
<tr><th rowspan="2">排序</th><th colspan="3">通州万达广场</th><th colspan="3">石景山万达广场</th><th colspan="3">CBD 万达广场</th></tr>
<tr><th>名称</th><th>数量</th><th>占比（%）</th><th>名称</th><th>数量</th><th>占比（%）</th><th>名称</th><th>数量</th><th>占比（%）</th></tr>
<tr><td rowspan="2">一</td><td rowspan="2">广告业</td><td rowspan="2">21</td><td rowspan="2">7.84</td><td>咨询与调查</td><td>21</td><td>8.82</td><td rowspan="2">其他资本市场服务</td><td rowspan="2">34</td><td rowspan="2">10.69</td></tr>
<tr><td>其他商务服务业</td><td>21</td><td>8.82</td></tr>
<tr><td>二</td><td>建筑装饰业</td><td>18</td><td>6.72</td><td>技能培训、教育辅助及其他教育</td><td>17</td><td>7.14</td><td>咨询与调查</td><td>26</td><td>8.18</td></tr>
<tr><td>三</td><td>贸易经纪与代理</td><td>17</td><td>6.34</td><td>机械设备、五金产品及电子产品批发</td><td>16</td><td>6.72</td><td>广告业</td><td>17</td><td>5.35</td></tr>
<tr><td rowspan="3">四</td><td rowspan="3">技能培训、教育辅助及其他教育</td><td rowspan="3">14</td><td rowspan="3">5.22</td><td rowspan="3">互联网信息服务</td><td rowspan="3">12</td><td rowspan="3">5.04</td><td>证券市场服务</td><td>13</td><td>4.09</td></tr>
<tr><td>技能培训、教育辅助及其他教育</td><td>13</td><td>4.09</td></tr>
<tr><td>其他文化艺术业</td><td>13</td><td>4.09</td></tr>
<tr><td rowspan="2">五</td><td>其他资本市场服务</td><td>9</td><td>3.36</td><td rowspan="2">理发及美容服务</td><td rowspan="2">8</td><td rowspan="2">3.36</td><td>企业管理服务</td><td>12</td><td>3.77</td></tr>
<tr><td>其他商务服务业</td><td>9</td><td>3.36</td><td>其他商务服务业</td><td>12</td><td>3.77</td></tr>
<tr><td rowspan="3">六</td><td>旅行社及相关服务</td><td>8</td><td>2.99</td><td>矿产品、建材及化工产品批发</td><td>7</td><td>2.94</td><td>互联网信息服务</td><td>10</td><td>3.14</td></tr>
<tr><td rowspan="2">技术推广服务</td><td rowspan="2">8</td><td rowspan="2">2.99</td><td>其他专业技术服务业</td><td>7</td><td>2.94</td><td>旅行社及相关服务</td><td>10</td><td>3.14</td></tr>
<tr><td>社会团体</td><td>7</td><td>2.94</td><td>法律服务</td><td>10</td><td>3.14</td></tr>
<tr><td>合计</td><td>—</td><td>104</td><td>35.83</td><td>—</td><td>116</td><td>48.74</td><td>—</td><td>170</td><td>53.46</td></tr>
</table>

三个万达广场都有的行业门类包括：技能培训、教育辅助及其他教育，其他商务服务业。除此以外，广告业、其他资本市场服务和旅行社及相关服务在通州万达广场和CBD万达广场重复出现；咨询和调查、其他文化艺术业和互联网信息服务在石景山万达广场和CBD万达广场之间重复；通州万达广场和石景山万达广场没有其他重复类型。如果结合区位特点的考虑，三者之间两两相同正好显示出了一定的地理关系特质，即当两个万达广场出现相同者时，它们之间则具有更近的地理关系。进一步说，通州万达广场和CBD万达广场的重复契合了二者都位居北京大都市区东部的特征，而景山万达广场和CBD万达广场之间的重复契合了二者都位于中心城区之内的特征。而中心城区都有、外围城市没有的两个行业门类（其他文化艺术业和互联网信息服务）可能也彰显了外围城市和中心城区间服务业的差距。

从三者之间的行业门类差别来看：通州万达的建筑装饰业排名靠前，表明大都市区外围城市新区建设较为密集，装修市场较好；贸易经纪与代理、技术推广服务都带有服务业发展早期的特征。石景山万达广场表现出了与CBD万达一致的特点，比如一些行业门类与工业品的批发显著相关，这些行业门类包括机械设备、五金产品及电子产品批发等。与此同时，该万达广场里社会团体和其他居民服务业同样较多，这表明其兼备了周边居民生活服务功能。至于CBD万达所特有的证券市场服务、企业管理服务与法律服务等三个门类则体现了其与国贸CBD的相关性。

再从产业集聚程度来看，通州万达广场写字楼前六名行业门类共104家，占所有办公企业数量的35.83%。石景山万达广场写字楼前六名行业门类共116家，占所有办公企业数量的48.74%。CBD万达广场写字楼前六名行业门类共170家，占所有办公企业数量的53.46%。如果把比较范围缩小到前三名，这一结果同样成立。这就说明，相对中心城区，大都市区外围城市中心的入驻办公企业集聚性较低，行业分布较散从而导致专业性不强，进一步带来其在更大区域内的竞争力不大。

4.3 小结

本章从大都市区、外围城市与城市中心三个尺度识别大都市区及其城市中心。在大都市区尺度，分析了北京市域范围内社会经济要素的空间格局与演变趋势，测度了北京市域的中心性。①全局自相关分析中，主要关注北京市的常住人口总数和外来常住人口总数、建筑业总产值、社会消费品零售额、固定资产投资额在不同区域之间整体上的空间关联和空间差异。研究表明，通州等外围城市开始作为北京市常住人口和外来常住人口聚集地，是投资重心和社会商品购买力较强的地区。②局部自相关分析中，选取金融从业人数、批发零售业从业人数、住宿餐饮业从业人数作为测度指标进行热点分析。研究表明，伴随北京服务业外溢，通州在金融、批发零售与住宿餐饮方面均成为热点区域。③通过综合指标法构建城市中心性指数，选取外来常住人口比例、常住人口与户籍人口比值和小学生在校人数反映人口集聚能力；人均固定资产投资、人均建筑业产值和人均财政支出反映城市发展活力；人均财政收入、人均社会消费品零售额和人均三次产业产值反映城市经济实力。共三组 9 项指标，采用熵值法计算出各辖区综合得分。结果显示：通州、大兴的中心性指数增长较快，虽然功能及其中心性强度与中心城区仍存在差别，但意味着外围区域将出现新的增长中心。

考虑到连锁经营对选址和自身的标准化要求，选取品牌化城市综合体作为研究对象，分别从它们在中心城区内外三个方面的差别着手：①周边现状用地的比对说明外围城市提供商业协同环境的力量没有中心城区强大，也就是说同样级别的城市中心职能空间在外围城市的“中心性”要胜过在中心城区的“中心性”。②开发业态规模的比对说明外围城市城市综合体对富有特色的零售商业与办公地产开发均预期较好，但对提升城市形象和高端生产服务业的酒店预期较差。③办公行业门类的比对说明与中心城区综合体相比，外围城市综合体缺少文化艺术业和互联网信息服务业等办公企业入驻，社会团体和其他居民服务业同样较多，兼备了大量的居民生活服务功能。与此同时，入驻办公企业集聚性较低、专业性不强，导致其在更大区域内的竞争力不大。

最后，回到外围城市尺度。考虑到外围城市新区建设的路网间距较大、城市综合体开发形式难以准确界定功能用地，结合地理信息数据平台数据的可获取性，构建了一种针对典型公共服务设施类型与点位密度进行多因子综合评价的方法。其基本思路是，首先，结合服务设施在同一空间中的分布数量确定权重。然后，利用 GIS 工具对评价范围内的各项服务设施进行核密度分析。经栅格划分评价范围后，根据核密度分析结果等级统计每一方格中得分并进行加权叠加操作。接着，采用 K-Means 聚类法将得分分为两类，高于分界值的网格区域界定为城市中心区。随后，将视为城市中心区的连续网格利用 CAD 样条曲线自动拟定包络线，并将此包络线作为城市中心区的初选范围划定到所在区域的遥感影像图中。最后，结合影像图中城市道路等要素确定通州建成区城市中心的最终范围。

5 北京通州城市中心的脉冲与响应

在对北京都市区外围城市中心识别的基础上，本章将着眼于北京通州城市中心这一外围城市中心与流的关系验证。按照前述建立的理论框架，是各类“流”在时间与空间两个维度的复合式协同构成了外围城市中心的空间发展。所以，首先从时间角度出发，选取了代表意识流的相关社会经济发展政策和所甄别的通州各项重要公共设施进行时序关联分析；接着将最为关键的人流置于界定的通州城市中心范围和中心城区内外的连锁城市综合体以内，对人流在两尺度空间中的时空变化进行分析，以判断空间协同的状况；然后，仍然以人流为中介，将运载人流的轨道交通选线和服务人流的服务业选址关系纳入视野，因为不同轨道线路之间、线路和服务业的建设时间有先后之分，空间与空间的协同也会暗含基于时间的自组织。此外，为了回归到“流”的本质，借助信息平台使用情况，探究信息社会下外围城市中心的空间之流变。最后，从外围城市中心个体尺度出发，归纳外围城市中心的空间类型，验证通州城市中心的碎化并由此从碎化着手进行大都市区超级都心诞生的推断。

5.1 发展政策的演进与设施建设

5.1.1 北京新城政策与通州阶段定位

北京，是新中国城市规划系统工作开展最早的城市。1957 年的《北京城市建设总体规划初步方案》提出了“子母城”的布局模式，企图在工业布局导向下形成“控制市区、发展远郊”的分散集团化整体格局，从而确定了包含密云、延庆、长辛店与周口店在内的 40 多个卫星镇。1982 年版《北京城市建设总体规划方案》总体上坚持了分散化的布局原则，进一步明确了 10 个边缘集团，黄村与昌平成为近期重点建设的远郊卫星城。后来的方案批复中，通县和燕山等同样作为近期建设重点。这个时期内，市区的一部分企业和单位纳入从内到外的迁出视野，工业导向不再是重点，科研院所和专业公司、供应站等机构开始出现。后来的《北京城市总体规划（1991—2010年）》开始关注到外围卫星城的相对独立性发展，因为这些城市多是远郊县（区）政府所在地，承担一定的政治、经济和文化中心职能。经过优化调整，10个边缘集团扩充演进为14个卫星城[1]。据此规划，2000年卫星城常住城市人口从80万增至120万左右，2010年卫星城常住城市人口约160万左右。两版总体规划奠定了后来新城规划的雏形。

《北京城市总体规划（2004年—2020年）》结合新的发展形势，确定了通州、顺义和亦庄等11个新城[2]。在该规划中，新城突破性地成为整个北京市域空间结构的重要组成部分，其职能作用也不再局限于疏解中心城区，而是走向区域发展的规模化地区，并以相对独立、环境优美、功能完善、交通便捷与设施发达为核心建设目标。其中，通州、顺义与亦庄三座新城的人口规模规划控制在70万至90万之间，并预留达到百万人口规模的发展空间，其他新城人口规模适当降低。批复该规划的隔年，《北京十一个新城规划（2005—2020）》出炉，在对各个新城进行全面而细化的同时也将北京的新城建设提升到新的阶段。可以说，在规划领域，2004年版北京城市总体规划真正开始将北京视为一个大都市区进行统筹规划，北京也由此迈入大都市区阶段。为了明确城市发展政策对城市中心的影响，首先将政策选取定位在与城市规划建设紧密相关的规划或政策中，从北京市和通州区两个层面对近来多个规划中城市定位的内容进行梳理，重点析出关于服务职能演变的相关信息（表5-1）。

通过这些可以看出：第一，通州与中心城区的关系呈现愈发紧密的趋势，且已经从相互扶持上升到了唇齿相依的程度。从“卫星城”到“承接区”到“副中心”，完全可以揭示出二者间的关系变化。第二，在第三产业内部，变化也在近来逐步发生。物流、旅游与贸易等空间“外围性”的服务类型出现在早期，行政、文化与商务等空间“中心性”的服务类型出现在后期。很

[1] 通州镇、亦庄、黄村、良乡、房山（含燕山）、长辛店、门城镇、沙河、昌平（含南口、埝头）、延庆、怀柔（含桥梓、庙城）、密云、平谷和顺义（含牛栏山、马坡）是被确定的14个卫星城。

[2] 其他是大兴、房山、昌平、怀柔、密云、平谷、延庆与门头沟。

国民经济和社会发展规划中的通州城市定位

表 5-1

计划名称	"十五"	"十一五"	"十二五"	"十三五"
北京市国民经济和社会发展规划中的通州城市定位	现代加工业和高新技术产业发展的基地，分担全市科技、教育、文化、卫生、物流集散等功能	引导中心城区人口和功能疏解地区	首都功能疏解地区，集商务、文化、教育、医疗等城市综合服务功能，运河文化及滨水特色于一体的国际一流的现代化新城	建设市行政副中心，突出行政办公职能，配套发展文化旅游、商务服务
通州区国民经济和社会发展规划中的城市定位	国际大都市相匹配的现代化卫星城	面向区域的可持续发展的综合性服务新城，体现综合服务功能，相对独立的区域服务中心、文化产业基地和滨水宜居新城	世界城市新功能的核心承载区	北京市行政副中心，国际商务新中心，文化发展创新区，和谐宜居示范区

注：表中信息根据各版规划信息所得。

明显，服务职能空间开始向城市中心挺进。此外，外围城市定位的作用范围也开始扩大，最早的地区性、区域性综合服务中心开始向高端与京津冀、国际标签升级。

5.1.2 不同阶段的设施建设

基于国民经济和社会发展规划的时间序列，以"2000 年以前""2001~2005 年""2006~2010 年""2011~2015 年""2016 年以来"的时间段划分对通州区重大服务设施的落成时间等进行搜集和整理（表 5-2）。

通过重点项目时间脉络的梳理，探寻其对政策的呼应关系。可以发现，2000 年以前，通州的服务设施建设带有鲜明的计划经济色彩。人民商场、百货商店与区级公益机构构成了那个时代的主体。而在被北京城市总体规划明确为重点建设的新城之前，整个服务设施建设则陷入了低谷时期，相应设施建设极少（可以排除资料获取方面的原因）。而自 2006 年开端以后，每个时间段的服务设施逐段增加，服务设施水平与档次也逐段提高。首先，各类服务设施的"名号"逐渐加大，早期多以通州打头，目前则多以"北京"（新北京中心等）、"中国"（中国艺术品交易中心等）乃至"国际"（北京环

通州分时期的代表性服务设施一览 表 5-2

时间年限	代表性服务设施
2000 年以前	通州图书馆、通州博物馆、通州文化馆、通州城建档案馆、通州人民商场、通州百货商场、上科华联商厦、通州八里桥市场
2001~2005 年	通州文化广场、卜蜂莲花通州店
2006~2010 年	中国现代音乐博物馆、大运河美术馆、韩美林艺术馆、国泰百货通州店、家乐福通州店、贵友大厦通州店、梨园淘宝城、北京华联通州武夷购物中心、北京东方万意服装市场
2011~2015 年	通州区文化中心（图书馆新馆、文化馆新馆、剧场）、蓝岛大厦通州店、通州万达广场、罗斯福广场、星悦百货、乐天玛特、京杭广场、华业花千里、北京 ONE、通州博纳国际影城、运河国际商务中心（通州百货商场新店）
2016 年以来	市党政办公大楼、区文化中心二期、运河博物馆、美术馆、档案馆、环球影城主题公园、通州口岸（北方地区最大的内陆港和口岸经济）、国家大剧院舞美基地、中国艺术品交易中心、北京国际知识产业园、中韩科技创新中心（联合韩国浦项制铁集团）、通州区侨商总部、华远好天地、临河里城市综合体、新北京中心、彩虹之门、运河一号、通州保利大都会、美国 AOA 通州光谷

注：根据网络资料整理。“2016 年以来”之前时段多用落成投入使用时间。

球影城主题公园等）开头。而且，伴随时间推移，可以看出服务设施的开发主体逐渐由公共投资主体向市场投资主体转变。在公共投资主体内部，逐渐跳出通州区县一级行政区划自身而转向北京市一级（市党政办公楼投资主体）甚至“国家行动”[187]（赵鹏飞，2015）。在市场投资主体内部，外来投资主体逐渐取代本地投资主体。

5.2 人流的时空热度分布与诉求

5.2.1 城市中心区的视域

5.2.1.1 研究思路

人在城市中心区中的聚集分布情况既是对城市中心区既有空间状况的反映，又会彰显一定程度的新诉求。用人流热度分布来进行物质空间的表征，会更加真实地反映这一城市空间“内部”的运行状况，揭示其背后隐含的社会属性。这种反映是动态化的，也是人性化的，避免了以用地性质、建筑职能等静态化、物质化指标为研究数据的弊端。如果城市中心区与人流热度分布拥有较高的匹配程度，则说明该城市中心区的效率较高；如果二者存在严重的空间失配与错配等现象，则需要进一步寻找到背后原因，并探寻优化策略。

5.2.1.2 数据处理

以本书界定的城市中心区为基础适当向外围扩展作为研究范围，以百度地图热力图为数据平台，于 2017 年 2 月 26 日（公休日）、2 月 27 日（工作日）利用手机终端对该区域的热力图情况进行截取。截取时间窗口为 7 点 30 分至 21 点 30 分，截取时间间隔为两小时，共截取两日的 16 张图像作为基础数据。根据研究需要，对这些图像数据进行矢量化处理以及地理坐标投影。考虑该数据仅能够近似地展现人口在地理空间上的分布趋势，而不能替代人口密度的真实数据[188]，所以，在此更为注重的是不同区域、不同时间的人口集聚相对情况。根据色块深浅判断人流热力程度，并采用数值 1~5 来指征由低到高的不同色块范围。采用 300 米 ×300 米栅格划分研究范围，对每一个栅格进行热力程度数值的赋值并计算 8 个时间节点的平均热力度 $\overline{H}_n$。数值越高，代表人口越密集；数值越低，代表人口越稀疏。

$$\overline{H}_n = \sum H_{nt} / 8 \qquad (5\text{-}1)$$

$\overline{H}_n$ 为单元 n 在该日 8 个时间节点的平均热力度，H_{nt} 为单元 n 在 t 时刻的热力度，t=1，2，3，…，8。

5.2.1.3 实证分析

根据上述公式计算各栅格在周末日与工作日的平均热力度（表 5-3、表 5-4）。将计算出来的数据通过 Excel 进行 K-Means 聚类分析，平均分数值 2.250 以上为高热区、1.625 至 2.125 为中热区、1.500 至 1.250 为低热区，1.125 以下为冷流区。经过图示化可以发现（图 5-1）：第一，高、中、低热度区分布的大体格局与前述界定的城市中心区大致吻合，但基本超过该中心区范围。突破边界的区域相对分散，主要突破区域位于城市中心区西南部分的周边，又尤以南北两侧为重点；未突破城市中心区边界的区域（即冷流区）位于城市中心区两个组成部分的东北区域。第二，工作日的人流热力程度和波及范围均大幅超过公休日。工作日的高热区呈现出多中心特点，这些高热区有的依托万达广场这类城市综合体，有的依托九棵树、梨园等地铁站点周边区域；工作日的中热区也呈现出多片均衡、连绵发展的态势，除了围绕在高热区以外的两处，还有分布在城市中心区东北部分之内以及联系在两片高热区之间的两处。对比之下，公休日的高热区呈现的是单中心结构，中热区除围绕高热区分布外较为零星，大多为低热区。

周日时各栅格平均热力值一览　　表 5-3

	A	B	C	D	E	F	G	H	I	J	K	L	M	N
1	1	1.125	1.5	1.375	1	1	1	1	1	1	1	1	1	1
2	1	1	1.5	1.5	1.125	1	1	1	1	1	1	1	1	1
3	1.125	1.25	1.5	1.25	1.125	1.25	1.125	1.125	1	1	1	1	1	1
4	1.375	1.75	2.25	2	1.75	1.25	1.25	1.25	1.625	1.5	1.125	1.25	1.25	1.125
5	2	2.5	3.25	2.75	2.125	1.625	1.625	1.375	1.5	1.5	1.25	1.25	1.25	1.125
6	1.75	2.25	2.875	2.25	1.75	1.375	1.375	1.375	1.5	1.125	1.125	1	1	1
7	1.5	1.75	1.875	1.75	1.5	1.375	1.5	1.25	1.125	1	1	1	1	1
8	1	1.25	1.625	1.375	1.25	1.375	1.375	1.125	1	1	1	1	1.125	1.25
9	1	1	1.25	1.5	1.25	1.375	1.375	1.25	1	1	1	1	1	1.125
10	1.5	1.625	1.625	1.75	1.25	1.25	1.25	1.25	1.25	1.25	1.25	1.25	1.25	1.125
11	1.625	1.625	1.75	1.75	1.5	1.25	1.5	1.625	1.75	1.5	1.375	1.125	1	1
12	1.25	1.25	1.25	1.125	1.25	1.375	1.375	1.375	1.5	1.625	1.5	1.5	1	1

通过这些分析可以判断：第一，人流热力的整体分布情况突破前述界定的城市中心空间范围，说明人流导向下的城市中心区有进一步扩展的空间需求；第二，工作日比公休日的人流热力程度普遍提高，说明生产性服务行业所吸纳的就业人群已经在大都市区外围城市中心区聚集，外围城市被称作"卧城"的时代逐渐结束；第三，高热区的分布情况无一例外的进一步验证了轨道交通站点在外围城市中心的作用，点点串联的线性空间完全超越了传统的公路两侧经济隆起带。

周一时各栅格平均热力值一览 表 5-4

	A	B	C	D	E	F	G	H	I	J	K	L	M	N
1	1	1	1.375	1.625	1.125	1	1.125	1	1	1	1	1	1	1
2	1	1	1.75	1.75	1.25	1	1	1	1	1	1	1	1	1
3	1.125	1.25	1.375	1.5	1.5	1.125	1.5	1.125	1	1	1	1	1	1
4	2.125	2.625	2.75	2.125	1.75	1.5	1.875	1.625	1.625	1.375	1	1	1	1
5	2.375	3.125	3.375	2.375	1.875	1.375	1.875	1.875	1.625	1.375	1.125	1	1	1
6	2.125	2.625	2.5	2	1.375	1.5	1.875	2	2	1.5	1.25	1.125	1	1.125
7	1.125	1.625	2.125	1.625	1.25	1.625	1.875	1.75	1.75	1.375	1.375	1.25	1.125	1.125
8	1	1.125	1.875	1.5	1.25	1.375	1.625	1.625	1.25	1.125	1.25	1.5	1.375	1.25
9	1.375	1.75	1.875	2	1.625	1.375	1.375	1.25	1	1.125	1.375	1.5	1.5	1.375
10	1.875	2	2	2	1.875	2.125	2.125	2.25	2	1.5	1.625	1.875	1.875	1.875
11	1.125	1.875	1.875	1.75	1.875	2	2.25	2.5	2	1.875	1.625	1.625	1.625	1.75
12	1	1.125	1.125	1.5	1.5	1.375	1.5	1.875	2.125	2.625	2.25	1.625	1.625	1.5

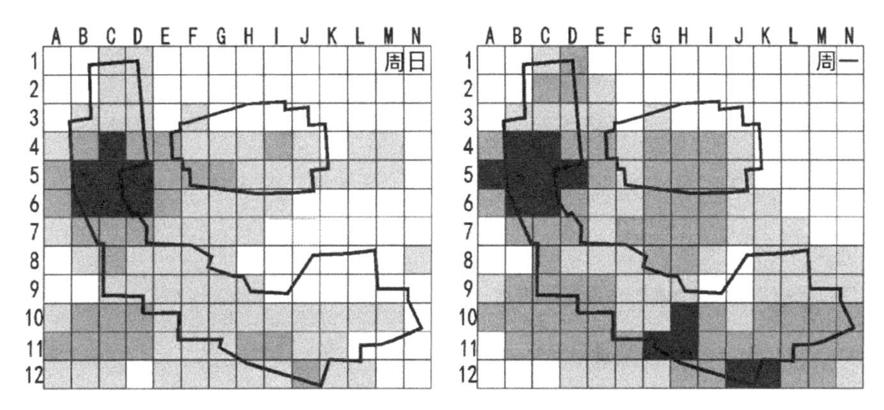

图 5-1 栅格人流热力程度与城市中心区范围叠合图
（图片来源：作者自绘）

5.2.2 城市综合体的视域

5.2.2.1 研究思路

通过百度地图热力图观察城市中心主要职能建筑的使用程度。在一定时期的数据观测基础上可以归纳出时空层面的使用规律，得出人流与该处空间的匹配关系。如果对大都市区多个具有相同或类似的城市中心代表性空间进行比较，则可以窥探出大都市区外围城市中心的特征。这里仍然采用对比的方式，用于观测与比较的万达广场有两处，分别是位于北京中心城区西部的石景山和位于通州城区的万达广场。前者既可以表征城市中心城区的情况，又可以表征另一个角度的过往郊区情况（石景山万达广场位于中心城区边缘）。

5.2.2.2 数据处理

以百度地图热力图为数据平台，分别选取春季的周末日（2016 年 4 月 17 日）、工作日（2016 年 4 月 22 日）与节庆日（2016 年 5 月 1 日）的早 7 点 30 分至晚 11 点 30 分作为观察时间窗口，每隔一小时截取一次图像并形成汇总图纸（共计 114 张图像）。根据这些图纸，以万达广场建筑轮廓为研究范围，将红色高热力区作为主要观察对象，估算以小时为单位的高热力区范围面积大小，并将该范围面积大小作为对应时空折线图中 Y 坐标轴大小的依据（以三个观察日中的最大面积作为上限值，其他面积据此协同），结合 X 坐标轴的时序坐标绘制成时空折线图（图 5–2、图 5–3）。

5.2.2.3 观察分析

通州万达广场的工作日人流在早 9 点 30 分开始进入高峰期，周末日推迟到早 10 点 30 分开始，而节庆日直到接近中午才会出现。工作日人流高峰结束是在晚 7 点 30 分以后，节庆日将该时刻推后至晚 8 点 30 分以后，而周末日人流高峰持续时间最长至晚 9 点 30 分以后。工作日全天的顶峰期出现在中午 12 点 30 分，其余高峰期以此为峰逐渐缩减，至晚 7 时 30 分高峰期结束前再次出现接近顶峰的次高峰；在高峰时期，午 14 时 30 分突然出现低谷点。周末日高峰期整体更为强剩、持续时间更长，顶峰同样出现在中午 12 点 30 分，晚 7 时 30 分出现次高峰。节庆日高峰出现在午 14 时 30 分，晚 16 时 30 分出现次高峰。与此同时，石景山万达广场的工作日与周末日人流都是在早 10 点 30 分开始进入高峰期，而节庆日在早 7 点 30 分开始观测

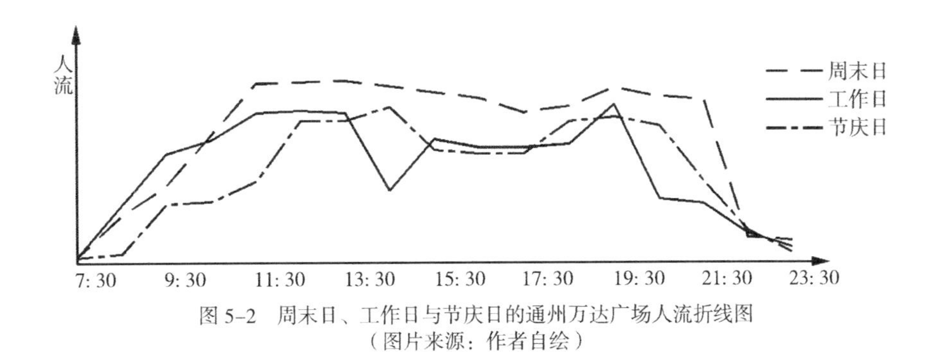

图 5-2 周末日、工作日与节庆日的通州万达广场人流折线图
（图片来源：作者自绘）

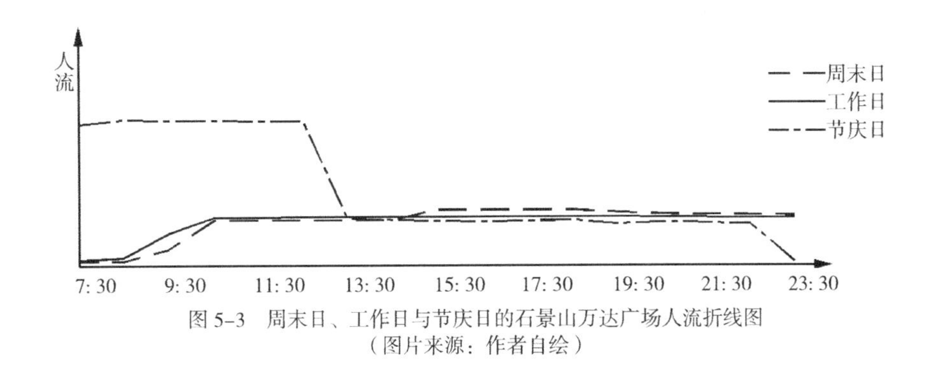

图 5-3 周末日、工作日与节庆日的石景山万达广场人流折线图
（图片来源：作者自绘）

之前就进入绝对高峰。工作日与周末日人流高峰在晚 11 点 30 分结束观测时仍未降低，而节庆日将该时刻提前至晚 10 点 30 分以后。

经过比较发现：通州万达广场比石景山万达广场的人流更为密集，使用程度更高。这可以解释为大都市区外围区域，万达广场因为在所处区域具备一定的稀缺性，从而产生了很强的吸引力。而石景山万达广场虽位于中心城区，但位置相对临近边缘，造成选择更多而人流集中性不高的情况。从两个万达广场在不同日期的人流折线关系看，通州万达广场体现出了较为明显的差别，而石景山万达广场除节庆日上午以外，其他调查时间内几乎保持一致。这可以解释为中心城区相比外围地区而言，人口基数较大，从而造成不同日期的人流更具有稳定性。从通州万达广场人流所体现出的具体特征看，主要包括：第一，人流带有很强的周末休闲色彩，尚未达到全时城市中心的状态；第二，工作日高峰时期来临较早，表明办公行业发展达到了一定地步；第三，午高峰与晚高峰在三个不同日期内均有出现，表明餐饮行业的发达或人流从中心城区返回外围地区的显著通勤特征，后者意味着大都市区外围城市中心尚处于晚间发达状态而非全时状态。从其与石景山万达广场人流所体现出的具体特征区别看，后者在接近凌晨时仍然持续高峰状态。后经调查，其商业服务职能并非 24 小时营业，只能表明办公行业的异常发达。

截至目前，北京市 17 条投入运营的地铁中有 3 条进入通州，分别是八通线、6 号线和亦庄线。其中，八通线和 6 号线均经过本文涉及的大都市区外围城市。八通线于 2003 年投入使用，全长 19 千米，是联系北京中心城区与通州新城的第一条轨道交通，2016 年始建东南方向延长工程。6 号线于 2014 年开通，运营里程全长 42.8 千米，是第二条联系北京中心城区与通州新城的轨道交通。八通线在通州城区呈现西北 – 东南斜向，完全贯穿了前述界定的城市中心；6 号线在前述界定的城市中心区以外，穿过规划中的通州新城核心区，部分走向与八通线一致。按照既有规划，北京市域内规划建设中的 21 条地铁中将有 10 条进入通州。

5.2.3 服务业区位的核密度分析

交通设施对公共设施的空间引导作用显著已被证明。在大都市区外围，这种空间引导作用会因为公路、城市道路和轨道交通的存在而复杂化。于 2016 年 7 月 7 日至 7 月 12 日，以百度地图为数据平台提取与城市中心职能相关的购物中心、酒店、数码家店、电影院、KTV、书店与银行七类服务机构在通州区的位置信息，屏蔽其中重复信息后作为基础数据。这其中，购物中心与电影院的“中心”表征性最强，而且分别代表了商业和娱乐两个方面。银行和酒店在一定程度上代表了生产性服务职能，数码家电和书店则代表了较强的专业服务职能。

在基础数据整理与图示化基础上（图 5–4），利用 ArcGIS、以 0.05 千米为搜索半径分别对这些布点进行总体和各分类核密度分析（图 5–5）发现：第一，对通州区所有类型服务设施进行叠加后，服务设施与交通设施的空间紧密性关系暴露无遗。在通州，早已落成的地铁八通线与刚刚落成的地铁 6 号线之间是所有服务设施最为密集的区域。三处核密度最高的点均处在两条轨道交通之间，其中一个贴近轨道交通站点，另外两个则位于接近二者中间

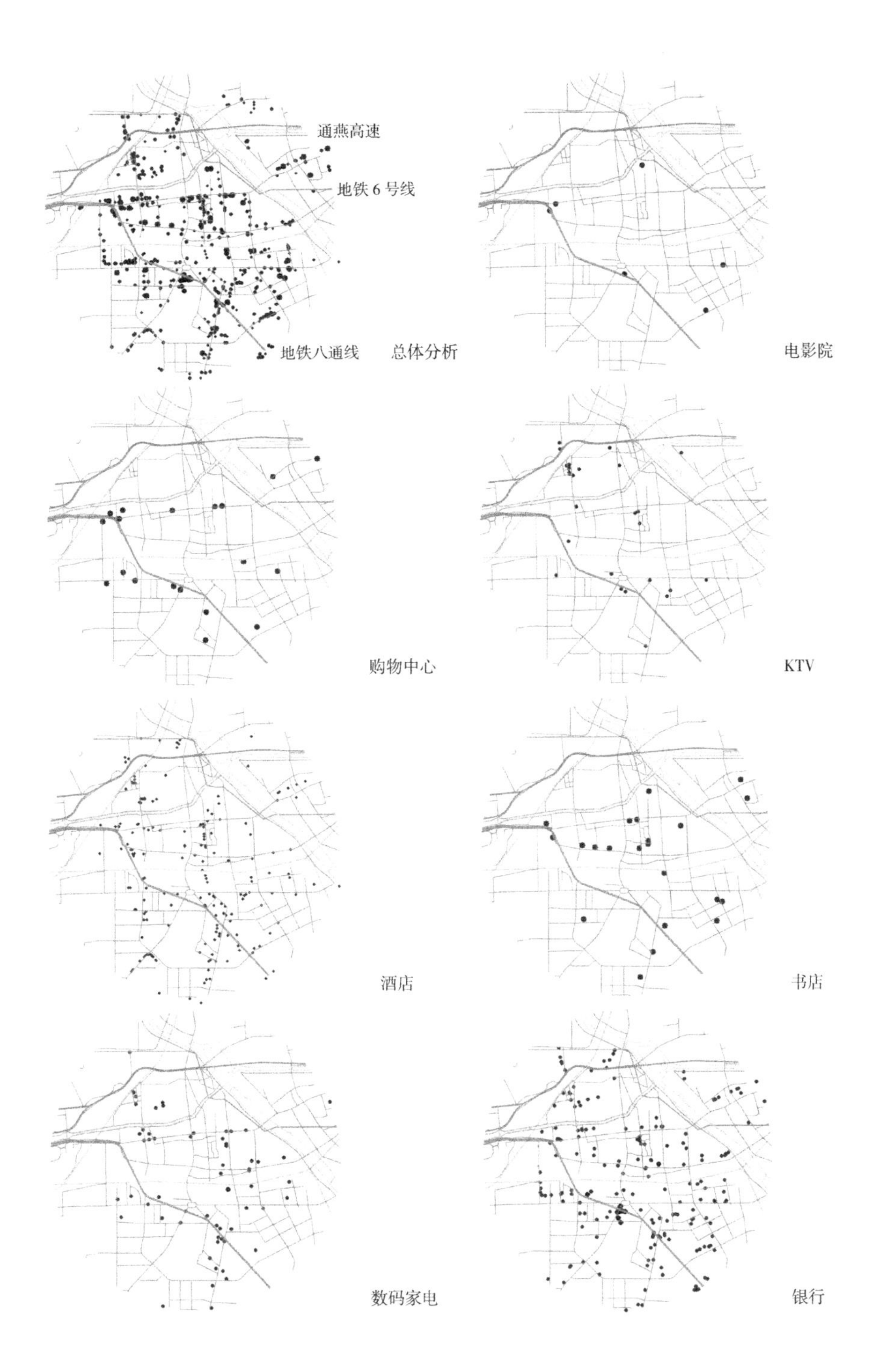

图 5-4 各类服务设施在北京通州的布点图
（图片来源：作者自绘）

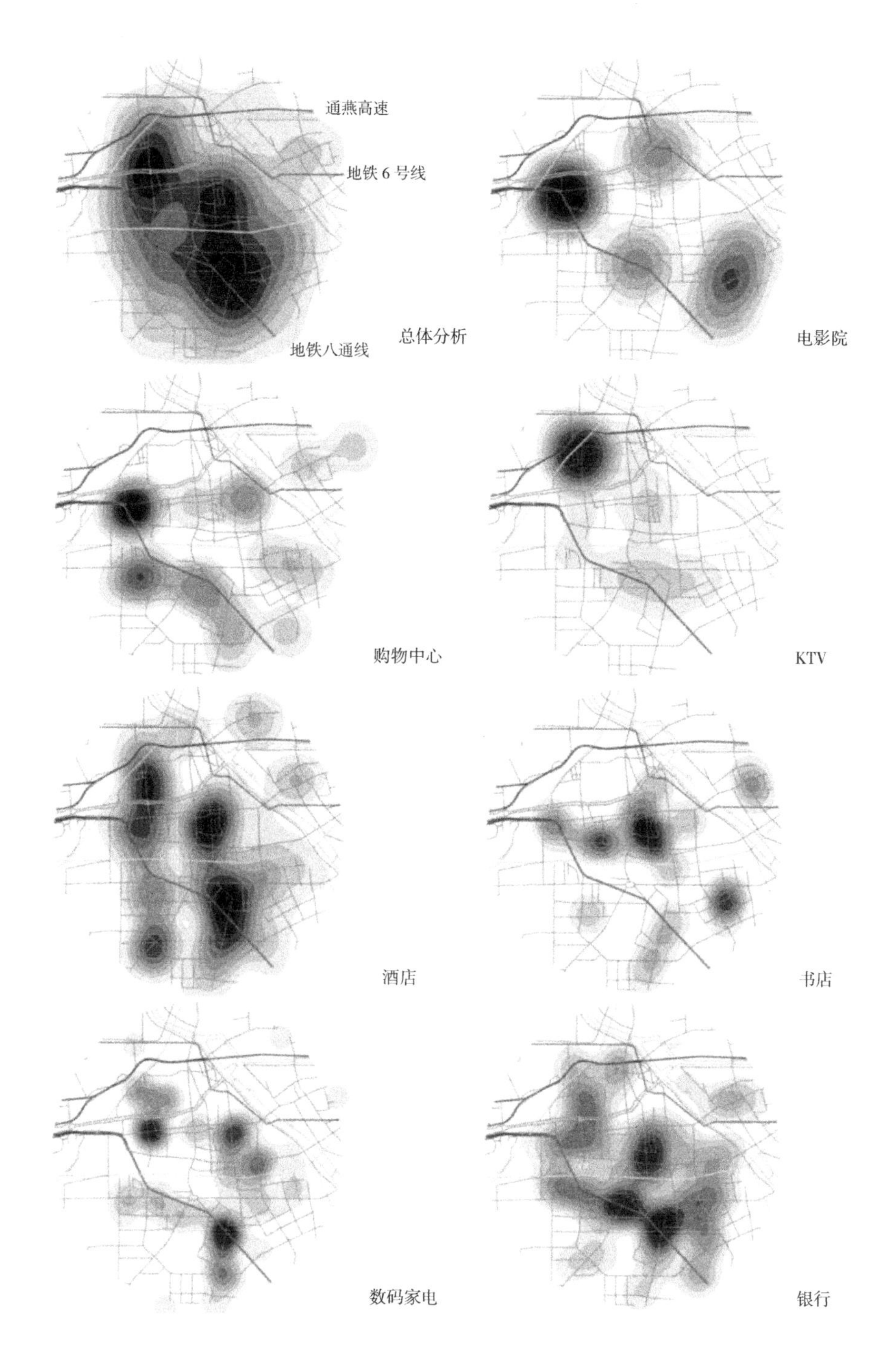

图5-5　北京通州各类服务设施的核密度分析图
（图片来源：作者自绘）

的位置。就分类来看，电影院、购物中心、数码家电与银行呈现出了带状连绵体，而且这一带状走向与轨道线路较为一致。不仅如此，这几类设施的多个核密度中心也位于轨道线路上。相比之下，KTV、书店和酒店三类设施的选址与轨道交通线路的关联性不大。这其中，判断酒店因为生产性服务业的性质与其他生活性服务业不同，所以在空间上可能有所差异；书店并非日常性生活服务，所以在空间上也有所差异。此外还可以发现，各类服务设施的总规模与自身形态有很大相关性。总规模越大，大都市区外围城市中心越会呈现出自身的多中心性；总规模越小，大都市区外围城市中心越会呈现出自身的单中心性。无论是单中心还是多中心，两条轨道交通似乎都起到了对它们的空间限定作用。

事实上，基于对轨道交通带动服务设施的经验认知，轨道交通与大都市区外围城市中心的关联与贴近从双方的规划建设甚或酝酿之初就自然注定。比如，通往通州的八通线在经京通快速路到达通州境内后，曾经有多种选线方案：最初的设计是到达北苑环岛后继续向东，沿新华大街这一老城区主要道路布置；后来考虑到该道路红线较窄、地下管线密布，导致具体落实非常困难。随后提出的第二个东向选线方案，较好地结合了当时进行的住宅开发与建设，并且施工难度不大，但又因为资金等问题并未落实。再往后，也就是到1990年代中期，新的北京市总体规划中涉及通州新城的城市中心向南转移问题，从而导致八通线的线路也最终向南偏移，即从北苑环岛开始沿京津公路向东南延伸的现状选线[1]。从整个过程看，轨道交通与城市中心的紧密性在最后达成是偶然也是必然。因为最后实施的方案在本质上更接近于最优化的选址方案，这体现出了政策的作用成效。

5.2.4 轨道线路与服务业选址的相关性

分别以八通线与6号线为中线，各向两条线路的两侧偏移300米、600米、900米和1200米，分别统计各项设施在不同偏移区间中的数量（表5-5）。因为两条轨道间的1200米以上的位置正好处于两条铁路线

[1] 该内容转引自百度百科的“北京地铁八通线”（http：//baike.baidu.com/view/）。

的辐射范围的交接地，所以在进行相关性计算时对该部分予以扣除。利用 Excel 中的 CORREL 函数算法，假定 1~300 米、301~600 米、601~900 米、901~1200 米区间段的数值分别是 1、2、3、4，计算得出相关性结果（表 5–6）。该结果显示：购物中心、银行、KTV、电影院、酒店、数码家电与八通线选线负相关，且负相关数绝对值依次减小；这些负相关性数值的绝对值最小为 0.645，属于强相关，其中购物中心属于极强相关，这些都表明这些设施的分布数量伴随与八通线距离增大而显著减少。数码家电、书店、KTV、购物中心与酒店与 6 号线正相关，且正相关值依次减小；数码家电正相关性数值最大达到极强相关的 0.990，酒店正相关性数值为极弱相关的 0.103，这些表明这些设施的分布数量伴随与 6 号线距离增加而增加。计算两条线路的总和后，购物中心、酒店、电影院、银行属负相关，相关数绝对值依次减小，其他设施属正相关。综上，相比运营时间较短的轨道线路，运营时间较长的轨道线路与其周边各类服务设施分布数量的负相关性更强。当

各类服务设施分距离区间的分布数量一览　　表 5–5

类型	1~300 米			301~600 米			601~900 米			901~1200 米			1200 米以上
	总数	八通	6 号	总数	八通	6 号	总数	八通	6 号	总数	八通	6 号	总数
电影院	4	3	1	0	0	0	1	1	0	0	0	0	1
购物中心	6	6	0	4	4	0	5	2	3	1	0	1	3
KTV	4	4	0	7	3	4	4	3	1	10	3	7	0
酒店	42	35	7	24	14	10	29	21	8	22	14	8	28
书店	4	3	1	4	2	2	4	2	2	6	4	2	4
数码家电	13	11	2	7	4	3	13	8	5	11	4	7	7
银行	40	32	8	29	19	10	38	24	14	25	16	9	22
总数	113	94	19	75	46	29	94	61	33	75	41	34	65

各类服务设施分布数量与轨道交通选线的相关性数值　　表 5–6

线路名称	电影院	购物中心	KTV	酒店	书店	数码家电	银行	总和
八通线	–0.730	–0.995	–0.775	–0.730	0.405	–0.645	–0.794	–0.778
6 号线	–0.775	0.548	0.735	0.103	0.775	0.990	0.344	0.924
两线总和	–0.750	–0.837	0.674	–0.789	0.775	0.000	–0.649	–0.674

然，对于通州而言，这一结果也基于两条轨道交通呈现平行选线的方式。但是，即使将这一干扰因素考虑在内，电影院与各类设施总和的距离负相关性仍然明显。

5.3 信息平台使用与实体店区位

5.3.1 从移动端到PC端的公共设施关注差异

5.3.1.1 研究思路

大都市区外围城市中心里的一个公共设施建设所能起到的虚拟传播效应可以在时间与空间两个维度中发生。被关注是传播的重要表现形式，被关注的程度越高，意味着传播的路径长度更长、路径广度更广。在虚拟关注的时间路径里，是大都市区外围城市建设的网络关注程度在时间轴上的变化；在虚拟关注的空间路径里，相关设施建设自身的被关注程度因为其在现实地理空间中的不同而不同。

5.3.1.2 数据获取

于2016年7月27日利用“百度指数”搜索与大都市区外围城市中心相关的“通州新城”“通州运河公园”“通州博纳国际影城”“通州万达广场”与“北京环球主题公园”五个关键词。“通州新城”显示的是对城市建设与规划整体情况的关注。“通州运河公园”“通州博纳国际影城”是两个较低等级（区县级）的公共设施，一个是侧重休闲的城市中心区滨河公园，一个是有一定影响力的娱乐设施，二者均与服务半径紧密相关。“通州万达广场”属于高等级的公共设施，作为北京第三座万达广场，也是第一座在大都市区周围城市建设的万达广场，它的影响力很大，受关注程度也会很高。“北京环球主题公园”则是全球知名且稀有的主题乐园，级别更高、辐射范围更大，其与前面三个设施的不同点还在于其尚未开工建设。在搜索结果中，提取“指数趋势”（该指数表征互联网用户对关键词搜索关注程度及持续变化情况）中的PC（即计算机）搜索指数、移动（即手机等移动终端）搜索指数（图5-6、图5-7）。

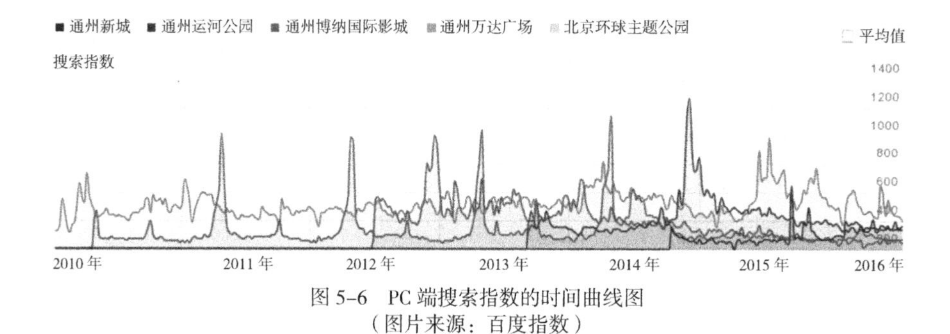

图5-6　PC端搜索指数的时间曲线图
（图片来源：百度指数）

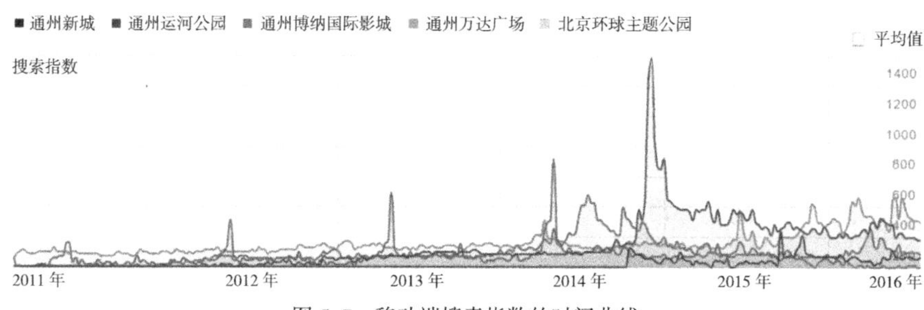

图5-7　移动端搜索指数的时间曲线
（图片来源：百度指数）

5.3.1.3　观察分析

根据图示发现：PC端搜索指数和移动端搜索指数在各关键词及整体趋势上具有较强的相似性。“通州新城”处于各关键词中最高搜索频度范围。PC端自2010年、移动端自2011年开始一直处于相对稳定、略有增加的状态。PC端在2015年开年达到最高峰，2010年开年和下半年、2013年下半年、2015年年内共达到五次小高峰，2015年年前跌至低峰。“通州运河公园”在PC端的兴起早于移动端，其搜索指数的峰值很高，可以排在所有关键词的第二位。每年进入冬季后，该搜索指数都达到峰值。在2014年开年的峰值之前，后一次峰值都比前一次峰值更高。在2014年开年的峰值之后，其搜索指数基本保持在低值。“通州博纳国际影城”的移动端兴起早于PC端。移动端的峰值在2014年上半年出现；PC端的峰值则在2012年中出现。

无论是 PC 端还是移动端，峰值以后都逐渐进入衰退期。“通州万达广场”这一关键词在 PC 端的兴起时间接近 2013 年中，起势非常迅猛；在移动端的兴起更为零星，自 2011 年便开始。PC 端和移动端共同的一过性峰值出现在 2014 年中，这一峰值也是所有关键词中的最高峰值。“北京环球主题公园”具有在 PC 段和移动端最紧密的相似性。2014 年中是该关键词在两个端口兴起的时间，2015 年中是该关键词在两个端口出现峰值的时间。该关键词也是所有关键词中搜索指数最低的。

从这些搜索指数的变化中可以看出，市民的关注具有极强的现实性：这一方面体现在对具体公共设施建设的关注强于泛泛而谈的“通州新城”整体；另一方面也体现在对落成公共设施建设的关注强于尚未开工建设的设施（比如“通州万达广场”和“北京环球主题公园”之间的比较）。还可以发现，通州新城和休闲公园的关注程度持续走高，而“通州博纳国际影城”、“通州万达广场”等商业设施经过开场的高潮之后很快进入退却时期。这可能与公益性导向公共设施的稀缺属性相关。除此以外，移动端与 PC 端的区别也对上述比较产生影响。从二者的使用区别看：第一，移动端特征主要在于应急性更强，随身携带的本质让其拥有较强的使用紧凑性；第二，移动端更加具有休闲指向性，因为面对 PC 端的使用窗口很大可能是工作时间。这些特征体现在搜索指数的比较方面就包括“通州博纳国际影城”和“通州万达广场”具有相对更高的移动端搜索指数。也就是说现场使用与现场搜索带动了移动端的效能。最后，以“通州运河公园”为代表的大都市区外围城市中心职能在搜索指数方面表现出了特殊的时间周期性，这可能与季节性使用有关，也可能与一些节庆活动相关（比如草莓音乐节曾经在通州运河公园举办多届）。

5.3.2 从人气最高的虚拟中心到人均最高的现实中心

5.3.2.1 研究思路

在网络中，虚拟社区平台会存在不同的关注热度，这是一种网络空间的中心性。这种高关注程度是否在现实空间中予以体现是值得关注的。进一步说，网络中的中心性（即高关注度）是否会与现实空间中的中心性相匹配是有待研究的。虽然网络关注度会与实体销售量有关，实体销售量可以决定一部分消费者的到店次数，这在一定程度上代表了现实空间的中心性。但另一方面，城市中现实的店铺空间也受地价规律影响，反映到店铺的布局则是较好地段的店铺消费价格也较高。所以，从这个线索出发对网络平台的热度中心跟现实空间中的城市中心进行匹配性的比较。由于该方面的研究不多，为了避免单一城市所具有的特殊性对结论产生干扰，同时进一步选择对北京市大兴区进行对比讨论。

5.3.2.2 数据获取

以北京通州与大兴为研究对象，利用大众点评网手机 APP 数据对与城市中心职能相关的综合商场、酒店、酒吧、KTV、饭店（自助餐、西餐，前者只有较大型场所才可能具备，后者通常作为高档场所出现）、游乐游艺、SPA（水疗，作为高档场所出现）八类商业与娱乐设施进行搜索，选取“人气最高”与“人均最高”（酒店采用“价格最高”选项）两项中每类设施中位于前十位的设施名称，并依次落实其空间位置。“人气最高”用来指示网络中的活跃程度，“人均最高”则用来表征城市现实空间的中心性（图 5–8~图 5–11）。由于操作过程中发现此类设施的空间布局与前述界定的中心区较为吻合，所以不再对中心区以外的设施进行剔除，而仅将非外围城市主城区的排除在外。

5.3.2.3 观察分析

总体看，这八类设施在两个层面中的差异性较大。一个主要差异层面在于不同类别设施的两方面入围情况不同，综合商场、SPA 与西餐属于两方面入围设施差别较大的一类，KTV、自助餐与酒吧则属于两方面入围设施差别较小的一类。另一个差异就在于两个层面的具体排名中，除了游乐游艺的高位次排名重叠以外，没有出现“人气最高”和“人均最高”在头尾两个

图 5-8　通州人气最高（左）与人均最高（右）的各类服务设施分布 I
（图片来源：作者自绘）

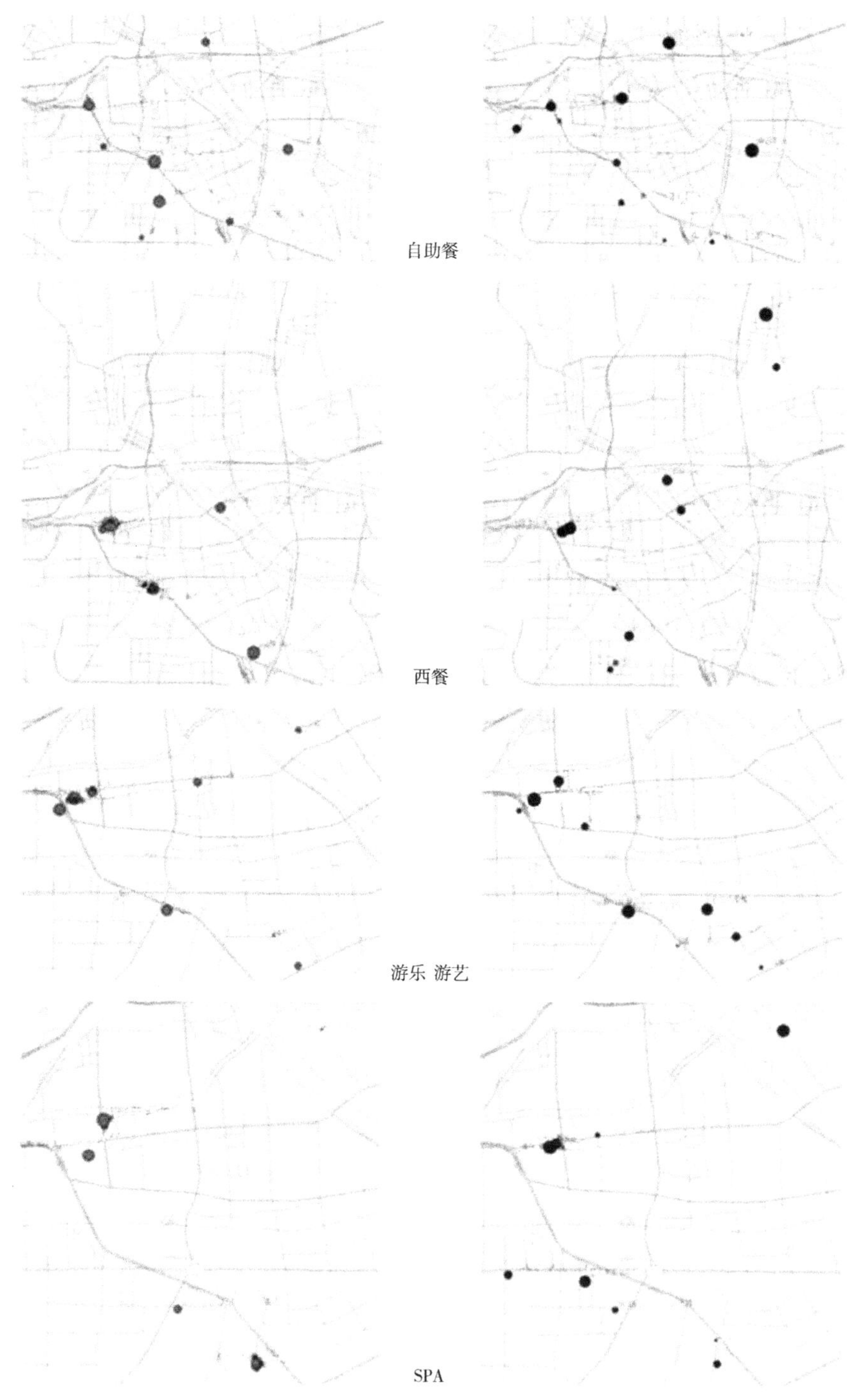

图 5-9　通州人气最高（左）与人均最高（右）的各类服务设施分布Ⅱ
（图片来源：作者自绘）

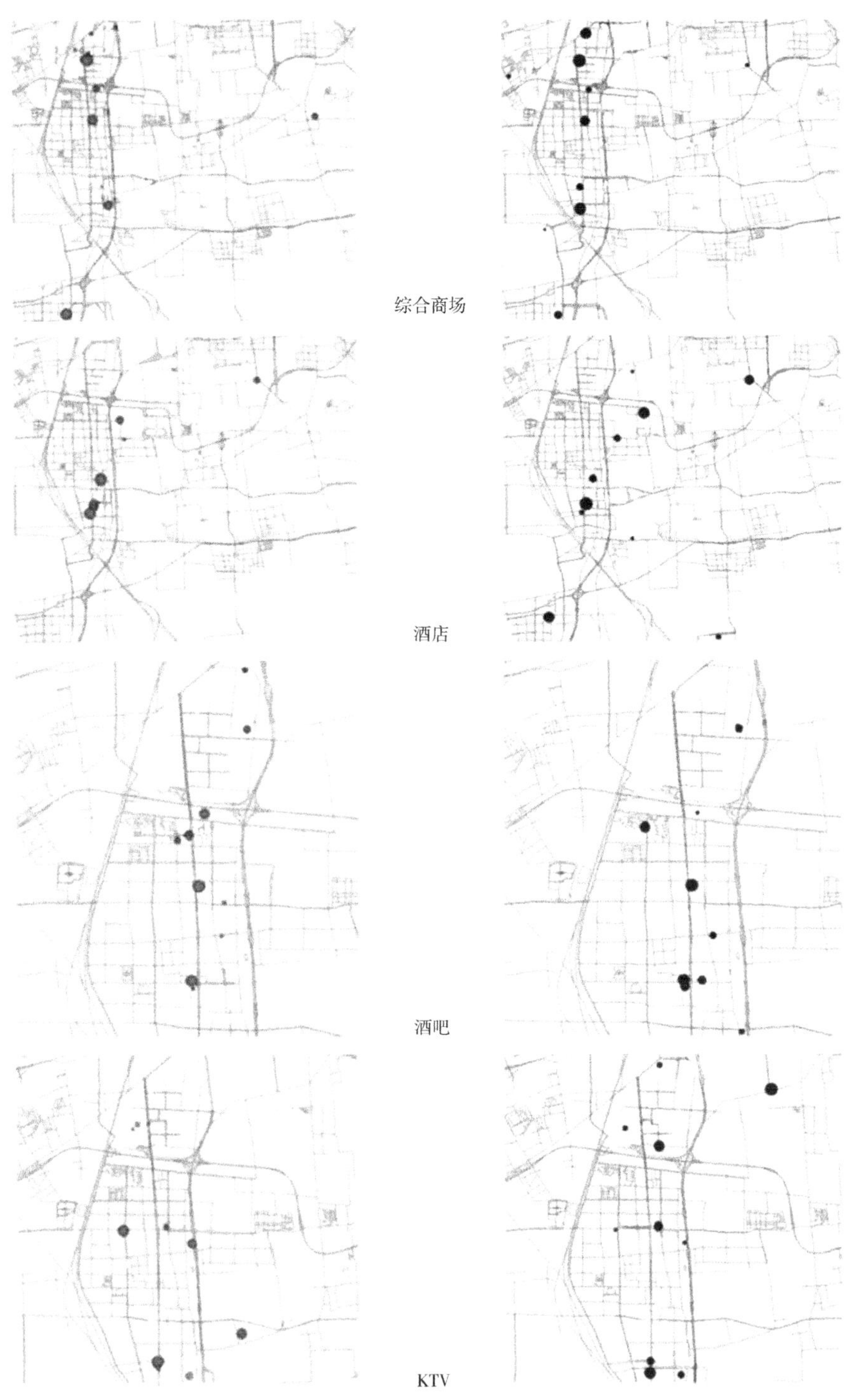

图 5-10 大兴人气最高（左）与人均最高（右）的各类服务设施分布 I
（图片来源：作者自绘）

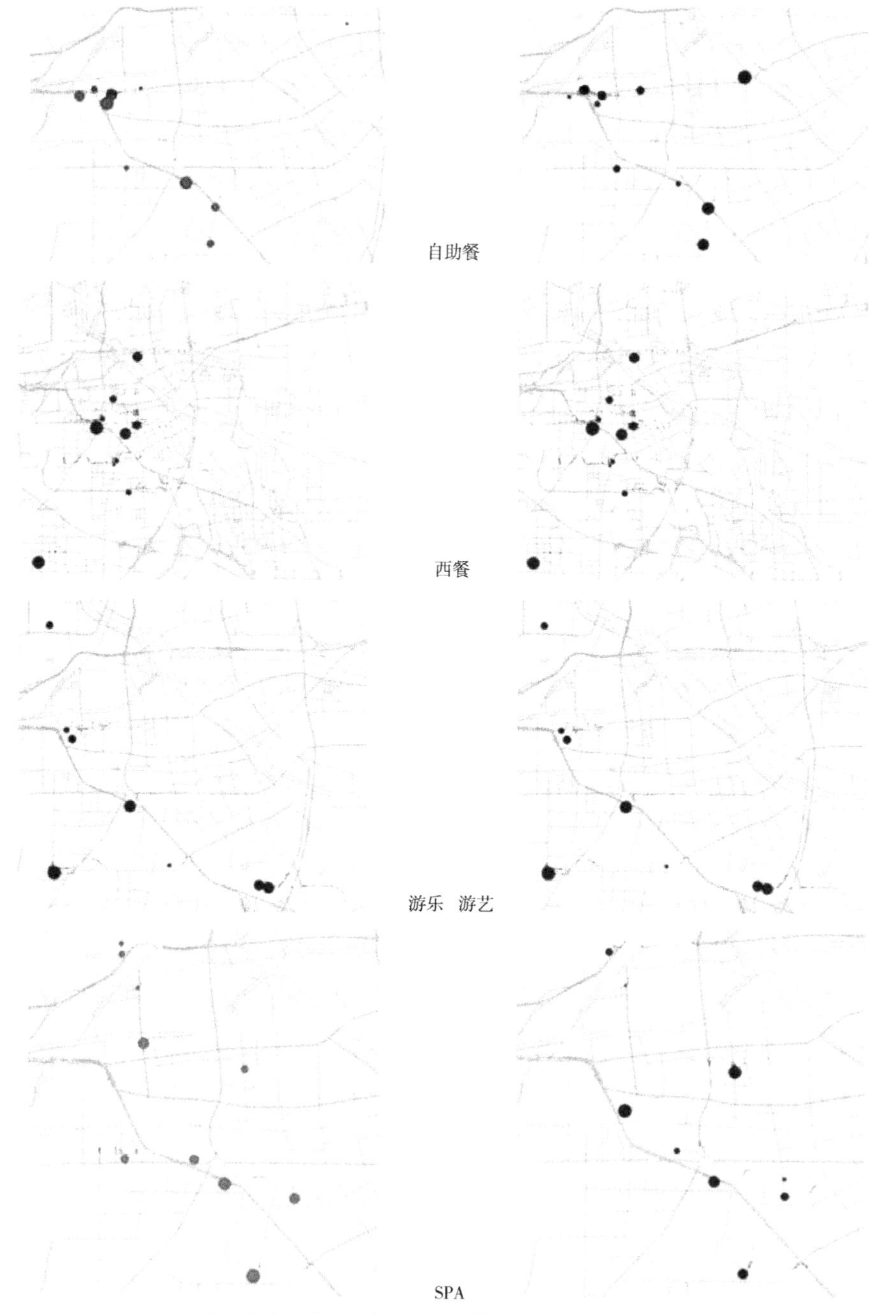

图 5-11 大兴人气最高（左）与人均最高（右）的各类服务设施分布Ⅱ
（图片来源：作者自绘）

方面的重叠。具体分类看，综合商场比对中，“人气最高”的设施体现出了极强的交通便捷导向性，因为绝大多数网络高关注度的场所均分布在了地铁6号线沿线附近；同时，也反映出了后发优势导向，因为新落成的万达广场在“人气最高”中排名第一。而“人均最高”中一方面显示出传统的城市中心仍然占有较高份额，比如新华大街东段的人民商场在“人均最高”中排名第一；另一方面也显示出一定的多中心性。酒店比对中，除去入围情况不一致外，“人气最高”与“价格最高”的场所分布也不完全匹配，但是都相对集中地分布在一个较小区域内，这个区域与商业综合体构成的商圈契合性不强。除去这两类有一定集聚区的类型以外，其他各类型设施布局分散。其中，酒吧、西餐和自助餐的“价格最高”排位靠前场所较远的偏离了外围城市的中心甚至建成区，由此可以看出高档服务场所跳出外围城市核心地段的趋势很强。这在一般城市有所体现，在空间尺度较小的大都市区外围城市出现也很自然。在所有类型中，KTV是唯一一个“人气最高”排位靠前场所偏离建成区的。

在大兴区城市中心区相关的各项设施中，除了“游乐游艺”因为对大型城市综合体（荟聚西红门）的依附而出现集聚性空间特征外，其他设施基本呈分散式布局。相对通州“人气最高”与“人均最高”两类入围设施的较大差异，大兴的情况似乎要简单一些。除了西餐、KTV与SPA有些许差别以外，其他类型服务设施的差别微乎其微。不仅如此，综合商场、酒吧两类服务设施的“人气最高”与“人均最高”排名最靠前场所是完全重叠的，自助餐、游乐游艺排名靠前场所也有着较好的重叠性。值得一提的是，KTV和SPA的“人均最高”排名较为靠前的场所均远离了建成区，而西餐的“人气最高”场所则大量集中在了新开业的城市综合体中。

综合两座外围城市的情况看，两座城市中的西餐与SPA属于“人气最高”与“人均最高”两方面入围设施差别较大的一类，两座城市中的自助餐与酒吧则属于“人气最高”与“人均最高”两方面入围设施差别较小的一类。服务设施入围差别较大的原因可能在于促成网络关注程度较高的人群与可以承受较高消费水平的人群是不同的，也可以说明并不是所有的服务设施都需要虚拟网络来促进繁荣。而服务设施入围差别较小的原因则可能与这两类设施数量本身不高有关。与此同时，相比“人均最高”的空间分布特征，“人气最高”的空间集中性又很强，特别是在大兴表现得更为明显，这似乎证明泛化的城市中心在虚拟世界中同样具有中心性。但是，这并不意味着网络中的虚拟中心与现实中的城市中心具备完全的匹配性，因为很多类型中出现了二者在地理空间层面的完全割裂。从出现这种结果的原因看，部分服务设施偏离建成区是造成这种现象的主因。这种小尺度的讨论得出了网络空间与现实空间之间相反的松散性的结论。此外，两座城市的游乐游艺中“人气最高”与“人均最高”的排名最靠前场所均为同一处，这说明这类场所的虚拟平台热度与现实空间热度高度统一。特定的服务人群忠实于自身在网络中的选择，又在无形中推高了现实场所的消费价格。联想到游乐游艺主要服务人群因为年龄等因素会具有依赖网络的更大可能，更进一步强化了网络空间与现实空间出现重叠的佐证。

5.4　空间碎化与不同视角的成效

5.4.1　空间碎化的类型

政策流带来的间歇式发展、贴近复杂交通流以及不同层次“流”要素在大都市区内的交叉涌动使得大都市区外围城市的中心有别于一般城市中心空间发展的轨迹。从上述三个方面的整体效应上看，这种不同的结果是大都市区外围城市中心的空间碎化。比如，政策流方面，带给外围城市中心空间发展的或是急剧扩张，或是骤然停滞；交通流方面，多层次对外交通与快速交通会将城市中心相关的职能空间导引向多路化的拓展路径；不同层流的方面，高级层流的随机流动是外围城市中心复杂化空间发展的导火索。在案例选择中，考虑到大都市区外围空间拓展较快、规划实施程度较高，所以将已经实施的规划图视为实际建成的大体状况。经过现状影像地图与规划图的对比，确定这种方式是可行的。即使部分区域尚未建设，但现有的规划执行情况也基本不会完全脱离大的框架。对典型的大都市区外围城市及其城市中心进行抽象并进行如下几种分类：

第一类，是单心化的大都市区外围城市中心（图 5-12，*a*）。这类城市中心更像是"大都市区外围城市的中心"，而非"大都市区外围的城市中心"。从外围城市的角度看，该类城市通常距离中心城区相对偏远，与其之间的交通联系并不方便，其他职能联系相对较少且单一。这个大都市区里的封闭个体之中，也包含一个封闭的城市中心。由于城市空间扩展的速度很慢、强度（时间与空间两个方面）很低，现有城市中心基础上的更新改造式扩展就基本可以满足需求。北京东北的平谷和密云城市及其中心当属此类。

第二类，是双心化的大都市区外围城市中心（图 5-12，*b*）。这类城市中心出现的原因在于大都市区外围城市的空间大规模化扩张。原本的建成区不能承载相应的功能与规模，原有的单心化城市中心也不能承载相应的服务职能。所以，城市中心与它所在的城市一起向外扩张。一般城市单中心向多中心的过程中，多中心里的每个城市中心通常在一定时间内重点承担某一类城市职能（比如文体、行政与商务等）；而多数时候，大都市区外围城市从单中心向多中心的转变却是两个综合中心之间的升级。上海崇明与奉贤都是此类模式的代表。

第三类，是第二类基础上的升级版，可以称为多心化的大都市区外围城市中心（图 5-12，*c*）。伴随大都市区外围城市的进一步扩大，城市中心所服务的空间范围持续加大，服务半径圈随之呈现不规则的形态。加上原有大都市区职能空间外溢的项目以及乡镇建设发展的基础，或者由于城市发展前景难以判断而不能形成一步到位的高瞻远瞩，大都市区外围城市形成了"多峰式"的发展路径和"滚动式"的开发模式。这时候，便会出现多个随城市建设发展而建设发展的城市中心，它们之间的规模关系是扁平化的，职能联系也相对松散。上海松江与青浦及其城市中心是这一类型的代表。这两个城市与前两类城市的区别是规模较大，并且具有一定的带状形态（松江生活居住区域南北狭长）。

第四类，出现了双重化的大都市区外围城市中心（图 5-12，*d*）。第一重是较低层级的，仍如前三类城市中心一样，其出发点是立足于外围城市自身的功能服务，其落脚点也与外围城市的空间形态紧密相关。第二重，则是中心城区向外围城市空间外溢的功能区域。与第三类提及的原有大都

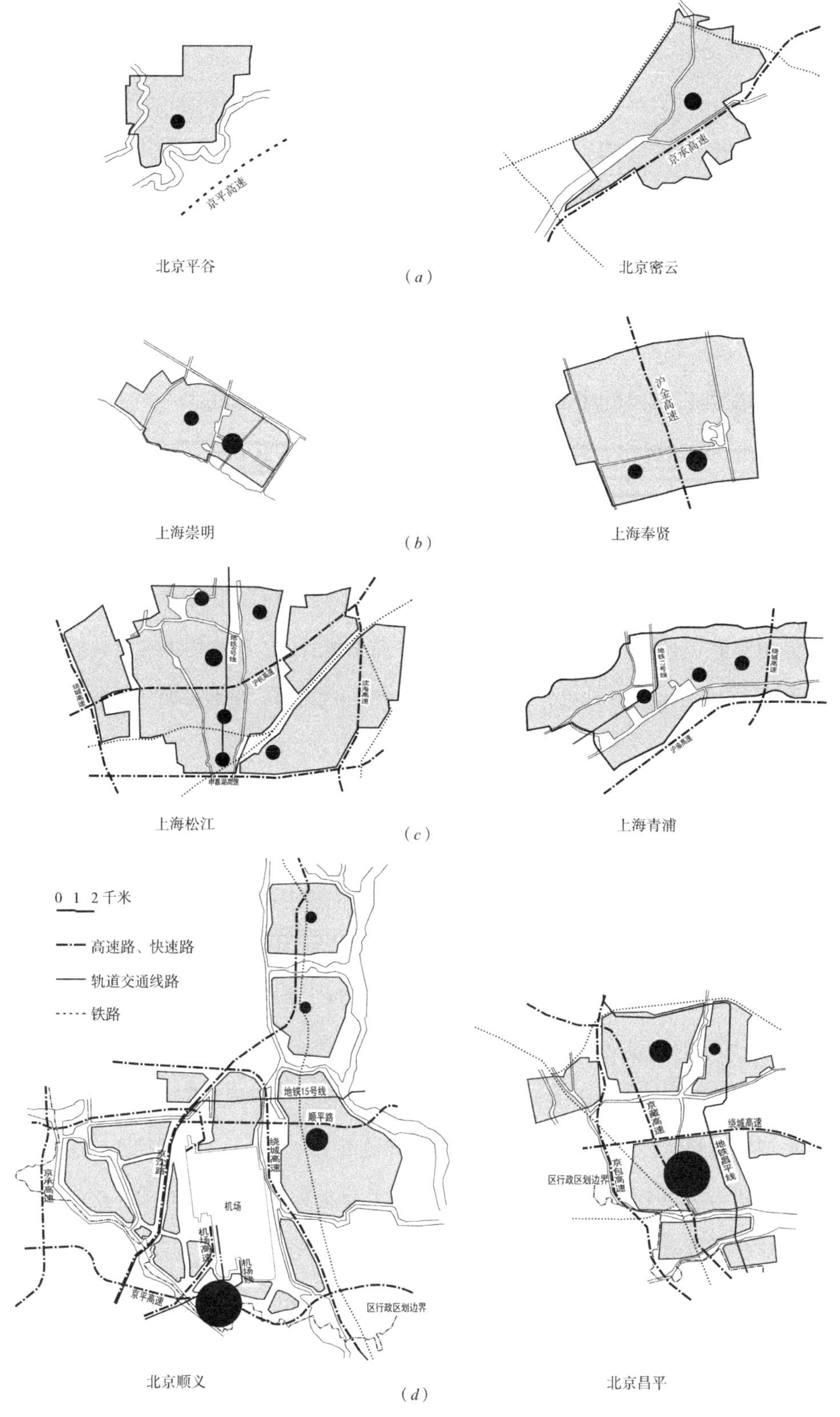

图 5-12　典型大都市区外围城市及其城市中心的模式类型图
（图片来源：作者自绘）

市区职能空间外溢项目不同，这里的功能区域与城市中心职能紧密相关甚或本身属中心城区城市中心相关职能的外迁，规模体量庞大且空间集聚。正是因为这个原因，第二重职能的空间布局常常脱离于外围城市原有空间格局，或者会对原有空间格局产生重大干扰。这种城市中心的类型在北京的顺义和昌平两座城市中表现得极为突出。从行政区划这一较大的空间范围看，这两座城市的共同点在于外围城市空间发展的触角已经伸向了所在的整个行政区划范围。在顺义，北京国际机场南侧布局了临港商务区；在昌平，临近海淀的沙河镇布局了高等教育园区。这两处功能区域与各自新城（顺义新城、昌平新城）形成了相对应的空间结构，并共同构成了全域发展的态势。

此外，还有一类可以被称为“融合型”的大都市区外围城市中心较为特殊，可以被称为真正意义上的大都市区城市中心，也更像是一个独立的城市和一个独立的城市中心。这个独立的外围城市中心城区距离不算太远，交通联系紧密，从而获得了更多的发展机遇。由于其城市规模较大，职能较为齐全，反映到城市中心的空间发展中也会异于一般外围城市。特别之处在于，中心城区向这里进行空间外溢的职能更与中心城区的城市中心职能接近（比如行政副中心职能），所以这种空间在外围城市落地时也会更贴近原本属于它的城市中心，这是显著区别于顺义空港商务园区和昌平沙河高教园区的。如此，外围城市中心区域融合了原本属于两个层次的两类职能空间，并且因为地理的临近而发生更多的相互联系。在这里，仿佛“城市可能还是那个城市，中心却已经不再是那个中心”。北京通州当属这一类型。在多种因素作用下，北京行政中心迁址位置与原本商贸为主的自身中心临河而望，共同组成了一个超出一般外围城市规模与职能诉求的大都市区城市中心（图 5-13）。

可以明确，外围城市与中心城区的距离与联系、自身规模与形态、所处发展阶段与机遇都会成为制约因素。由于外围城市的空间发展会在一定地理空间和一定发展时机受到中心城区的影响，所以外围城市中心的空间发展会与中心城区的发展相关联。严格意义上来讲，当出现北京通州的“融合型”城市中心时才是真正的大都市区城市中心。

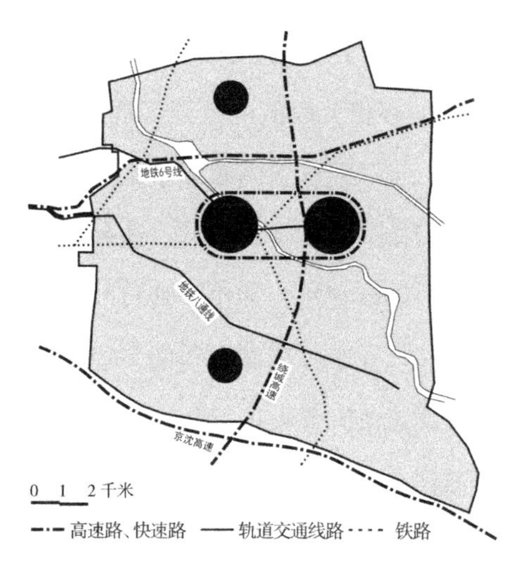

图 5-13　北京通州及其城市中心的模式图
（图片来源：作者自绘）

5.4.2　走向集聚的碎化

本章第 1 节对通州各阶段公共设施的梳理，仅仅从时间序列上证明了公共设施对政策定位的响应，这里，从空间角度对这些设施进行认识。将这些设施的区位一一落实（图 5-14），发现有些公共服务设施选址位于前述界定的通州区城市中心范围以外。考虑到部分公共服务设施仍处于规划建设期间，并不对这些可能在建成后对城市中心格局产生重大影响的设施进行剔除。总体上，这些设施在老城区的空间集聚是最强的，在八通线沿线也呈现出一定集聚性，自此再向东、南等外围方向则是明显的分散状态。从时间角度看，越是在近年建设的，越是较为分散；越是建设时间较早的，越呈现出一定的集聚性。为了更加理性地掌握这些空间趋向，选取城市空间重心与空间碎化程度两项指标定量分析这些设施的空间布局问题。通过空间重心的计算及不同时期轨迹变化，可以判断此类空间要素分布的总体变化动态，其空间重心的计算公式为：

$$\overline{x}=\sum_{i=1}^{n}S_{i}x_{i}\Big/\sum_{i=1}^{n}S_{i} \qquad (5\text{-}2)$$

$$\overline{y}=\sum_{i=1}^{n}S_{i}y_{i}\Big/\sum_{i=1}^{n}S_{i} \qquad (5\text{-}3)$$

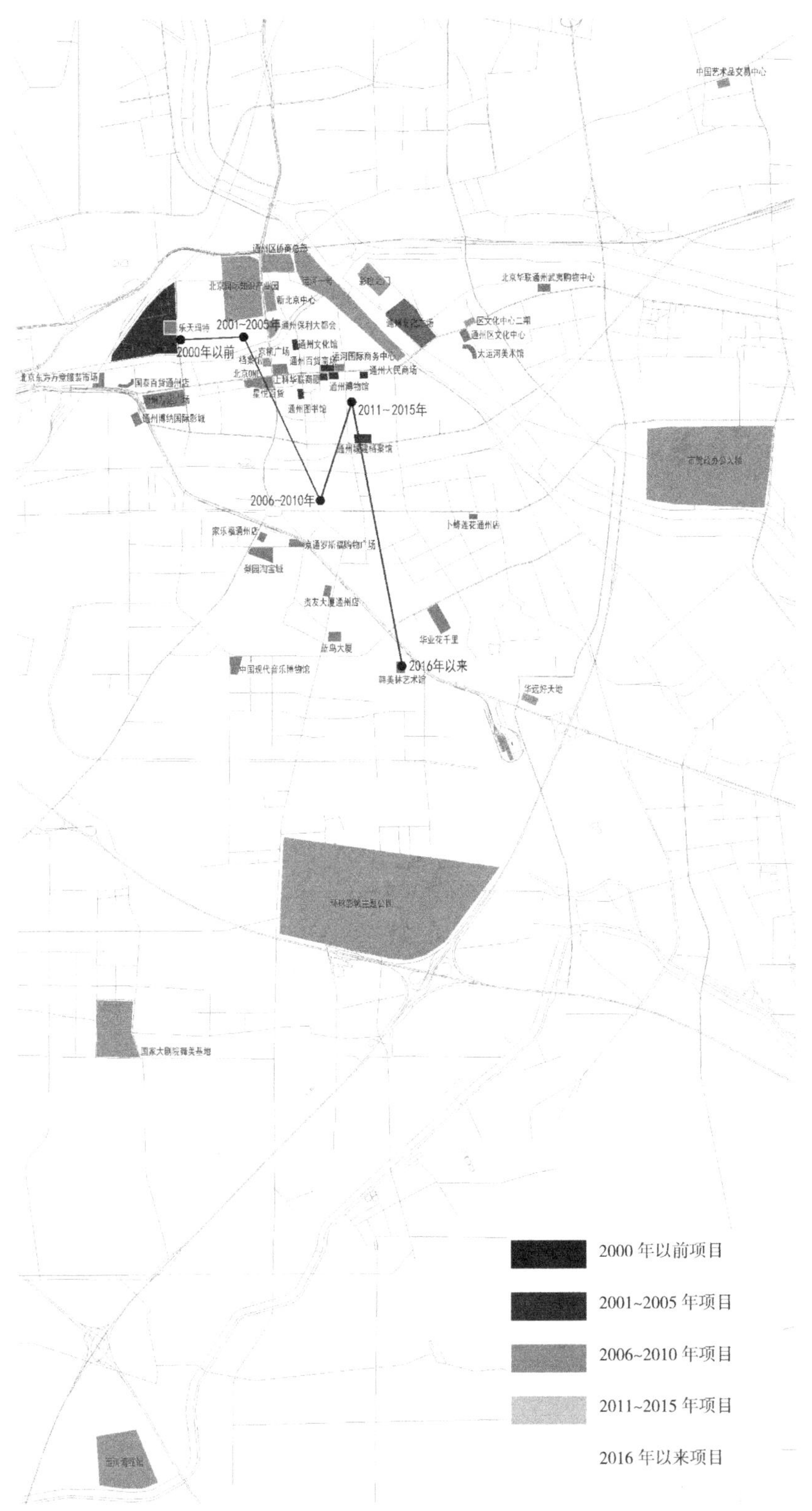

图 5–14　通州各阶段公共设施及其布局图
（图片来源：作者自绘）

式中，S_i 为计算范围内所涉及的建设用地单元面积，x_i、y_i 分别为第 i 个建设用地单元在横轴与纵轴中的中心点坐标。

空间碎化程度是反映用地空间是否集约与紧凑的，个体的大小、形态与整体的距离都会在这个指数中得以体现，其程度可使用碎化指数[189]的大小来表示。一个单元建设用地的碎化指数（f_{bas}）计算公式为：

$$f_{bas}(j)=\sum_{i=1\to n}\frac{n_i}{(n\times 9)}=\frac{1}{n\times 9}\sum_{i=1}^{n}n_i \tag{5-4}$$

式中，n 是分析单元中被建设用地满铺或者侵占的网格数量；n_i 是规划分析单元中第 i 个建设地块的碎化值；9 是一个常数值，代表九宫格的辅助网格数。

根据公式 5-2、公式 5-3 得出，“2000 年以前”“2001~2005 年”“2006~2010 年”“2011~2015 年”与“2016 年以来”5 个时间段的重要公共服务设施用地分布重心。整体上，这些设施的空间重心向东、向南挺进。2000 年以前的空间重心位于八里桥市场东侧；2001~2005 年间空间重心向正东方向偏移 0.8 千米左右；2006~2010 年间的空间重心则向南偏东 25 度左右挺进 2.3 千米左右，产生了大幅的变化；2010~2015 年的时间里，空间重心又向北偏东 18 度的方向暂时折回了 1.3 千米；此后，也就是 2016 年往后的规划建设，则继续向南偏东方向 10 度左右挺进，而且这次直跨了距离最大的 3.5 千米左右。空间重心的移动表明这些重要的公共设施在空间布局上延伸到了一个更大尺度的发展腹地中。一般情况下，伴随着空间尺度的扩大，公共设施的布局似乎会走向松散。然而，根据公式 5-4 得出，2000 年以前设施用地布局的碎化程度为 0.552，而发展到 2016 年以后各阶段用地布局之和的碎化程度为 0.376。也就是说，虽然近年来一些重要设施的选址看起来相互间的距离更远了，但它们共同形成的空间碎化程度在降低，集聚性在显著增强。考虑到这些公共设施的大跨度布局，就说明从一个更大的尺度内观察，外围城市中心进行的空间扩散本质上是紧凑与集聚的。

5.4.3 更大尺度的集聚

5.4.3.1 研究思路与数据来源

在通州扩大尺度后的集聚促使分析的视野进一步向周边地区放大，与通州接壤的朝阳进入视野。从县区辖范围与建成区关系看，通州建成区位于通州区西北方向。如果通州的城市中心区职能不断在更大的空间尺度内走向碎化，那么考虑到行政区划界限的形态关系，朝阳区东部临近通州的区域也应该在这个“碎化”的范围之内。这个区域的乡镇、街道应该在第三产业发展方面崭露头角。而这一现象的出现是要摆脱原本没有外围城市中心而仅仅圈层式拓展的轨迹。

为了验证这一假设，需要掌握近 5 年来朝阳区各个街道人口、就业及产业增长能力的空间分布情况。结合资料获取情况，选取 2010 年与 2015 年两个年度的年末人口总数、第三产业单位数、第三产业从业人数和建筑业总产值指标进行数据统计。数据来源于《北京市朝阳区统计年鉴 2011》《北京市朝阳区统计年鉴 2016》。

5.4.3.2 基于关键指标的镇、街类型划分

计算出 2015 年与 2010 年年末人口总数、第三产业单位数、第三产业从业人数和建筑业总产值的比值，以所有街道、乡镇（地区）的平均值 ±0.5 标准差确定临界值进行类型划分（图 5–15~ 图 5–18）。可将研究区域划分为三个类型。

从图 5–15 可以看出，年末总人口比值小于平均值的街办共计 13 个，包括：亚运村、安贞、和平街、香河园、左家庄、三里屯、团结湖、朝外等，主要集中在朝阳区的西侧和东北侧；比值处于平均值水平的街办共计 22 个，包括：六里屯、酒仙桥、小关、麦子店、崔各庄、金盏等，主要集中在朝阳区的东部和东南侧；比值大于平均值的街办共计 8 个，包括：奥运村、来广营、大屯、东湖、太阳宫、平房、常营、垡头等，主要集中在朝阳区的东部

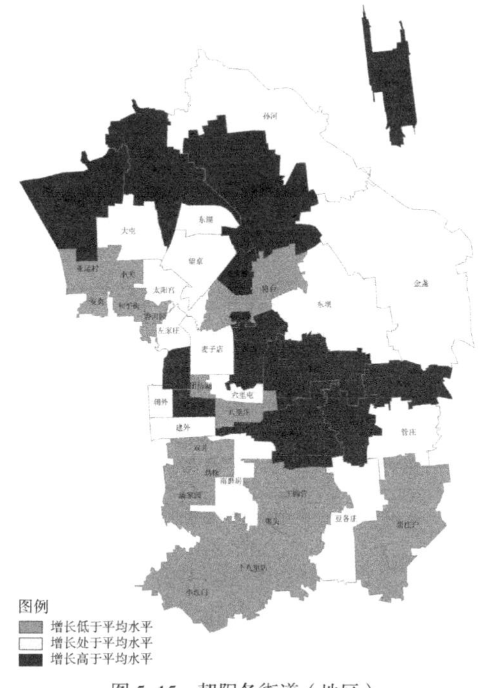

图 5-15　朝阳各街道（地区）
年末总人口变化类型图
（图片来源：作者自绘）

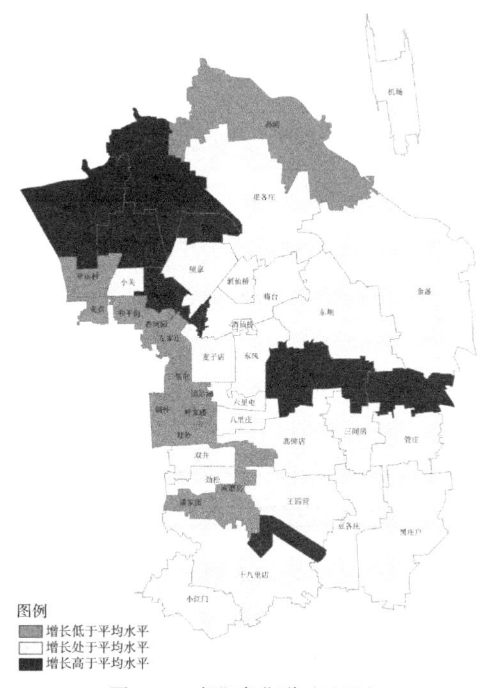

图 5-16　朝阳各街道（地区）
第三产业单位数变化类型图
（图片来源：作者自绘）

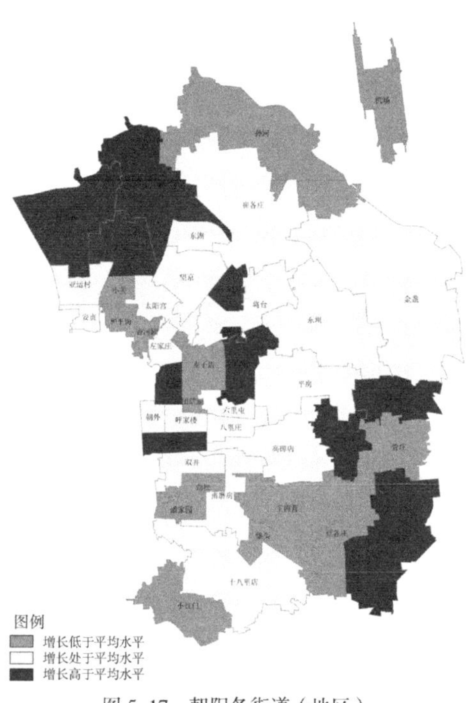

图 5-17　朝阳各街道（地区）
第三产业从业人数变化类型图
（图片来源：作者自绘）

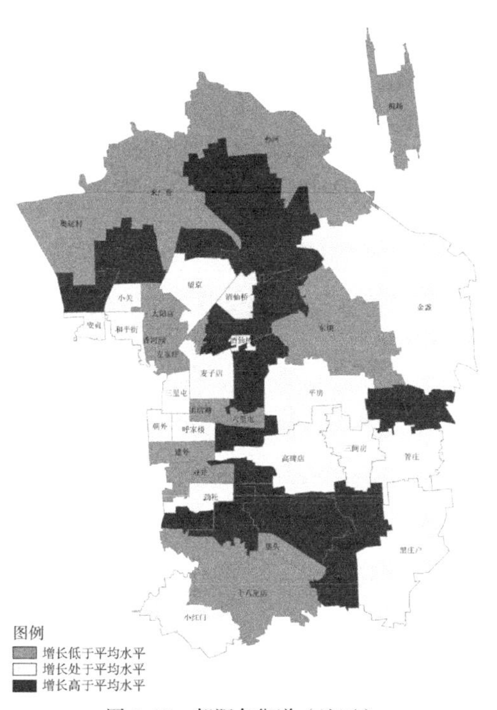

图 5-18　朝阳各街道（地区）
建筑业总产值变化类型图
（图片来源：作者自绘）

和西北部。

从图 5-16 可以看出，第三产业单位数比值小于平均值的街办共计 16 个，主要集中在朝阳区的西侧和南侧，与人口总数的变化比较相似，包括：亚运村、小关、安贞、和平街、香河园、小红门、黑庄户等；比值处于平均水平的街办共计 16 个，包括：大屯、豆各庄、东湖、六里屯、管庄、朝外、建外等，主要集中在朝阳区的东北侧和西侧；比值大于平均水平的街办共计 11 个，包括酒仙桥、呼家楼、来广营、高碑店、奥运村、东风、崔各庄、机场、平房、常营等，主要集中在朝阳区的中部和西北部，尤其是西北部与人口总数的变化呈较高的一致性。

从图 5-17 可以看出，第三产业从业人数的比值小于平均值的街办共计 14 个，零散地分布在整个朝阳区，包括：垡头、小红门、香河园、潘家园、豆各庄、孙河、团结湖、劲松、机场等；比值处于平均水平的街办共计 10 个，主要集中在朝阳区的中部偏北，包括：亚运村、金盏、平房、呼家楼、东坝、安贞、太阳宫等；比值大于平均水平的街办共计 19 个，主要集中在朝阳区的东南部和西北部，包括：六里屯、左家庄、朝外、双井、东湖、望京、高碑店、酒仙桥、三间房等，尤其是西北部与第三产业单位数量的变化呈一致性。

从图 5-18 可以看出，建筑业总产值比值小于平均值的街办共计 14 个，多集中在朝阳区的北部，包括：东坝、机场、垡头、来广营、奥运村、香河园、建外、左家庄等；比值处于平均水平的街办共计 17 个，零散地分布在整个朝阳区，但主要集中在东部和中部区域，与通州交界的大部分街办属于这种类型，包括：管庄、安贞、呼家楼、小关、平房、劲松、望京、和平街、黑庄户等；比值大于平均水平的街办共计 12 个，主要集中在朝阳区的中部，自北向南成片分布，包括：亚运村、大屯、八里庄、东湖、南磨房、豆各庄、东风、潘家园等。

5.4.3.3 分析与结论

从上述四个指标值的空间分布看，虽然四个指标的空间分布差异较大，但仍然可以发现，作为朝阳区核心区的人口、就业和产业的集聚水平依然较高，但城市建设能力（建筑业总产值比值）处于下降趋势；位于朝阳区和通州区交界的部分区域则表现出强劲的增长势头，如常营街道的四个指标的比值均高于平均水平，和常营街道交界的平房、三间房则有两个指标比值高于平均水平、两个指标比值处于平均水平；豆各庄、黑户庄则分别有一个指标比值高于均值，两个指标比值处于平均水平，一个指标比值低于平均水平，这五个街办在空间上相连。

从图 5-16 和图 5-17 可以看出，第三产业单位数和第三产业从业人数方面，第三产业单位数可以划分为三个梯队来分析，第一梯队是比值小于 1 的增长乏力区，主要集中于朝阳区的南部和西北部部分地区；第二梯队是比值在 1 附近的增长平衡区，主要分布在朝阳区的西部和东北部；第三梯队是比值高于 1 的增长活力区，主要分布在朝阳区的北部和中东部。而第三产业从业人数与第三产业单位数相比，其增长的情况较为相似，但在空间分布上显得更加分散。说明第三产业的企业分布和从业人员分布出现空间错配的情况，单位数增长较快而从业人数增长较慢的地区主要有崔各庄和平房，单位数增长较慢而从业人数增长较快的地区主要有黑庄户、三里屯和大屯。从图 5-18 可以看出，建筑业总产值方面，增长最快的依然是常营，中部大部分地区，也就是朝阳与通州间的廊道属于增长较快地区，增长最慢的地区位于朝阳区的西北与中南部。综上所述，可以说明在朝阳区和通州区交界的区域出现了新增长中心的雏形，且具有较强的发展潜力。

5.4.3.4 来自规划实践预期的佐证

在规划实践领域，同样有对这一区域的关注。而且，除了对定福庄片区（即前述分析中的常营等地区）的关注，还包括其北侧的东坝地区（图 5-19）。“东坝”是朝阳区东北部的一个小乡，行政区划管辖范围只有 24.6 平方千米。早先，作为中心城区的“边缘集团”，是一个长期处于城镇化初期阶段的区域。而如今，伴随大都市区中心城区与外围城市的双重发展，其自身地位因为要打造的东坝 CBD 而发生改变。东坝 CBD 有两大主导

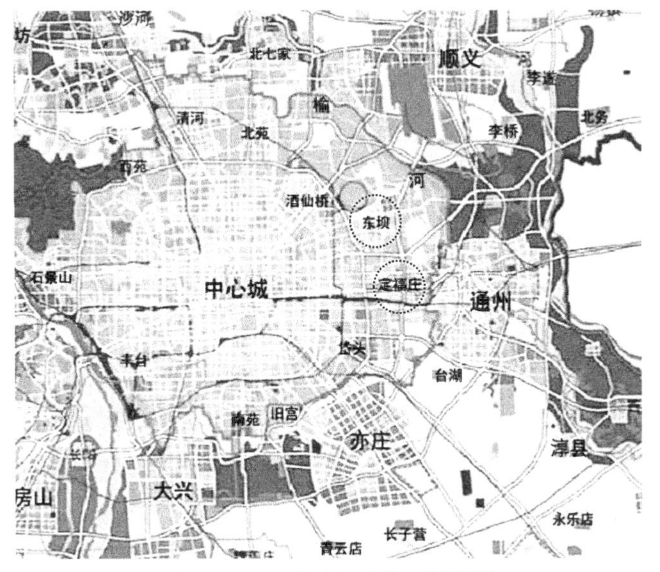

图 5-19 东坝与定福庄的区位图[205]

职能。第一，是中央商务区职能。根据规划，该中央商务区主要承担总部商务办公、高端商业娱乐和国际交流服务三大功能，规划占地面积 6.2 平方千米左右，相当于东扩后的北京 CBD 规模，而东扩完成后的北京朝阳 CBD 已经跃然成为世界上几个规模最大的 CBD 之一。预计两个中央商务区的组合体将与曼哈顿、德芳斯与道克兰等世界级金融中心等量齐观。第二，是北京第四使馆区职能。从建国门到三里屯再到亮马桥，承载北京外交职能的使馆区延循了一条自西向东的发展线。伴随现有职能承载空间的局促和城市向东发展的趋势，第四使馆区最终也选址在了东坝。从流的角度看，这些都属于高层流的流动。

此外，除去被公认的朝阳 CBD 和筹划中的东坝商务区，望京地区也在利用既有基础承载商务职能，力争成为北京第二 CBD。而由该 CBD 继续向东北方向挺进，则是紧邻国际机场、同样颇有起色的国门 CBD。如果继续扩大视野，通州运河核心区 CBD 则纳入范围。这样来看，东坝的意义在于在原本距离较远的 CBD 群体之间增加了一个居中连接点。原来最长边为 15 千米（朝阳 CBD 和通州运河 CBD 之间）左右的距离因此缩减到了 8、9 千米左右，原本松散的菱形体变成了多个稳固的三角体（正如现实中非固定式铰接的四边形和三边形的区别）（图 5-20）。有趣的是，与中心地理论的几

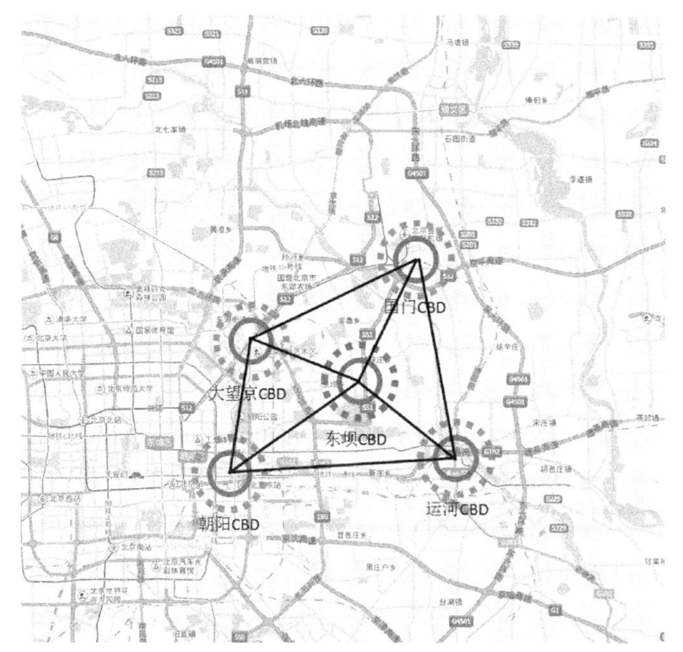

图 5-20　东坝 CBD 的规划对既有 CBD 格局产生的影响图
（图片来源：作者自绘）

个次级中心中间作为高级中心不同，原本的东坝 CBD 则是完全的真空区域。这样看来，一个依靠多个“金三角”组成的组合体似乎在更大的空间尺度上具备了连绵体的特征。这个连绵体不再是朝阳的、顺义的或通州的 CBD，甚至也不再是北京的 CBD。地理临近始终是一个现实空间发展中不可回避的重要影响因素，一类依托外围城市中心、中心城区多中心中的临近城市中心以及二者之间的腹地所形成的超级中心正在形成。

5.5　小结

各类“流”的复合式协同促动了北京通州城市中心的空间发展。①在时间协同维度，社会经济发展政策对外围城市的发展产生了重要影响，一些重大设施的规划建设在规模、档次与职能方面对此进行了积极响应。②在空间协同维度，总体上人流热度与建成区的城市中心范围较为相符；局部尺度下，人流热度区域有所突破中心区范围界限。尤其是工作日比公休日的人流热力程度普遍提高，说明生产性服务行业所吸纳的就业人群已经在大都市区外围城市中心区聚集，外围城市被称作“卧城”的时代逐渐结束，也进一步表明人流导向下的城市中心区有进一步扩展的空间需求。与此同时，外围城市中心里的城市综合体比中心城区里面的城市综合体的人流更为密集，体现出了更高的使用程度。人流带有很强的周末休闲色彩，而工作日高峰时期来临较早，午高峰与晚高峰热度均有出现，意味着大都市区外围城市中心尚未达到全时城市中心的状态，但办公行业发展已经达到了一定地步。③在时空协同维度，轨道交通起到了一如既往的重要作用，线性带动的空间效应特征非常明显。伴随外围城市轨道交通、快速交通设施的发展布局和城市服务设施规模的不断加大，二者的相互关系会表现出服务设施的总和规模跟交通设施的空间限定相关。运营时间较长的轨道线路与其周边各类服务设施分布数量的负相关性更强，尤其是购物中心、酒店、电影院、银行等距离轨道线路越近分布越多，书店、数码家电的该特征并不明显。

从信息平台使用的角度分析信息社会下外围城市中心的空间发展。利用“百度指数”搜索与大都市区外围城市中心相关的关键词，市民的关注具有极强的现实性，对具体公共设施建设的关注强于类似“通州新城”整体的关注，对已落成的公共设施的关注强于尚未开工建设设施的关注，公益性导向的公共设施始终是关注热点。移动端与PC端在关注程度上有所区别，因为移动端具有鲜明休闲指向和应急功能，其现场使用与搜索的频率会更高。两座城市的游乐游艺中“人气最高”与“人均最高”的排名最靠前场所均为同一处，说明这类场所的虚拟平台热度与现实空间热度高度统一，并意味着上网一族的特定人群更乐意使用网络并忠实于自身在虚拟网络中的选择。相比“人均最高”的空间分布特征，“人气最高”的空间集中性很强。由此，城市中心在虚拟世界中同样具有一定程度的“中心性”。

对典型的大都市区外围城市中心进行分类，通州的城市中心属于“融合型”，可以被视作真正意义上的大都市区城市中心。对通州公共设施建设的年限与分布进行梳理，通过空间重心与空间碎化指数的计算，发现虽然近年来一些重要设施的选址看起来相互间的距离更远了，但它们共同形成的空间碎化程度在降低、集聚性在显著增强。为了验证在大都市区的尺度下，外围城市中心的碎化其实也是一种聚集，将临近通州的朝阳区纳入研究视野。通过各个街道年末人口总数、第三产业单位数、第三产业从业人数和建筑业总产值指标的增长趋势分析和类型划分，可以说明在朝阳区和通州区交界的区域出现了新增长中心的雏形且具有较强的发展潜力，摆脱了中心城区圈层式扩展状态下的发展轨迹。此外，北京东坝乡协同国贸CBD和通州运河中心区的空间发展规划，佐证了规划实践预期中一个超级都市中心的形成。

6　北京都市区城市中心网络的浮现

在上一章实证研究中，基本上是对外围城市中心的个体尺度研究。实证研究的出发点侧重“流”的影响、落脚点侧重现实空间，二者的物理关联偏于“流”在单个大都市区外围城市中心汇集后的空间效应和动力机制。在本章中，“流”的影响仍然是出发点，但落脚点不再局限于个体尺度的现实空间，而是向群体间的联系转向。具体逻辑是，外围城市中心首先要与大都市区中心城区发生联系，这种联系必定是多元和双向的。继而，证明这种联系是在与中心城区城市中心间发生的。而一旦后一种情况发生，则可以证明大都市区内各个城市中心之间发生了互动联系，它们共同构成了一个大都市区城市中心网络。

6.1　通州城市中心与中心城区的联系

6.1.1　研究思路与数据获取

一个大都市区外围城市中心，如果仅限于服务这个外围城市，显然是与大都市区时代要求相违背的。而若成为大都市区而非外围城市的城市中心，则必定要与外围城市以外的空间，尤其是大都市区发生关联。在所有的联系中，作为城市中心使用主体的人的联系是至关重要的。一方面，人的流动路径所涉及范围代表了外围城市中心的服务范围；另一方面，人在流动中所携带的与城市中心职能紧密相关的信息、资本、技术等直接反映城市中心的职能情况。而一个城市中心的存在，除了面向这种人群的自下而上的联系以外，还应包含面向社会组织的自上而下的联系。后者是制度化的联系，也是纯粹功能性的联系，它的存在将使外围城市中心与中心城区的联系更加规范化。这两类联系中，人群的移动属于显性流的移动，而企业组织之间的关联多属于隐性流的联系，因此作出人群联系会更加显现地理临近作用的假设。

这两类联系的数据均以社会调查方式获得。针对进出通州城市中心的人群及其空间路径、所携属性的社会调查中，选取位于或紧邻通州城市中心区的通州北苑站（八通线）与北运河西站（6 号线）作为调研地点，以进站与出站人群中的上班族为调研对象。分别调查进站人群的目的地与出站人群的始发地以及其所从事的行业（仅统计从事第三服务业者，从事其他行业者不发放问卷）。于 2017 年 2 月 27 日早高峰时段开展此次社会调查，共发放问卷 405 份，收回有效问卷 386 份。其中，通州北苑站进站样本 95 份，通州北苑站出站样本 90 份，北运河西站进站样本 110 份，北运河西站出站样本 91 份。进一步统计有效样本的信息，在通州城区以外的北京大都市区范围内确定站点点位，并利用 ArcGIS 绘制形成 4 张连线图（图 6-1）。

于 2016 年 6 月 7 日对通州万达广场写字楼的入驻办公行业企业进行调查，3 栋（另有一栋回迁写字楼未在考虑范围内）共入驻办公企业 268 家。对所有企业通过网络逐家进行关联机构搜索，共发现 118 家企业具有关联机构，约占该万达广场所有入驻办公企业总数量的 44%。具体搜索时，以企业自身官方网站对机构设置的说明为准。关联机构是企业的总部、分部或分支，也可以指工厂和物流基地；但一定是从属于企业内部的，而不包含因为生产、服务等产生交易关系的外部机构。进一步对这些关联机构的地理点位进行搜索：在大都市区内部尺度，共有 71 家企业具有关联机构，除去 11 家在通州辖区的以外，还有 60 家分布在中心城区。在大都市区外部尺度，共有 47 家企业具有关联机构。通过 ArcGIS 绘制形成连线图。

6.1.2 初步观察与研究方法

6.1.2.1 基于进出站人群的分析

通过上述社会调查得知，无论是通州城市中心区的人群还是企业组织，都在切切实实地与北京都市区发生着联系。轨道站点进出站人群的社会调查结果显示，通州北苑站进出站人群的目的地与始发地站点联系分布均以八通线 -1 号线为中轴向两侧扩散，紧邻中轴线的站点及人群最多，逐渐向两侧减少。目的地与始发地站点的最远距离接近，但目的地站点与通州北苑站纬

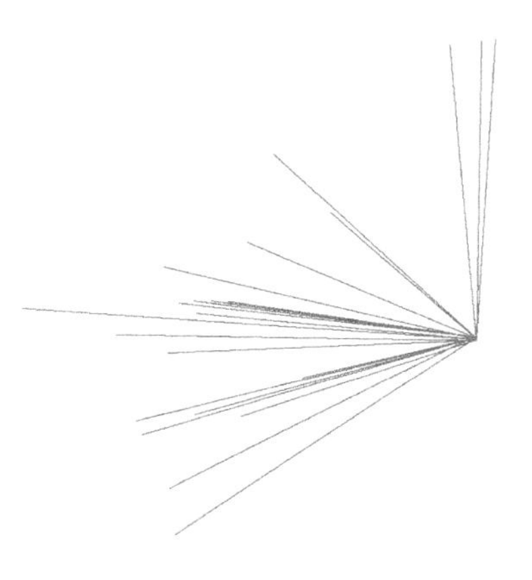

通州北苑站进站人群的目的站统计及联系示意

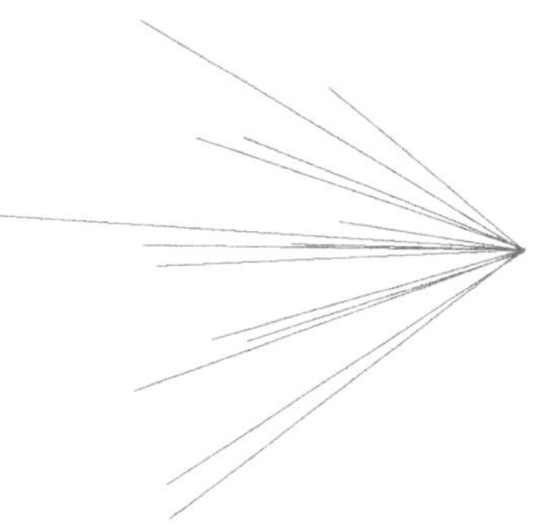

通州北苑站出站人群的始发站统计及联系示意

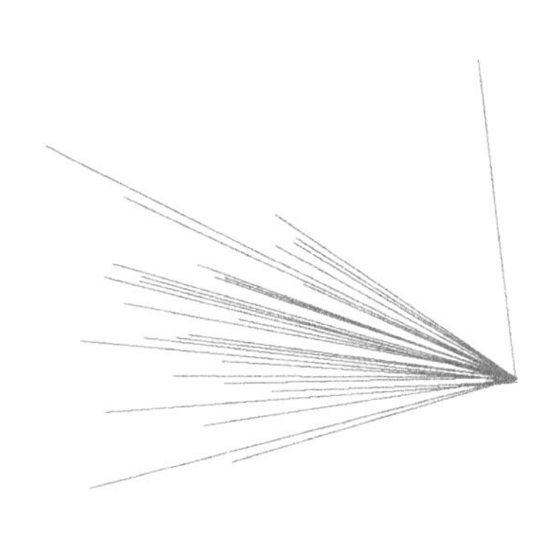

北运河西站进站人群的目的站统计及联系示意

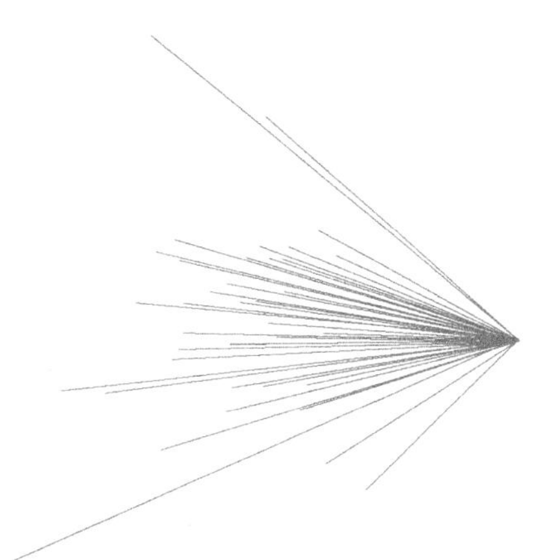

北运河西站出站人群的始发站统计及联系示意

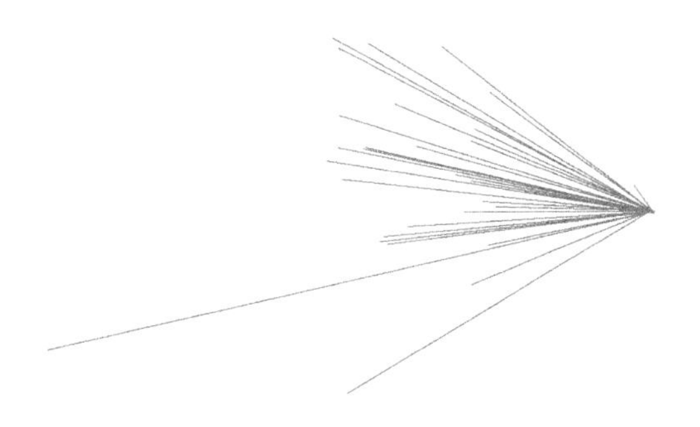

通州万达办公企业在中心城区的关联机构及联系示意

图 6–1 通州轨道交通站点进出站人群及企业关联机构的分布与联系示意
（图片来源：作者自绘）

度线夹角很大，而始发站点的扇面形态更为完整。北运河西站的目的地与始发地站点联系分布均以6号线为中轴向两侧扩散，同样具有紧邻中轴线的站点及人群最多并逐渐向两侧减少的特征。与通州北苑站不同的是，该站出站人群的始发地站点分布的距离更远、与纬度线的夹角更大。由于点位分布较多，这种基于点位与联系线的观察带有偶然性。

通州地铁站点进出站人群从事三产相关行业人数及比例　表6–1

排名	进站			出站		
	类型	人数	比例	类型	人数	比例
1	互联网与软件	58	28.29%	其他	44	24.44%
2	零售餐饮住宿	31	15.12%	房地产开发、设计、装饰	21	11.67%
3	广告与文化传媒	21	10.24%	互联网与软件	21	11.67%
4	教育培训翻译	20	9.76%	零售餐饮住宿	19	10.56%
5	金融保险财务	20	9.76%	金融保险财务	17	9.44%
6	其他	17	8.29%	贸易物流	16	8.89%
7	房地产开发、设计、装饰	10	4.88%	生物医疗	11	6.11%
8	贸易物流	9	4.39%	政府机构	9	5.00%
9	电子、通信	8	3.90%	广告与文化传媒	8	4.44%
10	生物医疗	5	2.44%	教育培训翻译	5	2.78%
11	文体娱乐	3	1.46%	电子、通信	5	2.78%
12	政府机构	3	1.46%	文体娱乐	4	2.22%
	总计	205	100.00%	总计	180	100.00%

从进出站人群的从事行业方面进行比较（表6–1）。进站人群从事行业的前六位分别为互联网与软件、零售餐饮住宿、广告与文化传媒、教育培训翻译、金融保险财务与其他，所占调研人数比例分别为28.29%、15.12%、10.24%、9.76%、9.76%、8.29%；出站人群从事行业的前六位分别为其他、房地产开发、设计、装饰、互联网与软件、零售餐饮住宿、金融保险财务与贸易物流，所占调研人数比例分别为24.44%、11.67%、16.67%、10.56%、9.44%、8.89%。通过对通州北苑站、北运河西站进出站人群的社会调查同样可以发现，进站人群前往中心城区所从事的第三产业包括广告文化传媒、

金融保险财务与教育培训翻译等行业，职能相对高端；而出站人群主要从事的房地产开发、设计、装饰、其他与贸易物流等行业则说明通州城市中心自身的新城特质和生活服务职能突出。

6.1.2.2 基于企业关联机构的分析

在大都市区内部尺度，办公企业关联机构的空间分布有这样一些集聚区域：第一，向东在廊坊市北三县的燕郊零星分布；第二，在房山、大兴等较远的同等外围城市零星分布；最后，是在中心城区内集中与分散集合地分布。具体看：通州万达广场与国贸 CBD 连线附近是最为密集的关联机构分布地，几乎形成了一个带状区域。而在此之外，关联机构向北、向南的延伸则集中到了望京、亚奥、海淀和北京西站附近。在大都市区外部尺度，关联机构所在城市包括上海、天津、深圳、广州、杭州、西安、青岛、重庆、成都、沈阳、济南、南京等，另有日本、韩国、英国、加拿大和比利时等国家。而从关联程度的强弱看，上海、深圳、广州与杭州的排名靠前使地理临近的天津排名第二的现实失去了证明地理临近存在的意义。综上，都市区内部，地理临近的空间作用发挥得淋漓尽致；都市区以外，地理临近的空间作用则似乎消失殆尽。

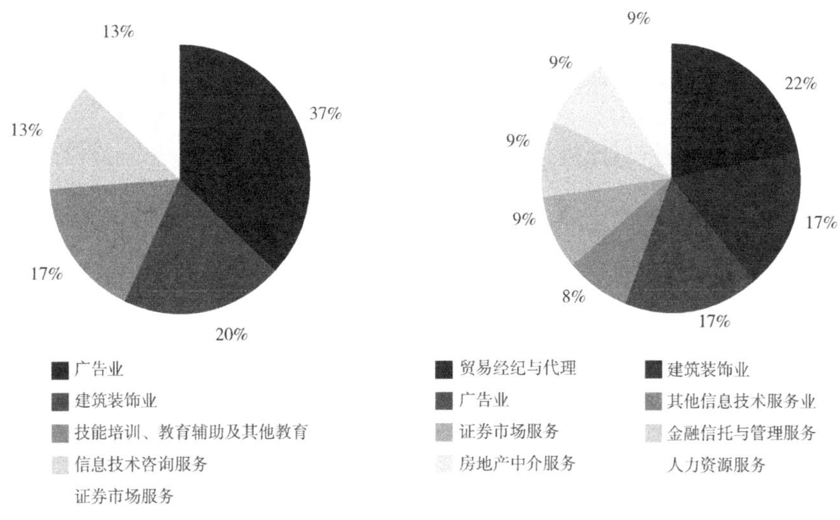

图 6–2 通州万达广场写字楼办公企业在大都市区内外的相关机构联系比例图
（图片来源：作者自绘）

对拥有关联机构的办公企业门类进行分析（图 6–2），大都市区内部靠前的有贸易经济与代理、建筑装饰业、广告业、其他信息技术服务业和证券市场服务业，大都市区外部靠前的有广告业、建筑装饰业、技培教辅及其他教育、信息技术咨询服务和证券市场服务业。除了证券市场服务业，这些行业中的绝大多数也是自身总量靠前的行业门类。从这一点看，对外的空间联系并不会特意地挑剔具体行业。

6.1.2.3 选择标准差椭圆的方法

上述关于点位的观察是初步的。为了更加精确地刻画这些点位的空间分布特征，需要引入空间统计的方法。标准差椭圆（Standard Deviational Ellipse）又称 SDE 法，由勒菲弗（Lefever）在 1926 年提出，是空间统计方法中能够细致揭示要素空间分布多方面特征的一种方法。该方法综合考虑点的数量、方位（分布和方向）、疏密以及权重等因素，通过计算椭圆的中心、长轴短轴与方位角等参数描述研究对象的空间分布特征，从而完成解释地理要素空间分布中心性、展布性与方向性特征的目的。该方法首先计算地理要素空间分布的平均中心；然后，以此中心的 *X* 轴为准、正北方为 0 度、顺时针方向旋转确定角度；最后分别计算其在 *X* 方向和 *Y* 方向上的标准差，继而确定椭圆长轴与短轴。实际操作中，该椭圆具体形态和各项数值可由 ArcGIS 直接生成。

6.1.3 实证分析与比较

使用 ArcGIS 方向分布工具生成 5 个标准差特征椭圆（图 6–3），分别为：通州北苑站进站人群目的地站点分布椭圆、通州北苑站出站人群始发地站点分布椭圆、北运河西站进站人群目的地站点分布椭圆、北运河西站进站人群目始发地站点分布椭圆、通州办公企业中心城区关联机构点位分布椭圆。同时计算标准差特征椭圆的各项参数，其中：*XStdDist* 和 *YStdDist* 表示 *X* 轴的长度和 *Y* 轴的半轴长度，*Rotation* 表示的是椭圆的方向角度，*Shape_Area* 是

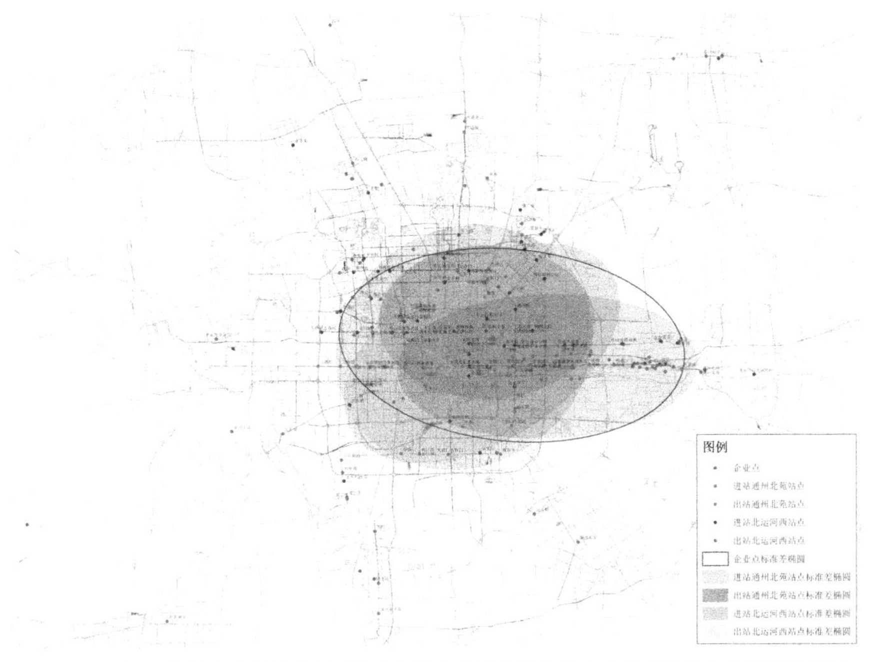

图 6–3 通州地铁站点进出站人群目的地与始发地站点及办公企业关联结构布点特征椭圆图
（图片来源：作者自绘）

生成的椭圆的周长和面积（表 6–2）。

由图 6–3 可以看出，相比轨道站点进出站人群目的地与始发地站点的椭圆，通州万达办公企业在通州区以外的关联机构椭圆覆盖面积最大。这验证了机构间空间联系所受的地理影响要小于人在物质空间中流动所受影响的假设。从多个椭圆的具体分布来看，覆盖面积、平均中心与方向角度都有差别，但它们之间存在大量叠合区域，表明通州城市中心与大都市区的联系与流动是双向的。具体来看，通州北苑进站人群目的站椭圆倾斜度最大，其平均中心与通州北苑出站人群始发站椭圆的平均中心距离较大，后者整体更为靠近通州、倾斜度更小。但通州北苑出站人群始发站椭圆的较大面积仍与目的站椭圆叠合。北运河西站进站人群目的站椭圆则几乎完全包含在北运河西站出站人群始发站的椭圆之内，虽然二者清晰度显著不同，但仍然呈现出高度叠合的特征。这说明携带城市公共中心服务职能的人流在通州以外的大都市区范围内是双向的。相比北运河西站出站人群始发地站点分布椭圆，北运河西站进站人群目的地站点分布椭圆覆盖面积极小，这可能与北运河西站投入时间不久且位于建成区东侧与有一定关联。

特征椭圆计算值　　　　表 6-2

标准差椭圆名称	*XStdDist*（km）	*YStdDist*（km）	*Rotation*（°）	*Shape_Area*（km^2）
通州万达办公企业关联机构分布椭圆	14.05	7.59	95.4	335.07
通州北苑站进站人群目的地站点分布椭圆	12.25	7.03	59.9	270.55
通州北苑站出站人群始发地站点分布椭圆	12.17	5.69	88.3	217.28
北运河西站进站人群目的地站点分布椭圆	8.79	6.06	90.6	167.22
北运河西站出站人群始发地站点分布椭圆	10.64	9.41	63.9	314.43

不得不说，基于隐性流的联系确实比基于显性流的联系更加忽略地理作用。在隐性流的开展方面，其日常运营所需要的是虚拟联系。为了对信息网络的发达作用进行验证，选取了多家具备关联结构联系的企业进行补充访谈（应多数被调研企业的要求，隐去企业名称）。访谈结果表明：第一，虽然分支与分支、分支与总部两种联系方式通常被认为具有显著不同，特别是当总部迁往外围城市中心时，该中心瞬间被视为“蓬荜生辉”。然而，现实情况是，无论分支与分支还是分支与总部，正规的虚拟联系都是相同的，因为联系是通过极少数中层、高管来进行的。除非是一种非正式的私人联系（这种私人联系的途径具有典型性——虚拟网络），比如相熟的同事之间“挂qq、显存在”的味道浓厚。第二，电话仍然是主要且重要的通信方式。这归根于其工具便携，另外的重要意义还在于具有显示真身的作用，会增加一些工作中的真实感。第三，截至目前，信息网络在办公企业的联系中只是一种辅助性的、优化性的作用。一方面它会在一些视频通信等高端性、制度性联系方式中起到基础性作用；另一方面则在于它对纸质文件等实体资料进行数据传输继而实现异地显“形”的作用。正是这种把现实变为虚拟、然后把虚拟变为现实的能力，让“联系”可以放弃“地理”。

6.2 通州城市中心与其他城市中心的联系

6.2.1 研究思路与分析方法

上节中的联系，均是以通州城市中心为放射点向外辐射的，这种联系的存在表明外围城市中心区位于大都市区的系统之内，而且起到了一定的职能作用。但是，这不能够说明外围城市中心与中心城区或大都市区其他区域里的城市中心具有联系。而现实情况是，只有当两个城市中心之间“展开对话”，才可以说明二者之间的平等化与网络化，也才可以证明外围城市中心在大都市区的城市中心系统中扮演角色与发挥作用。所以，接下来要进行的是验证外围城市中心与中心城区城市中心存在关联，以证明大都市区城市中心网络的存在。

企业关联网络是城市关联网络的有效表征，它隐含着技术、资本、信息与人员的关系。在大都市区内部尺度下，企业的关联同样可以有效表征大都市区内部不同功能区域的关联。对很多企业而言，尤其是连锁企业，其区位策略界定了城市中无形的联系，也因为各自选址而嵌入了特定而均等的地理区位之中。如果大都市区外围城市中心的一系列连锁企业在中心城区等区域的布点同样可以形成一个中心或中心区，那就说明这两个城市中心之间也存在着“连锁”的效应。也就是说，连锁企业网络嵌套在城市中心网络之内。

6.2.2 数据获取与连线密度

为了寻找这一与外围城市中心存在“连锁”效应的区域，首先筛选涉及多个类型、具有一定影响力的连锁企业。这些企业在整个大都市区中的数量不多，相较那些数量较多的企业具有更突出的“中心性”。共选择城市综合体、商城、酒店、餐饮与电器卖场五大类连锁企业中的 13 个连锁品牌企业（表 6-3），其中商城作为主体，酒店仅选择三星级以上品牌，餐饮选择人均价格较高品牌。将这些连锁企业的布点在地图上进行点位确认，并将每一个连锁企业的点位之间通过 ArcGIS 连成网络（图 6-4）。

连锁企业选择名称与数量　　表 6–3

类型		名称	数量
城市综合体		万达广场	4
		绿地中央广场	7
商城		国泰百货	6
		蓝岛大厦	2
		贵友大厦	4
		华联购物中心	11
		阳光新生活广场	2
酒店	五星级	希尔顿酒店	4
	四星级	丽枫酒店	7
	三星级	山水时尚酒店	8
餐饮		西堤厚牛排	9
		山之川创作料理	7
电器卖场		国美电器	22

注：表中数据根据统计所得。

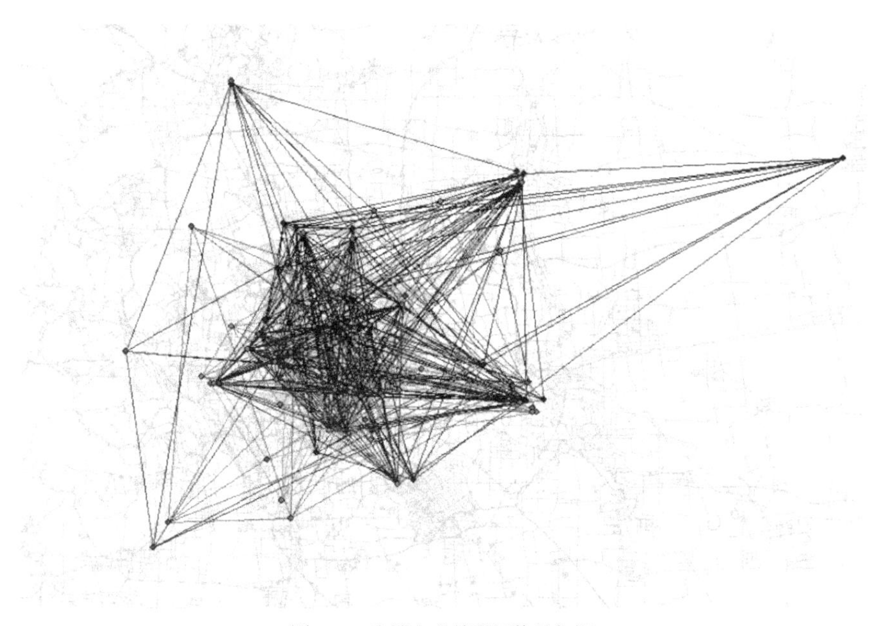

图 6–4　连锁企业关联网络叠加图
（图片来源：作者自绘）

对这些连锁品牌关联的网络叠加进行观察，可以发现关联网络联系线叠加后存在密度的高低之分。高密度联系线区域主要分布在中心城区，这说明所选择的连锁企业在中心城区有较多分布，规避了所选连锁企业只是在外围城市分布的弊端。次高密度联系线区域主要位于通州与顺义城区，这又进一步说明外围城市中心与中心城区城市中心之间具备潜在的可比性。大兴、房山等其他外围城市的关联网络线密度较低，说明与中心城区联系的外围城市之间存在差别。整体上，可以认为大都市区因为企业关联网络的存在而产生了联系。

6.2.3 核密度分析界定与高级关联网络的格局

进一步分析通州城市中心通过连锁企业关联网络与中心城区的联系区域是否同样具有城市中心的特征。使用 ArcGIS 软件，按照共分 5 级、搜索半径 2000 米的方式进行连锁企业布点核密度分析（图 6–5）。根据该图显示，

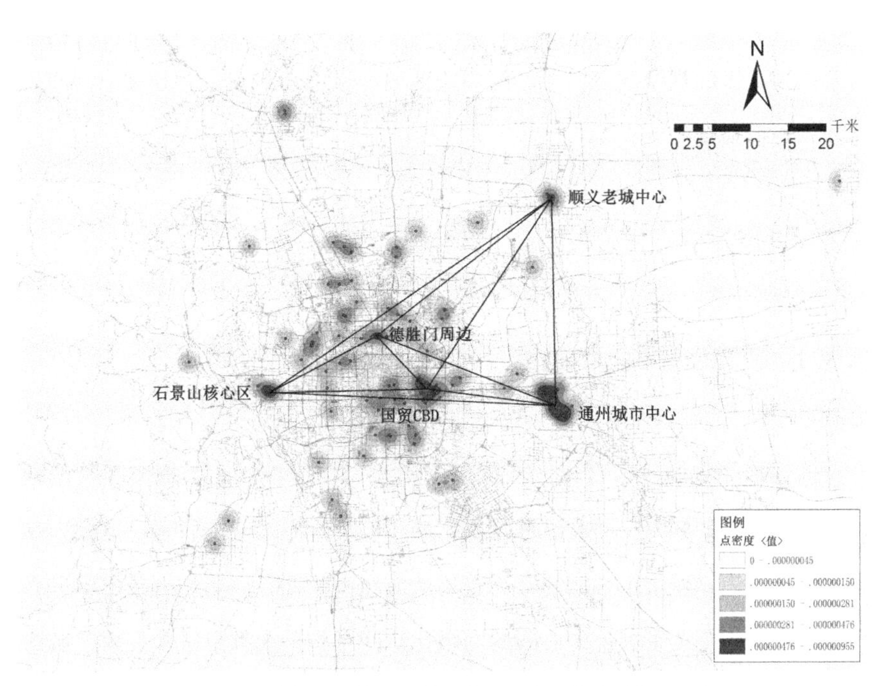

图 6–5 连锁企业布点的核密度分析与高级关联网络格局图
（图片来源：作者自绘）

共有四处区域与通州城市中心区共同位于最高级核密度区。四处区域分别位于国贸 CBD、石景山核心区、德胜门周边及顺义老县城中心。其中，国贸 CBD 中总部办公机构林立，是北京乃至整个京津冀地区高端服务业的聚集地；石景山核心区原本位于城市边缘，所以具有通州城市中心“前身”的特性；德胜门位于北三环附近，周边区域拥有新街口购物中心、新华百货等一般性商城，属于中心城区多中心与商业结构扁平化路径后的城市中心；顺义老县城与通州城区一样，也属于大都市区外围城市，其城市中心是最具有可比性、距离通州最近的外围城市中心。由此看出，这四处区域中都属于城市多中心背景下的城市中心，通州城市中心与其他城市中心存在关联的假设是成立的。

将这四个城市中心连同通州城市中心一起采用关联网络形式予以表达，可以发现连锁企业所形成的高等级关联网络格局。在整体格局中，通州城市中心径直向西、向北关联，经石景山核心区与顺义老县城中心关联后形成一个三角形的关联网络格局。德胜门周边区域城市中心的居中存在，让网络重心向中心城区一侧严重偏移。按照核密度区域范围的规模，国贸 CBD 是通州城市中心以外的四个城市中心中最大的，也是距离通州城市中心最近的，石景山核心区的规模次之，德胜门周边区域城市中心和顺义老县城中心规模相当，数值最低。

6.3 通州城市中心参与的都市区城市中心网络

6.3.1 研究思路与模型建构

前述成果说明，大都市区外围城市中心与中心城区、大都市区其他地区都具有广泛的联系，而且这种联系指向了城市中心之间的联系。这样，在大都市区区内，城市中心之间存在着复杂的经济、社会、文化、技术等一系列交往联系，塑造了城市中心间的网络化空间结构。大都市区在发育，城市中心区由依从其所在城市、城区的等级而定位变为了面向速度更快、范围更大的区域而开放，位序关系变化进一步带来交互、多边与网络式发展。信息社会背景下，信息因素自然地需要纳入城市网络的研究中，衡量城市中心间的网络化联系程度也可以就此着手。某一城市中心区在虚拟网络中的被关注度，间接地反映了它的被接受程度和辐射能力。

百度搜索引擎中，在高级搜索中同时填写“包含以下全部的关键词”与“包含以下的完整关键词”两项内容，搜索出的“所有网页和文件”数量即可表达前者相关网页中同时包含后者的数目。也就是说，假设有两个关键词“A”和“B”，在“包含以下全部的关键词”空格中填入A、在“包含以下的完整关键词”空格中填入B，可得到包含“A”的所有网页中也包含“B”的数量；反之，则可以得出包含“B”的所有网页中也包含“A”的数量。这两类网页数量共同显示了二者之间在“线上”的相互紧密程度。将“A”和“B”替换为大都市区中的不同城市中心区名称，则可以利用这些搜索数据反映出各个城市中心之间的关联关系。根据这一思路，进行网络关注度的城市中心间相互作用的模型构建。结合网络搜索中的这种包含与被包含关系，构建“我中有你”与“你中有我”的“分量型”相互作用模型，即城市中心被关注指数。该模型区别于万有引力定律基础上的城市间引力模型关注自身人口规模的“以我为主”的特点。该公式为：

$$R_a = \frac{A}{\sum_{i=1}^{n} i/n} \tag{6-1}$$

式中：R_a 为 a 中心被某中心的搜索量占 a 中心平均被搜索量的比重；A 为 a 中心被某中心的搜索量；n 为其他中心数量。

基于这一相互作用的计算矩阵，可以进一步构建大都市区城市中心网络的模型。该模型主要包括以下方面：

6.3.1.1 网络密度

网络密度是为了测度复杂社会网络结构的，它可以描述各主体在网络中的总体性相互关联特征。大都市区城市中心网络密度越大，各个城市中心之间的联系便越紧密，城市中心区之间的协作能力就越强；反之则越弱。某一节点的是否参与，会对网络密度产生影响。

6.3.1.2 节点中心性

节点的中心性是用于测度复杂社会网络中节点中心化程度的，常用到的指标有点度中心度和权力影响度（也称特征向量中心度）。点度中心度是指某节点的与其直接发生联系的其他节点点数；权力影响度的内涵在于一个节点的中心性取决于其临近节点的中心性。在都市区城市中心网络中，某城市中心的点度中心度是指与该城市中心直接发生联系的其他城市中心点数，某城市中心的权力影响度反映该城市中心是否与高中心性的城市中心产生了联系。这两个值越高，该城市中心的地位越高。

6.3.1.3 结构洞

结构洞分析是用于考察复杂社会网络中节点控制资源流动的能力，涉及的主要指标有：第一，有效规模率，代表从一个节点出发的网络重复程度。该值越大，意味着该网络的重复性越小，存在结构洞的可能性越大，其在网络中个体行动时越不会受到限制。第二，限制度，表示某个节点在网络中进行个体行动时所受限制程度的大小。该值越大，表明该节点受到的限制越强。第三，等级度，代表围绕某个节点开展限制性的程度。该值越高，说明该节点所处的等级越低。

6.3.1.4 凝聚子群

凝聚子群是为了研究网络的节点间是否具有较强、紧密、经常、积极与直接积极的关系，并因为这种关系而形成一种派系状态的子群结构。在城市中心网络的不同凝聚子群中，意味着构成这些子群城市中心间有着更密切的相关性。

6.3.1.5 节点关联方向

网络中的节点具有方向性，这种方向性代表了其与其他节点的关联关系的程度。在这里，节点关联方向代表了城市中心节点关注其他城市中心与被其他节点所关注的区别。其计算公式为：

$$Pa=(DOa-DIa)/(DOa+DIa) \quad (6\text{-}2)$$

式中，*Pa* 为城市中心 *a* 的关联方向指数。*DOa* 为城市中心 *a* 的点出度，其等于城市中心 *a* 包含其他城市中心的搜索量总和。*DIa* 为城市中心 *a* 的点入度，其等于城市中心 *a* 被其他城市中心所包含的搜索量总和。*Pa* 趋向 0，表示城市中心 *a* 的点出度和点入度基本相等，即城市中心 *a* 包含其他城市中心的搜索量总和与城市中心 *a* 被其他城市中心所包含的搜索量总和基本相等；*Pa* 趋向 1，表示城市中心 *a* 的点出度显著大于其点入度，意味着城市中心 *a* 对其他城市中心的关注远大于其他城市中心对 *a* 的关注；*Pa* 趋向 -1，表示区域 *a* 的点入度显著大于其点出度，意味着城市中心 *a* 对其他城市中心的关注远小于其他城市中心对 *a* 的关注。

6.3.2 数据获取与计算处理

于 2017 年 2 月 15 日进行搜索量的数据搜集。将《北京商圈分布图（2014）》[1] 中的第一级、第二级共计 28 个商圈视为北京中心城区的各个城市中心，根据口语化原则对其进行适当修正。选择“通州万达”作为通州区城市中心的代表，确定共计 29 个搜索关键词。依次将它们中的每一个输入百度搜索中“包含以下全部的关键词”，在此同时将除它以外的 28 个输入“包含以下的完整关键词”，记录每次的全部数据并制作相互搜索量的矩阵表格。为了使城市中心间网络的情况有所对比，还选择了北京大都市区各行政区划间的网络关注情况作为参照。随后，根据公式 6-1 进行上述两大类相互关注指数的计算并形成矩阵（表 6-4、表 6-5）。应用 ArcGIS 对城市中心的数量矩阵进行可视化表达（图 6-6），利用 UCINET 软件进行网络参数的计算。

---

[1] 来源于百度文库：http：//wenku.baidu.com/link?url=eIvSZjwV-9ioeiCJ0U83JZm9CKm8G0zetOOzVyqShGK-6Dcb9GZzhVfZzlaCEThPZzkHz7hpDkB4CZcPRfXKgPtGm5AuhGq-kOkywoovzsd_。

6.3.3 作为节点的通州城市中心区

在图示中，节点越大表明该节点的中心性越大，节点越小则代表中心性小。节点与节点间的线越粗，则表明节点与节点之间的联系越强；反之则越弱。通过该结构图，可以较为直观地判断出各城市中心间的联结强度、辐射方向以及协作程度等。

计算北京大都市区城市中心网络的密度为0.9665，这说明北京都市区城市中心网络的节点之间的联系非常密切，接近于一种可能有的关联几乎全部发生的状态。采取同样的方法计算去除通州万达以后的北京都市区城市中心的网络密度为0.9719，说明通州万达的参与降低了北京都市区城市中心网络的相互关联性，但是这种影响是微乎其微的。用同一种思路与方法对北京大都市区内行政区划关键词进行数据搜索与处理，经计算得出以行政区划关键词作为相互关注表征的网络密度为0.9387。由此看出，北京大都市区城市中心的网络密度强于北京大都市区行政区划间的网络密度，进一步佐证了城市中心网络的存在。

对各节点进行节点中心性中的点度中心度和权力影响度分析，发现通州万达表征的城市中心位于全部29个城市中心的18名与21名（表6-6）。处于中后水平的情况说明通州城市中心已经完全融入这个城市中心为节点的网络，但并不具备与其他城市中心间的较高联系性，也没有与具备较高联系性的城市中心发生十分紧密的联系。对各节点进行结构洞中的有效规模、限制度与等级度计算，其中有效规模方面通州万达位居全部城市中心的第12名，表明通州城市中心存在结构洞的可能性位居中上水平，也就是说其具备影响其他城市中心的一定影响力，而且这种影响力相较其节点中心性带来的绝对地位来讲有所提升；排名均上升至第4的限制度与等级度计算结果则表明通州城市中心在整个大都市区城市中心网络中发挥一定影响力的同时，更会受到这个网络带给其的严重限制。这意味着大都市区外围城市中心的职能存在具备控制部分网络资源流动的能力，但其自身更依赖于中心城区各个城市中心对它的左右。

百度搜索中北京各商圈间的相互关注系数矩阵　表 6–4

相互关系	通州万达	青年路	朝阳公园	望京	燕莎	国贸CBD	双井	工体	三元桥	朝外	建国门	东直门	立水桥	方庄	崇文门	王府井	安定门	亚奥	前门	积水潭	西单	木樨园	金融街	玉泉营	西直门	中关村	五棵松	西山	苹果园
通州万达	0.00	0.09	0.49	1.02	0.66	0.71	0.61	0.45	0.33	0.32	0.48	0.45	0.29	0.84	0.88	0.46	0.05	5.14	1.01	0.30	0.79	0.39	1.12	0.14	0.76	0.93	0.41	1.33	1.59
青年路	0.02	0.00	0.05	0.46	0.04	0.36	0.04	0.03	0.04	0.03	0.04	0.03	0.03	0.03	0.03	0.41	0.05	0.03	0.23	0.03	0.03	0.03	0.37	0.06	0.03	0.49	0.03	0.04	0.04
朝阳公园	0.49	0.22	0.00	0.76	0.20	0.82	1.06	1.16	1.07	0.97	1.08	0.92	1.18	0.97	1.03	0.89	1.93	0.33	0.77	1.22	0.94	1.38	0.81	0.70	0.89	0.77	1.06	0.88	0.15
望京	2.27	4.47	1.63	0.00	1.61	1.97	1.53	1.20	1.28	2.01	1.22	1.49	1.35	1.27	1.22	1.21	2.08	5.49	1.70	1.20	1.14	1.46	1.87	0.73	1.46	1.82	1.21	2.14	2.31
燕莎	0.62	1.88	1.49	0.08	0.00	0.78	1.01	1.11	1.03	1.01	1.06	0.87	1.15	0.90	0.98	0.88	0.23	0.33	0.75	1.17	0.92	1.38	0.80	0.70	0.84	0.76	1.02	0.84	1.19
国贸 CBD	1.33	0.14	0.18	1.57	0.19	0.00	0.11	0.13	0.13	0.12	0.12	0.12	0.13	0.11	0.12	0.73	0.21	0.41	1.43	0.14	0.11	0.16	0.16	0.69	0.13	0.74	0.12	0.16	0.20
双井	0.86	0.26	1.47	0.96	1.50	0.86	0.00	1.11	1.10	1.23	1.06	0.98	1.13	0.97	1.02	0.86	1.84	0.30	0.79	1.13	0.92	1.35	0.77	0.69	0.95	0.89	1.07	0.89	0.16
工体	0.59	0.16	0.18	0.70	0.19	0.77	1.04	0.00	1.09	1.04	1.06	0.91	1.13	0.97	1.04	0.88	0.23	0.30	0.76	1.15	0.93	0.16	0.80	0.69	0.87	0.77	1.05	0.84	0.14
三元桥	0.48	2.61	1.64	0.82	1.74	0.92	1.25	1.33	0.00	1.14	1.27	1.19	1.36	1.17	1.21	1.04	0.50	0.32	0.89	1.37	1.11	1.55	0.93	1.49	1.06	0.95	1.26	0.98	1.46
朝外	0.02	0.17	1.52	1.44	0.14	0.82	1.12	1.26	1.13	0.00	1.13	0.94	0.25	1.01	0.09	0.92	0.42	0.05	0.79	0.11	0.97	0.31	0.83	0.54	0.92	0.86	1.08	0.08	0.12
建国门	0.75	0.24	0.19	0.85	0.21	0.90	1.17	1.29	1.24	1.11	0.00	1.00	1.32	1.13	1.32	1.10	0.26	0.29	0.94	1.32	1.13	1.56	0.99	1.45	1.08	0.95	1.22	0.95	0.16
东直门	0.85	0.24	1.70	1.14	1.74	1.14	1.32	1.33	1.41	1.12	1.52	0.00	1.38	1.26	1.37	1.47	2.47	0.30	1.32	1.37	1.24	1.60	1.25	1.49	0.16	1.16	1.27	1.24	1.42
立水桥	0.42	1.84	1.66	0.86	1.74	0.85	1.15	1.23	1.22	1.06	1.21	1.04	0.00	1.11	1.18	0.99	2.24	4.03	0.84	1.40	1.05	1.58	0.91	1.45	1.02	0.88	1.21	0.93	1.45
方庄	1.32	2.92	1.67	0.99	1.69	0.92	1.22	1.30	1.29	1.20	1.27	1.17	1.37	0.00	1.31	1.11	0.25	0.41	1.00	1.30	1.23	1.64	1.02	1.55	1.18	1.03	1.29	1.09	1.62
崇文门	1.42	2.27	1.64	0.71	1.69	0.90	1.23	1.28	1.12	1.07	1.33	1.17	1.34	1.21	0.00	1.13	0.26	0.39	1.09	1.32	1.22	1.57	0.99	0.73	1.19	0.97	1.23	1.01	1.54
王府井	0.91	0.25	1.70	1.06	1.81	0.95	1.21	1.29	1.26	1.11	1.37	1.51	1.34	1.22	1.35	0.00	2.27	0.29	0.13	1.32	0.15	1.60	0.98	6.54	1.50	1.07	1.32	0.99	1.58
安定门	0.45	0.17	0.18	0.80	0.19	0.81	1.12	1.24	1.17	1.08	1.28	1.12	0.15	1.07	1.19	1.00	0.00	0.28	0.89	0.15	1.04	0.18	0.88	0.72	1.03	0.90	1.16	0.11	1.39
亚奥	0.09	0.10	0.08	0.59	0.09	0.70	0.05	0.06	0.05	0.26	0.05	0.04	0.05	0.91	0.06	0.58	0.09	0.00	0.73	0.05	0.87	0.06	0.06	0.28	0.06	0.76	0.04	0.06	0.08
前门	2.18	0.17	0.37	1.63	1.69	1.70	1.18	1.25	1.20	1.28	1.30	1.50	1.30	1.23	1.44	1.41	2.23	0.39	0.00	1.34	1.32	1.60	1.62	0.73	1.56	1.44	1.23	1.98	0.22
积水潭	0.36	1.38	1.44	0.71	1.65	0.80	0.96	1.05	1.14	1.02	1.13	0.97	1.30	0.98	1.08	0.91	0.23	0.24	0.82	0.00	0.97	1.54	0.85	0.67	0.97	0.73	1.10	0.92	1.33
西单	1.29	0.22	1.49	0.84	1.78	0.94	1.21	1.30	1.27	1.18	1.33	1.21	1.35	1.28	1.42	1.56	2.24	0.40	1.13	1.34	0.00	1.60	1.09	0.75	1.65	1.13	1.30	1.01	2.41
木樨园	0.44	0.11	0.17	0.72	1.63	0.80	1.07	0.13	1.08	1.03	0.13	0.94	1.22	1.04	1.08	0.92	0.23	0.25	0.83	1.29	0.97	0.00	0.83	0.77	0.92	0.82	1.11	0.90	0.15
金融街	2.39	0.24	1.61	1.68	1.71	1.66	1.11	1.22	1.17	1.06	1.32	1.33	1.28	1.17	1.23	1.02	0.24	0.41	1.52	1.29	1.20	0.17	0.00	0.74	1.44	1.48	1.19	2.07	2.28

续表

相互关系	通州万达	青年路	朝阳公园	望京	燕莎	国贸CBD	双井	工体	三元桥	朝外	建国门	东直门	立水桥	方庄	崇文门	王府井	安定门	亚奥	前门	积水潭	西单	木樨园	金融街	玉泉营	西直门	中关村	五棵松	西山	苹果园
玉泉营	0.34	0.06	0.17	0.71	0.18	0.76	0.12	0.13	0.12	1.01	0.12	0.91	0.13	0.12	0.12	0.89	2.21	0.27	0.79	0.13	0.94	0.18	0.84	0.00	0.90	0.79	0.12	0.92	0.15
西直门	1.46	2.74	1.68	1.25	1.67	1.25	1.30	1.27	1.28	1.11	1.33	1.67	1.36	1.29	1.40	1.49	2.32	0.40	1.39	1.41	1.72	1.58	1.37	0.75	0.00	1.23	1.28	1.41	2.42
中关村	1.95	4.41	1.59	1.70	1.69	0.97	1.33	1.22	1.22	1.10	1.28	1.28	1.29	1.23	1.25	1.16	2.19	5.89	1.40	1.28	1.29	1.55	1.54	0.74	1.35	0.00	1.33	1.58	2.04
五棵松	0.60	0.17	1.64	0.85	0.19	0.85	1.20	1.25	1.24	1.07	1.23	1.06	1.33	1.15	1.20	1.07	0.24	0.26	0.89	1.30	1.08	0.17	0.93	0.71	1.07	1.00	0.00	0.97	0.15
西山	2.03	0.31	0.18	1.76	0.19	1.67	1.17	1.18	1.13	1.22	1.12	1.20	1.20	1.15	1.14	0.94	0.23	0.42	1.69	1.27	1.01	1.49	1.89	0.74	1.36	1.39	1.13	0.00	0.22
苹果园	2.07	0.17	0.18	1.35	0.19	1.41	1.11	1.18	1.20	1.06	1.17	0.99	1.33	1.21	1.23	0.94	0.24	0.39	1.47	1.32	1.72	0.18	1.49	0.73	1.66	1.28	1.17	1.67	0.00

百度搜索中北京各行政区划间的相互关注系数矩阵 表 6-5

相互关系	通州	北京东城	北京西城	海淀	朝阳	丰台	门头沟	石景山	房山	顺义	昌平	大兴	怀柔	平谷	延庆	密云
通州	0.00	1.3	1.31	1.35	0.19	1.62	1.05	1.07	1.56	1.39	1.48	0.18	1.48	1.07	1.7	1.66
北京东城	1.03	0.00	0.13	1.47	2.12	1.23	0.78	0.92	1.01	0.89	1.14	1.62	1.2	0.85	1.3	1.29
北京西城	1.03	0.14	0.00	1.48	0.16	1.29	0.92	1.02	1.19	1.05	1.36	1.77	1.3	1	0.17	0.17
海淀	1.22	1.39	1.43	0.00	1.75	0.21	0.97	1.1	1.28	1.19	0.21	2.09	1.44	1.04	1.46	1.48
朝阳	0.18	1.48	1.42	1.94	0.00	0.23	0.89	1.06	1.31	1.15	0.22	2.11	1.3	1.02	1.46	1.47
丰台	1.4	1.37	1.36	0.2	1.51	0.00	1	0.17	1.47	1.24	1.64	0.31	1.44	1.12	1.55	1.64
门头沟	0.89	1.27	1.25	0.91	0.75	0.98	0.00	1.04	0.13	0.11	1.16	0.17	0.16	1.03	0.19	0.17
石景山	0.83	1.3	1.31	0.15	0.82	1.02	0.99	0.00	0.96	0.89	1.08	1.42	1.55	1.1	1.57	0.18
房山	1.36	1.32	1.32	1.24	1.15	1.49	1.31	1.07	0.00	1.4	1.66	0.28	1.58	1.22	0.19	0.19
顺义	1.19	1.26	1.28	1.19	1.05	1.3	1.04	1.03	1.45	0.00	0.19	0.26	0.22	1.2	1.58	1.78
昌平	1.16	1.31	1.29	0.19	1.13	1.49	1.03	1.08	0.18	1.29	0.00	0.28	0.22	1.22	0.19	1.72
大兴	1.24	1.29	1.27	1.31	1.18	0.2	1	1.02	1.18	1.25	0.2	0.00	1.4	1.12	1.54	1.51
怀柔	0.85	0.11	0.11	0.91	0.74	0.94	1.08	1.12	1.03	0.14	1.08	1.43	0.00	1.03	0.12	0.18
平谷	0.93	0.11	0.1	0.99	0.87	1.11	0.98	1.2	1.19	1.14	1.33	0.23	0.18	0.00	0.18	0.19
延庆	0.73	1.24	1.25	0.76	0.69	0.85	0.98	0.94	0.88	0.82	0.97	1.28	1.24	0.88	0.00	1.28
密云	0.92	0.11	0.11	0.91	0.82	1.06	1.04	1.16	1.11	1.06	1.22	1.56	0.18	0.12	1.51	0.00

图 6-6 北京都市城市中心网络示意
（图片来源：作者自绘）

各城市中心区的节点中心性与结构洞分析 表 6-6

序号	名称		节点中心性		结构洞		
			点度中心度	权力影响度	有效规模	限制度	等级度
1	通州万达	数值	33.46	22.04	12.809	0.159	0.086
		高到低位次	18	21	12	4	4
2	青年路		28.58	3.10	10.761	0.193	0.197
3	朝阳公园		35.51	24.65	12.493	0.148	0.040
4	望京		50.34	50.34	13.979	0.139	0.022
5	燕莎		37.64	25.78	12.596	0.148	0.039
6	国贸 CBD		28.61	9.89	12.344	0.152	0.056
7	双井		32.29	27.12	12.746	0.145	0.027
8	工体		29.82	20.44	12.505	0.148	0.035
9	三元桥		36.08	33.04	13.220	0.143	0.021
10	朝外		29.66	19.04	12.277	0.149	0.040
11	建国门		32.90	26.12	12.653	0.146	0.030
12	东直门		37.56	35.28	12.867	0.144	0.025
13	立水桥		40.67	36.55	13.360	0.141	0.017
14	方庄		37.96	35.36	13.345	0.141	0.016
15	崇文门		36.48	33.02	13.101	0.143	0.023

续表

序号	名称	节点中心性		结构洞		
		点度中心度	权力影响度	有效规模	限制度	等级度
16	王府井	41.50	38.08	13.173	0.144	0.040
17	安定门	37.11	21.75	12.142	0.155	0.066
18	亚奥	30.19	6.90	11.422	0.211	0.269
19	前门	38.67	36.49	13.040	0.143	0.026
20	积水潭	32.77	27.25	12.760	0.147	0.033
21	西单	37.24	35.72	12.908	0.144	0.025
22	木樨园	32.19	21.58	12.169	0.152	0.050
23	金融街	37.11	35.23	12.688	0.146	0.035
24	玉泉营	30.93	14.13	12.004	0.166	0.129
25	西直门	41.56	40.83	13.093	0.142	0.022
26	中关村	47.06	46.85	13.828	0.140	0.026
27	五棵松	31.12	24.87	12.537	0.147	0.033
28	西山	34.59	30.43	12.427	0.148	0.043
29	苹果园	38.40	30.11	12.098	0.152	0.058

6.3.4 城市中心网络的凝聚子群

从凝聚子群来看，通州城市中心具有一定的独立性，它并不属于最低层次子群中的任何一个。其他城市中心中，第一个子群由中关村、立水桥、望京构成；第二个子群由三元桥、方庄、崇文门、积水潭与西直门构成；第三个子群由王府井、东直门、西单构成；第四个子群由安定门、玉泉营、青年路与燕莎构成；第五个子群由工体、朝阳公园、建国门、双井、朝外、五棵松、木樨园构成；第六个子群由国贸 CBD 和亚奥构成；第七个子群则由西山、苹果园、前门、金融街构成（图 6–7）。

对这些凝聚子群进行剖析，发现各个子群中的城市中心之间受到地理空间的重要影响。一方面，各个子群内部体现出了地理临近作用的特点。比如：第二个子群中的积水潭和西直门，第三个子群中的王府井和西单，第五个子群中的工体、朝阳公园、朝外、建国门与双井都处于中心城区东部，第

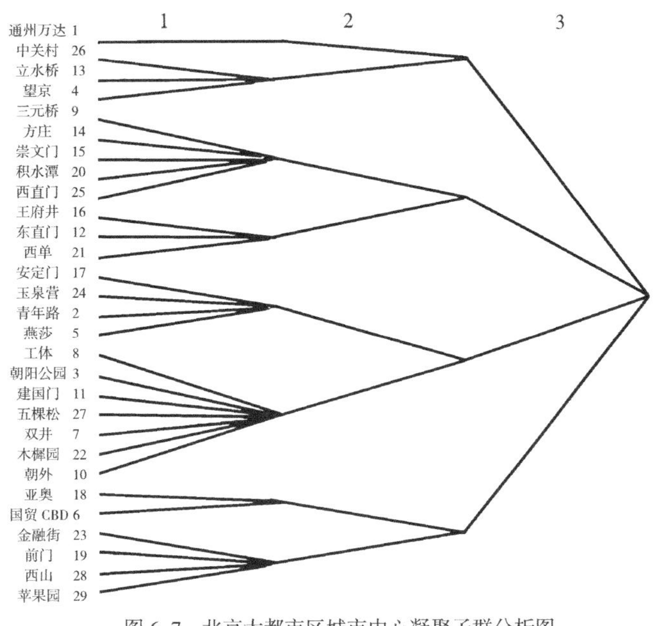

图 6-7 北京大都市区城市中心凝聚子群分析图
（图片来源：利用 UCINET 绘制）

七个子群中的前门和金融街分别临近。而其他子群中，有些城市中心虽然地理距离并不近，但却都位于某一个大致方位。比如第一个子群中的中关村、立水桥和望京均处于中心城区北部，第七个子群中的西山和苹果园都处于中心城区西部。后一种情况，隶属于圈层化的地理特征。比如：第四个子群中没有显著受到地理临近作用影响的青年路和玉泉营，第五个子群中没有显著受到地理临近作用影响的五棵松和木樨园，它们都属于较外圈层。当然，还有一类凝聚子群并没有上述的显著空间特征，而是基于其他特征。以第六个子群中的国贸 CBD 和亚奥为例，作为生产性服务业龙头的国贸 CBD 是企业总部的聚集地，而亚奥也在赛事经济后向生产性服务业的会展等职能转型，而二者又都具有一定的外向型经济特点。所以，根据网络搜索而得来的北京城市中心网络并没有跳出现实的关联，这种关联包括地理方面的，也包括职能方面的，地理方面的作用更为重要。独立于最低层次凝聚子群的通州城市中心，是这个网络中最外围的节点，与它共同构成上级凝聚子群的中关村、立水桥与望京同样位于这个网络的外围。而从职能特性看，中关村具有专业服务职能，望京是具有代表性的新城中心，立水桥则是外围地区昌平对接中心城区的桥头堡——这与通州建成区有相似的地方。

6.3.5 节点的关联方向

根据公式 6-2 对北京市各城市中心的关联方向进行计算并排序（表 6-7）。发现通州万达已经跻身点入度高于点出度之列，它的关联方向为负值意味着大都市区其他城市中心对它的关注高于其对其他城市中心的关注。但是由于绝对值较低，表明这种被关注程度仍然较低。进入此列的被关注度最高的城市中心是国贸 CBD，其他主要的依次有朝外、工体、王府井与望京等。从这些入围城市中心名单看，它们更接近传统的在城市中作为“响当当”的城市中心，也意味着更能发挥主观能动性。与通州数值相同的有西山，处于中心城区外围，与通州城市中心有一定的地理相似性。关联方向指数为正值最大的是玉泉营，其他依次为亚奥、安定门与苹果园等。它们在大都市区城市中心网络中最为关注其他城市中心，有一定的被动性。

各城市中心区的点出度、点入度与关联方向指数　　　　表 6-7

城市中心名称	点出度	点入度	关联方向指数
国贸 CBD	2228.71	8153	–0.571
朝外	4460.29	6209.15	–0.164
工体	4656.22	5696.72	–0.101
青年路	835.81	1008.53	–0.094
王府井	6869.7	7556	–0.048
五棵松	5609.1	6144.3	–0.046
双井	5715.98	6101.68	–0.033
望京	9155.8	9747.2	–0.031
建国门	5729	6096.38	–0.031
前门	7988.2	8423.4	–0.027
通州万达	4266.68	4385.8	–0.014
西山	6989.7	7191.1	–0.014
东直门	7308	7391.17	–0.006
金融街	7807.5	7881.4	–0.005
中关村	8271.2	8186	0.005
方庄	6949.1	6868.66	0.006
西单	7493.5	7185.5	0.021
三元桥	6530	6245.15	0.022

续表

城市中心名称	点出度	点入度	关联方向指数
崇文门	6703.3	6348.79	0.027
积水潭	5678.7	5195.04	0.044
西直门	8263.2	7500.47	0.048
木樨园	4842.8	4348.4	0.054
立水桥	6603.6	5597.28	0.082
朝阳公园	5323.32	4408.72	0.094
燕莎	5212	4098.1	0.120
苹果园	7010.6	5134.68	0.154
安定门	5000.8	3345.12	0.198
亚奥	1748.71	1056.16	0.247
玉泉营	3275	1022.62	0.524

6.4 小结

本章主要研究大都市区外围城市中心与中心城区的联系、与中心城区城市中心的联系以及在此基础上形成的大都市区城市中心网络。

第一，从与中心城区的联系看。联系应该是多元与双向的。人群的移动属于显性流的移动，而企业组织之间的关联多属于隐性流的联系，因此作出人群联系会更加显现地理临近作用的假设。通过社会调查获取两类联系的数据，确定通州两个轨道站点进出站人群的目的地与始发地站点的位置和人数，确定通州办公企业关联机构在中心城区的位置，并采用标准差特征椭圆方法对布点进行分析。结果显示：办公企业关联机构的椭圆覆盖面积最大，验证了机构间空间联系所受的地理影响要小于人在物质空间中流动所受的影响。多个椭圆存在大量叠合区域，表明外围城市中心与中心城区的联系是双向的。此外，相比出站人群到达通州中心城区所从事的第三产业，进站人群前往中心城区所从事的第三产业更为高端。都市区内部，关联机构地理临近作用显著，与都市区以外完全不同。

第二，从与中心城区城市中心的联系看。选择通州城市中心具有的城市综合体、商城、酒店、餐饮与电器卖场共 13 个连锁品牌企业，在北京都市区地图上进行每家店铺的点位确认并将每一个点位之间连成网络。观察网络叠加图可以发现：高密度联系线区域主要分布在中心城区，规避了所选连锁企业只是在外围城市分布的弊端。虽然房山与大兴等其他外围城市间网络线密度较低，但通州与顺义城区涉及的区域密度显著提高，说明外围城市中心与中心城区城市中心之间具备一定可比性。对所有布点进行核密度分析，共有国贸 CBD、石景山核心区、德胜门周边及顺义老县城中心四处区域与其处于同一等级，证明通州城市中心与其他城市中心存在关联的假设是成立的。将五城市中心采用关联网络形式予以表达，可以发现该高等级关联网络格局是通州城市中心径直向西、向北关联后形成的一个三角形格局。

第三，从外围城市中心参与下的大都市区城市中心网络看。从城市中心区在虚拟网络中的关注与被关注着手，利用百度搜索引擎中的关联语义功能，构建某一城市中心在网络中的被关注指数公式，并在此基础上形成大都市区城市中心网络模型。本书进行了包括通州城市中心在内的共 29 个城市中心关键词相互包含数据的搜索，利用前述公式并形成矩阵，并利用该矩阵验证了网络在大都市区城市中心之间的存在。研究结果表明：①通州城市中心参与下的北京都市区城市中心网络密度极高，接近于一种所有关联全部发生的状态；去除通州后的网络密度数值上升，但程度微乎其微。②节点中心性中，通州城市中心的点度中心度和权力影响度处于中后水平的情况，说明该中心已经完全融入这个城市中心为节点的网络，但并不具备影响力和控制力。③通州城市中心存在结构洞可能性位居中上水平，相较其节点中心性带来的绝对地位来讲有所提升；限制度与等级度计算结果表明通州城市中心在整个大都市区城市中心网络中发挥一定影响力的同时，更会受到这个网络带给其的严重限制。④从凝聚子群来看，通州城市中心具有一定的独立性，它并不属于最低层次子群中的任何一个。中关村、立水桥与望京等位于中心城区外围、大都市区北部的最低层次凝聚子群，与通州城市中心构成次低子群。根据网络搜索而得来的北京城市中心网络并没有跳出现实的关联，这种关联包括地理方面的，也包括职能方面的，地理方面的作用更为重要。⑤关联方向方面，通州城市中心已经跻身点入度高于点出度之列，意味着大都市区其他城市中心对它的关注高于其对其他城市中心的关注。

7 “以流控形”的规划思路与方法

在前述的理论与实证研究两个方面，“流”的介入最终转变成一个时间问题。这大概是符合流空间理论诞生的本质。既然从“流”的角度认知城市空间时，时间是如此的重要，那么城市规划是否可以从空间视角转向时间视角呢？或者，应该在空间内容以外增加更多的时间元素。通常以“城市规划”加“某某学”来谋求达到城市规划与相关支撑学科的耦合与渗透。在这里，尝试借鉴这种方式，斗胆抛出一个新的概念——城市规划时间学。这个概念本质上是将“流”翻译成时间，继而企图建构一个城市规划领域中的时间体系，并以此作为“针砭”城市及其规划建设之“时弊”的基石。对于时间体系的建立，遵从规划专业学术研究中的一般习惯，将“城市规划”这一概念拆分为“城市”与“规划”两个词组，然后分别与“时间学”搭界。

7.1 城市与时间

城市与时间，是一组既简单又复杂的组合。简单的逻辑在于罗马非一日建成，复杂的逻辑则在于从物理学与哲学角度出发的时空概念组合太过奥妙。时、空都是绝对概念，是存在的基本属性，其中：“时间”内涵是无尽永前、“空间”内涵是无界永在，二者的相互依存关系表达着事物的演化秩序。现实城市的空间和时间是相互关联的而非相互割裂的。可以追问到底是先有了城市的空间还是先有了城市的时间。事实上，“城市”本身是一个“后生”的概念，用它去界定的是地理存在面上的某种空间状态，被界定的这一空间状态在当时是无知无觉的。可以继续追问当时的城市里的一草一木、一砖一瓦到底是空间还是时间。可以肯定的是，这些渺小的城市物件无论渺小到什么程度，它仍将是一处空间。但是，其作为空间的意义可能在某种状态下远远小于其作为时间的意义。当然，这仍然不能说时间与空间融为一体，可能使用空间是第一性、时间是第二性的描述较为合理。这倒也符合所有时间只能由物质的周期运动来测量。不过，不能忽略的是，虽然第一性与第二性的先后顺序似乎存在，但被界定为“城市”时的空间状态却是时间与空间的完全同步。如此，城市时间的构成认识是首要任务。

7.1.1 宏观尺度上的城市年轮

作为树木生长中的符号，年轮既会反映植物自身的生长状况，也会间接反映出当时的生长环境。城市的空间扩展也有年轮的特征，因为大多数城市都是圈层式发展的。城市中，最早的圈层来自于因“市”而兴或者因“城”而兴的生活聚落，市场交易是这个时期的主要职能，防卫城墙是这个时期的空间特征。这个圈层的范围经常作为建城之本，是现代城市的古城区域与核心地段，其中会遍布众多的祠堂等历史遗存。很多城市因势利导般将这个圈层的外围道路视为该城市环线交通的内环或一环，从而成为划分城市时代的印记。这里即使因为种种原因失去了典型的城墙等标志性构件，但却因为护城河等其他空间元素保留下了一种格局。从这个内环或一环开始，城市的空间扩展似乎就有了年轮的起点。在二环内，则是承载了改革开放后城市新时期建设的所有主体功能区域，大厂房、大学校、大医院、大场馆，快速生长的味道暴露无遗。而在此之后，伴随城市社会经济发展进入新的阶段和转型的发生，经济技术开发区与高新技术开发区等各类新区逐步推进，高铁新城与生态新城等各类城区不断涌现，又支撑了一些城市的三环或绕城高速等“年轮”界限。在这个过程中，限于开发时序的不同，部分城市空间在某些时段会呈现出突破式或跨越式的发展特征，但在“摊大饼”的经济学规律假设下，绝大多数城市又会在后一个阶段在其他方向有所补充。可以认为这是一种“陀螺式”的空间特征，高速发展阶段中会有局部与短时的突破，但总体圈层化的方式很难突破。

城市的年轮生长时间并不相对固定，位于发展较快区域的城市通常具有更大或者更多的年轮特征，而位于发展较慢区域的城市长出新一轮的时间则需要更多的时间。城市的年轮生长特征并非一直鲜明，各个圈层内部也有不同程度、不同地点与不同方式的更新。比如，古城区会有遗存保护与商业更新同步，旧城区会有高校迁出与场馆再建。此外，树木的年轮是无负面意义的，而城市的多环快速交通方式则屡被诟病。即使如此，这些年轮还在“不自觉”地诞生，反而充分证明了城市年轮的强大附着能力。

7.1.2 微观尺度上的建筑寿命

在各个年轮中进行更新的是城市中的各种构件，这就牵扯一个相对微观的空间尺度。如果继续从生物世界中寻求答案，被喻为城市细胞的建筑则可以浮出水面。如同细胞一样，建筑是有生命周期的，这通常被通俗地、拟人化地称为建筑寿命。近年来，“建筑全生命周期”[1]一词逐渐被认可与使用，它将建筑涉及的时间问题从多维度放大。考虑到不同建筑材料之间的差别（比如木构建筑与石材建筑）对建筑寿命的影响，这被界定为建筑的“自然寿命周期”。而建筑质量（非建造时间）则决定建筑的“基因寿命周期”。如果把建筑的寿命放置到很多的前因后果之中，就构成了建筑的“环境寿命周期”。比如，在房屋设计与建造本身之外的环节，符合城市规划制度或者扩大为社会认可的建筑寿命会更长，这种寿命是由建筑自身之外的“环境”决定的。

在城市发展的历史长河里，越往后期的或者越接近现时的，建筑质量会愈发上乘，制度符合会愈发规范，建筑的寿命也会全方位延长。考虑到城市年轮的存在，城市总体上会呈现出越往外围的圈层存在的时间越长的特征。因为建筑物没有生命迹象，当然就没有寿命可言，这意味着需要把视角转向真正的生命。

7.1.3 双重尺度中的生命活动

无论是城市这一宏观尺度，还是建筑这一微观尺度，都是一种客观的时空存在。当然，度量它们时间存在的本质是人类行为所对应的时间观念。

[1] 是指建筑从材料与构件生产、规划与设计、建造与运输、运行与维护直到拆除与处理（废弃、再循环和再利用等）的全循环过程。

在人类行为的一瞬时间内，只能做到形成一种铭记于心或转瞬即忘的空间意象或涉及空间的行为决策。在人类行为的一刻时间尺度内，则可以形成短时的应急性生活半径圈和实（步行与车行）虚（通信等各类信息交换）两类空间联系的途径。在人类行为一日的时间尺度内，则是大多数人群来往通勤和少数人群多次通勤的结果。对个体行为来讲，这些通勤极有可能是相对稳定的平常化的空间路径；但对城市空间来讲，所有空间路径的编织结果很有可能是“主流”与“非主流”的复合体。在一年的时间尺度内，四季节气转换所带来的心理感受变化远远高于其他意义。在一世的时间尺度内，随着年龄的成长，从孩提到青壮年、再到中老年，在不同时期人类既会自主选择城市空间的变迁，也会被动耐受城市空间的变迁；既会遵循社会制度形成的约束路径，又会遵循自我意愿诱导的偶然选择。在几世的人类所形成的时间尺度下，则隶属于城市发展历史长河中的一个个片段，城市空间在此时间内可能发生巨变，也可能仅仅是缓慢演进。

从人类的个体角度看，一世之内的生活轨迹或者数年、数十年的时间尺度是感受城市空间变迁的最适宜形式，一日之内的通勤则是在城市空间内感受城市时间推进的最密切形式。进入工业化时代，“钟表”便替代了“日月”作为刻画时间的仪器。人类从过去“日月”主导的粗放型时间观念跨越到时针、分针与秒针先后出现的精确型时间观念中，受社会演进进程中的时间管理范围越发广泛、程度越发深刻的影响，以致与其将现代社会中的人类称为“社会人”，不如说将他们称为“时间人”。到了工业化后期或者我们静待中的休闲时代，人类会在时间高压中进行适当的自我放松，所以会特意增加一些看似可以将时间予以“拉伸”的休闲行为（比方远足旅游）。但即使是在这种特意拉伸时间的行为中，各个环节的高度匹配与无缝衔接却再次成为不折不扣的大众追求。

在当代社会，一日之内的通勤和生活是人类最敏感与亲近的时间感受。在一天之内，人的生活周期是一个相对固定的标段。因为人的精力和体能有限，所以这其中的生活也十分墨守成规。其实，这种时间感受形成的原因在于人在城市空间中的转换。不同身份的城市居民，会有不同的空间转换路径。非住宿学校的学生，家校之间的转换是他们的路径；非家庭办公的从业者，工作地点与住处的转换是他们的路径。对于他们中的大多数人群而言，对转换路径的要求重点在于捷径化。而对于老人，他们的空间转换路径已经不再作为重点，而在同一空间中的时间进程则成为重点。或快或慢的心理感受，相对应的是微观空间中带有不同目的性的活动行为。总之，任何一类人群都与时空产生关联并从中获得感受。由此，如何处理好时间与空间的关系显然不应该被忽略。

7.2 城市的规划与时间

从一开始，规划就忽略了时间。这是因为田园城市理论中，通往改革的和平之路是要在“明日”[1]实现。作为现代城市规划诞生标志性理论，从一开始就把庞大而伟大的计划时间置放到了“明日”这样一个略带夸张与比喻意味的用词中。霍华德当然知道罗马非一日建成，其仍在使用“Tomorrow”（明日）一词则可以视为表明一种愿望实现的迫切心情。恰恰正是这种相对纯粹的心情，忽略了伟大理想的时间节点或者具体实现路径。霍华德那个时期，之所以没有刻意寻求时间支撑，也与当时尚未形成完善的社会制度有关。而在现代社会，各项制度日趋完善，城市规划开始拥有制度所赋予的在一定时间限度内的实践能力。事实上，制度后时代的城市规划也一直在纠结于这个“一定时间限度”到底是多少时间。在国内，有法定序列中的总体规划 20 年与近期建设规划 5 年期限，还有非法定序列中关注更长久的战略规划与关注更灵活的动态规划探讨与实践。然而，这些都只是在讨论城市规划中关于时间内容的冰山一角。

7.2.1 规划的时间（Time of Planning）

规划的时间，是指城市规划作为一种制度所涉及的自身时间。前述规划期限问题就属于这种类型。具体看，这种时间又分为两个方面。

---

[1] 书名为《明日，一条通往改革的和平之路》。

第一，是指规划的作用时间，具体是指城市规划作为一种公共政策所能发挥空间作用的时间。其所设定的规划期限越长，效用时间也会越长。比如，20年期限的城市总体规划与5年期限的近期建设规划相比，前者是后者的4倍。但是，规划作用的实际效果却与作用期限的时间长短没有必然关系。作用时间长的规划很有可能因为不确定性因素和后期其他因素的存在而产生较差的作用效果，作用时间短的规划反而可能因为暂时的执行力很强而产生更好的效果。所以说，规划的作用时间和作用本身会用到两个不同的评估体系。

第二，是指规划的编制时间，具体是指一项城市规划从编制开始到审批结束所需要的时间。因为规划最大的天敌是不确定性，所以编制的时间周期越长，用于根据不确定性而进行随时更新与调整的机会越多；假设不确定性以确定的（规律的）方式出现，编制的时间周期越短，则可能使已经编制完成（审批结束）的规划在未来面临越多的不确定性。如此，从某种视角看，一个永不结束的规划才是最好的规划。当然，这样的规划又会因为编制的时间过长而使得作用的时间过短，极端的情况则是这个规划不再具有作用时间。

7.2.2 规划中的时间（Time in Planning）

从“规划的时间”到“规划中的时间”，借用的措辞是“规划的理论（Theory of Planning）”与“规划中的理论（Theory in Planning）”[190]这一方式。“规划中的时间”则是指“被规划所规划的时间”。城市规划的内核是土地及其附属的空间布局，更确切地说是一种基于土地的空间关系配置。但是，这种空间关系配置却与时间密不可分。甚至可以说，空间关系配置就是时间关系配置。在当前的城市规划中，有一些常见的原则印证了对时间的追求是没有明言的不懈目标。

从宏观尺度上看，居住与工业要适当隔离，是因为希望工业生产所致的污染扩散去经历更长的时间；居住与工业又不能像《雅典宪章》所要求的那样形成机械主义化割裂，因为需要考虑职住通勤的时间。正因为如此，飞地式的工业园区必然会考虑配套的居住及相关服务。而对于城市的居住与服务之间，越是花费长时间去享受的服务越是在城市空间中相对稀少的服务类型，越是不需要长时间就能享受到的服务越是城市空间中众多的服务类型。稀少，意味着空间的极化；众多，则意味着空间的扁平。再说居住与游憩，有一些日常性的漫步、健身等休闲空间与居住职能紧邻，而一些非日常性的度假与旅游等休闲空间则远离居住职能甚至市区。路上花费时间越多，能够提供的后续享受时间也越长；路上花费时间越少，能够提供的后续享受时间也越短。二者呈现出典型的《雅典宪章》中的要求：伴随城市规模的扩大，城市及其区域空间的高效性始终是主要目标。这种高效性在城市及区域尺度的依托就是交通设施。

从微观尺度上看，城市规划与设计同样是处理时间。“曲径通幽处”“庭院深几许”，这样的经典空间需要复杂的营造手法，所呈现出来的是起承转合化的复杂化空间形式。这种形式是在故意将时间拉伸，以营造出用时间享受空间的氛围。与此相对应，是超简化的空间，比如空间视廊或轴线。从空间角度看，这样的空间形式依靠的是对城市节点周边空间的特殊控制；而从时间角度看，这样的空间形式则是让节点之间或节点与视点之间用最快的速度相连。这样看来，似乎可以达到空间即时间的境况。这需要参透一个看似无时间参与的纯空间问题。传统的城市规划并不是完全致力于功能性空间布局，甚至至今的规划教育中艺术、美学仍然作为规划学子的看家本领。一般情况下，美学、艺术对于城市空间来讲是非基本功能的锦上添花，它们的存在与否并不直接影响空间的功能性本质。但是，即便是这种“外围产品”，也仍然具有时间层面的意义。这是因为，在纯粹的空间领域，美学与艺术的产生动力源自于空间形态的变化。而空间形态一旦发生变化，必然会导致人们心理感受中的节奏变化。当主动认知中的节奏出现变化以后，心理感受中的时间变化也就随之出现。当然，这种变化或大或小，甚至可以忽略而不计。

即使是一栋建筑，可能仍然是一种时间关系。当控制性详细规划在对某个地块进行容积率与建筑高度等一系列指标赋值时，确实是一种空间的开发控制，但也仍然不能摆脱时间控制的本质。赋值时的容积率越高，允许开发的建筑面积越大，代表着给其的时间权力越大；反之，赋值时的容积率越低，允许开发的建筑面积越小，代表着给其的时间权力越小。比如，多层住宅小区与高层住宅小区相比，前者对时间的容纳肯定要比后者少，这是因为多层住宅本身的楼层上下时间就与高层显著不同（均配置电梯的情况下）。而且多层住宅小区的居住人口会比高层住宅少，这意味着前者只是容纳了少数人的时间。这样推算，商业用地普遍的比住宅用地的土地出让价格更高，是与前者的开发控制被赋予了容留更多人的时间的权力有关。而容积率更高的商业用地与容积率更低的商业用地相比，土地出让的差价也可以用前者需要配置更多的垂直交通来解释。

7.3 从控制空间到控制时间

7.3.1 控制要素的转变

当前的城市规划中，被控制的要素——空间是作为一个系统出现的。其一，在城镇体系规划层面，被控制的主要空间要素包括建设用地与非建设用地之间的空间关系。其二，在总体规划层面，被控制的主要空间要素是各类建设用地之间的关系以及左右这种关系的空间关系（各类交通空间），这种空间要素的具体依托是不同职能的建筑群体间关系。此外，还包含硬质实体建设空间与山体、水体、绿体等虚体生态空间的关系。其三，在控制性详细规划层面，被控制的主要空间要素是各类建设用地从平面到三维的立体化构建规则。其四，在修建性详细规划层面，被控制的主要空间要素则成为建筑与建筑间的关系以及建筑与其周边环境间的关系。

在传统的视角下，上述所有的关系都是空间关系。但在“流”视角下，这些空间关系又完全可以转换为一种时间关系。时间关系是基于快与慢、先与后、长与短形成的。上文中提到的建筑与用地等空间要素的相互关系恰恰是可以用快慢、先后与长短来界定的。比如，一栋或一群建筑和另一栋或一群建筑之间会有不同的地理距离，这就决定了与它们之间的联系需要或多或少的时间，也体现出快或慢的速度。比如，一宗用地和另一宗类用地之间会在不同的时间开发建设，这就决定了它们在时间轨迹上有了先后的顺序。再比如，一些开发项目和另一些开发项目之间会存在建设施工时间、职能发挥时间（即拆除之前）的长短比较。

因此，一切与时间相关的因素都应该在创新视角下立定。在第一个层面，是直接与时间紧密相关的交通。在任何现实的空间位移过程中，空间的转换必须依赖于某种交通方式，交通方式则决定联系的时间。因此，进行的规划控制需要着重考虑交通方式在城市各个层面的融入。这与目前的城市规划中，道路交通规划仅仅作为一个重要的独立系统是不符的。而且，道路交通规划的重点不仅包括当下所关注的道路线形、路网结构等外在内容，更应注重实际通行能力的作用。在第二个层面，城市规划编制体系是否可以不再以空间层次为划分依据，而是会以时间层次为划分依据。当然，在纯地理环境因素的作用下，仅以时间的长短层次划分大概仍然不能完全逃脱出圈层半径的左右。不过，如果将不同交通方式的实际通行能力考虑在内，就会打破时间链接的圈层化状态。也就是说，同样时间内实际链接的空间绝非平均化，这时候空间形态的美好就不再是唯一准则。

城市空间里，交通是绝对的流动元素支撑。各类基础设施几乎使一切元素都可以流动起来（暂且不讨论速度），但没法运载并使其流动的是现实的物质空间，比如建筑。而促成所有流动的本质动力来自于人。这样看来，如何使最易流动和最不易流动的两者结合在一起，确实是一个难题，也是最大的矛盾。试想，如果建筑可以随意流动，其所承载的职能便可以随意流动。职能随意流动，那就不需要任何规划。这种理想难以实现，那么“以人为本”这一包括城市规划在内很多学科的最高宗旨就需要用其他方式呈现。一刻的及时方便、一日的顺畅移动、一年的良好感受、一世的城市记忆，都需要在城市规划领域中关注。所以，与人相关的所有流动都是关注对象。这其中，流动可以分成直接流动和间接流动，比如人自身的空间位移属于直接流动，而购物销售所产生的物流则属于间接流动。流动还可以按照早中晚的时段进行划分，或者根据衣食住行等生活系统中的组成部分进行划分。当然，这同样牵扯一个“主流”与“非主流”的问题，也就是需要从众多的个人轨迹中归纳出主要流线结合体的特征。

7.3.2 控制手法的演进

对于城市规划来讲，其发挥作用的前提是经过审批等环节转化为政策工具。无论是控制空间还是控制时间，这一使技术成果“显性化”的过程是没有区别的，这不是本书讨论的重点。但是，通过制度使其“显性化”之前的阶段，也就是真正的技术过程却是可以有所改观的。在空间里刻画空间，这是对当前城市规划工作流程的概括。从空间中出发，并落实到空间，既是一种技术路线，又是对学科内核的尊重。而如何在空间里控制时间、甚至在时间里控制空间，则是基于“流”视角所需要的创新思维。

从“规划的时间”角度出发，现有规划编制体系中的总体规划是最具时间感的。但是，这种时间感仅仅体现在的空间的分期当中。在实际工作中，法定的唯一分期——近期，如果不被单独编制，更是常沦落成远期规划的附属。只有在单独编制时，才会在近期建设项目库的“督促”下表现出较强的时间感。如果以时间为主线（图 7–1），年限轨迹要首先成为一种基础。在此基础上，共有两个操作平台：其一是实体导向的平台，即实际建设、实体空间的导向，又可以继续分为项目导向和布局导向，二者分别侧重城市的局部和整体；其二是虚体导向的平台，即社会、经济与环境层面的导向，又可

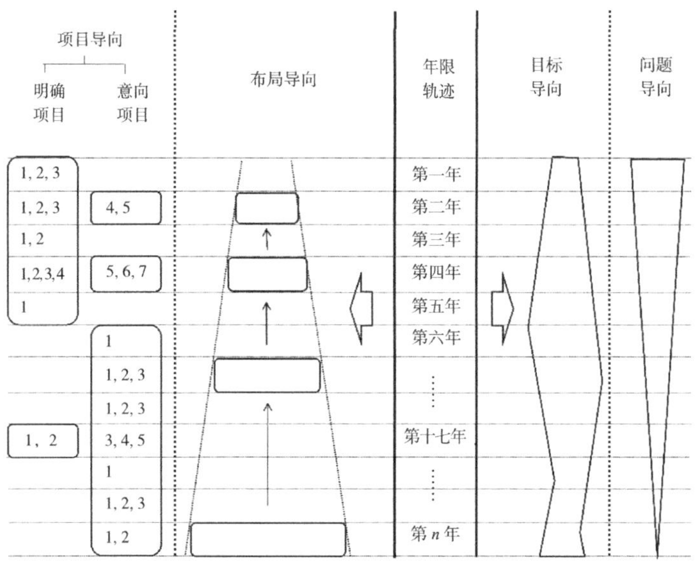

图 7–1 年限轨迹作为基础的城市规划图
（图片来源：作者自绘）

以继续分为常用的目标和问题两个维度。

在项目导向中，明确项目和意向项目作为重点考虑对象。自规划基年开始，紧密结合政府任期，对近五年至稍长时间内可以明确的项目进行落地。在五年以后的时间里，能够明确的项目很大可能来自于上位发展的落地。而在近五年之后或可以明确的项目之外，则是根据其他规划内容建议的意向项目。无论是明确项目还是意向项目，都应该符合城市规划的布局导向。这种布局导向是一种时间反推的空间规划。首先需要做的是基于生态足迹给城市一种“视野”范围内（即第 n 年）的似终极、也合理的空间布局设想，然后在此基础上向近前进行不定期的反推。与目前总体规划中以近期、远期与可能的远景相比，这里的“远景”更加长远，而这里的“远期”和“近期”的年限则更为自由。或者说，这里可以是“多期”规划或“少期”规划，但无论多少，都是需要在时间基础上完成的。这种需要包括从现状发展到似终极、也合理“远景”的过“坎”。比如城市空间扩展在某个阶段呈现出跨越式发展时，比如存量土地进行重大职能转变时。若按此操作，虽然现有法定规划编制体系中的刚性成果（远期和近期）会缺失，但也会因为项目的直接参与而从另外的角度补充成果的刚性。这种以项目为主导的规划也是完全符合城镇化发展到较高阶段、城市规划建设管理走向精细化趋势的。在目标与问题导向中，理想情况下，以规划基年为开端后城市规划需要解决的城市问题应该逐渐减少，所以问题集合体呈现出倒三角的状态。而目标导向的集合体则呈现“扭捏”的不规则体。之所以是不规则体，同样是因为年限轨迹的限定。如果在社会、经济、文化、生态等方面的框架内去制定目标，目标体系必定是丰富的，但也可能是宽泛的。而如果根据时间制定目标，就会出现到什么时间就考虑达到什么目标的状态。此时，目标的制定自然会轻“面”和重“点”，而“点”则与时间节点紧密相关。所以，在每一个年限中，发展目标将从固定的大而全系统转向务实的灵活体系。

“在空间里控制空间”的本质是控制城市各个系统空间的合理，比如通常的做法是将这个系统划分为各类建设用地（用地布局）、道路交通、绿地景观与各项基础设施等，其中各类建设用地的布局中又会根据实际需要进一步突出居住用地、公益性设施用地和商业用地。每一个子系统的合理和子系统之间的合理一样，都是规划师的追求。这其中，子系统会在可能的情况下穷尽形态与结构之美，比如对河湖水系的处理一定会讲究空间的开合变化。子系统之间也会在可能的情况下穷尽相互的空间呼应与咬合关系，比如绿地周边一定会充分考虑沿街界面。

追求对时间的控制以后，城市空间系统成为冷冰冰的客体，对其进行串联的人及其各种行为则成为活生生的主体。为了掌握主体的各种规律，必须从遵照主体自身的特点出发。一般情况下，人在不同时段会有不同行为，按照早、中、晚或者早晚高峰、日间平峰进行城市研究或者控制是在情理之中的。与此同时，也可以根据人的衣、食、住、行及更多的生活系统进行划分。这个时候，“生活流”则成为关注重点。与“生活圈”刻意对空间的追求（“圈”体现出的就是一种相互均衡的空间概念）有所不同，“生活流”因为“流”的存在而没有空间概念。借鉴1960年代西方电影中“生活流片”概念的内涵，生活流的景象构成很可能是一个没有关联并且杂乱无章的世界，不加选择、不作评价的“摄录”，具备最真实的和内部逻辑紧密的生活感。对城市中的“生活流”进行关注，期望获得的也正是一种自然主义下的城市动态。以此为基础，对该压缩的时间进行最大限度的压缩，对可延伸的时间进行适可而止的延伸，就是一种另类与新奇的规划手法。

7.3.3 控制效果的推断

7.3.3.1 从精英空间到大众空间

长期以来，并且截止到现在，城市规划仍是掌握在技术精英阶层手中的权力。规划师面对城市发展作出空间层次的安排建议，政府对此进行决策。受工科领域的影响，城市规划的工作流程是把规划当成一种面对物质实体的工程技术，纵使再三强调价值理性的作用，但却难以撇掉工具理性的彩头。既然真理作为一门技术掌握在少数人手里，大众的再多参与都只是一种辅助。因为规划的出发点是城市而非人，后期的参与只是与大众共同去谋划城市的合理。如果，单纯地去追求生活系统的合理，则可以部分的忽略城市系统的合理。而生活系统，则是人的生活系统！

7.3.3.2 从制度空间到本我空间

18 至 20 世纪将认识自然、改造自然和满足人类需求作为科技重点，21 世纪则将人类认识自己、改变自己和适应太空环境作为科技重点[191]。归根结底，如果将城市规划认定为是用"规划"满足人类空间需求的话，那么未来的城市规划理应同样以满足人类自我实现的空间需求为己任。难点在于，规划自身仍是一种被动适应人类需求的分析与设计行为，规划的实践形式仍然是一种制度性城市空间赋予。自我实现的空间与此不同，它以建构人类"心中乐地"为目的，让城市空间从外在的"物象之象"达到内在的"心中之象"[192]。由此，提供更多的体验性成为城市规划的要旨，而这种体验性可以依托流动形成。在流动的世界里，城市功能的实现是快速而多样的。"二战"之后到 1960 年代，西方的物质形态规划大行其道，本质是精英阶层的规划师"给市民规划（planning for people）"；1970 年代后期以来，合作与协商式的规划让规划师"和市民一起规划（planning with people）"；发展到这里，规划师应以城市主人翁的身份担负技术责任、从市民的角度感知城市生活、以正义的生活情怀作为价值核心，"作为市民来规划（planning as people）"。[193]

7.3.3.3 从固态空间到流动空间

城市规划改变不了城市建筑实体为主的固定形式，但是"流"的出现与流行却在逐渐改变这种境况。在城市之中，为了流动而生的交通空间大量增加。在城市用地分类和规划建设用地的国家标准中❶，用地类型从"道路广场用地"演变为"交通设施用地"，占城市建设用地的比例从 8% 至 15% 提升到 10% 至 30%。交通空间的增加，给人们提供了更多的感受流动的机会，

❶ 参见 1991 年版《城市用地分类与规划建设用地标准》GBJ 137—1990 与 2011 年版《城市用地分类与规划建设用地标准》GB 50137—2011。

也势必让城市做出相应的协同。特别是，以时空革命为代表的科技进步很可能作为未来的科技革命出现[191]，如果超尺度的空间重构成为现实，还会带给城市新的交通进步的洗礼。所以，流动的空间会越来越庞大与复杂。对城市的使用者而言，虽然被动地感受流动空间会在一个较长时期内存在，但逐渐去主动地改变流动及其空间形式则终将作为一种重要责任。

7.4 作为理想境地的“多流合一”

7.4.1 “多流合一”的理念解构

“多流合一”意味着众多“流”元素在时空维度的双重协同。在时间维度，各个元素的协同在于它们所涉及的先后时间的差距无限缩小。比如，商业地产的开发商在完成注资后通常会要求施工方迅速完成建设，并希望施工完成后就可以迅速吸引客流迅速流入。为了支撑这样的想法，与商业服务相关的技术流和物流都最好与此亦步亦趋。这样的紧密环节要求是“正序”的，如果从消费者的“倒序”角度看，同样会需要这样的需求。比如当地的居民希望在实际入住后，可以有更多元、更便捷的商业消费选择地点，而这种“人流”对其他“流”的吸引同样要求环节紧密。由此判断，城市空间中的“流”具有天然的相互协同诉求。

单纯从时间轨迹上看，协同是可以做到无限小的。但是，从放大的空间维度看，所涉及的“流”却具有不同的空间形式。一种情况下，所有的“流”都在同一个空间路径下重叠，这必然会牵扯到时间的先后顺序。而由于各种“流”对现实地理空间的需求不同，又可能会造成主流空间路径的“扰动”。比如，如果要满足人流在城市中心内的相对持续性流动，就需要城市中心这个主流空间路径本身位于更大范围内的流动可能中，也就是需要更大范围内的支流支撑。再比如，当众多开发企业对某处主流空间路径萌发兴趣时，就很有可能会在该处空间之外产生原有职能的外溢。这些分析表明，在以时间为明线的流动中，空间是不可回避的暗线。不过，这恰恰可以成为采用“多流合一”思路进行规划控制的立论之基。

7.4.2 “多流合一”的措施生成

让所有的“流”元素在紧密衔接的状态下出现，在机械的世界中并不是难事。而要实现包括具有主观情感的人和受人左右的资金流、技术流则绝非易事。对这些“流”的控制，本质是对社会经济元素的控制。即使是客观存在的建筑实体，仍然可以被解构为与社会经济水平紧密相关的技术与审美。所以，与其说“多流合一”的控制措施是一门技术，不如说其更是一项政策。对于处理多种“流”元素的政策而言，首要的是理顺深涉其中的各种关系。特别要注意，这里的关系中，空间关系只是众多关系中的一项。或者说，空间关系只是更多社会经济元素间关系的反应。利用相互间的联动与制约并为了更好的空间关系去因地制宜、因时制宜地改变这种联动与制约，就是“多流合一”政策的本源。

7.5 “织补”大都市区外围城市中心

“织补城市”（weaving the city）是一个早已有之的概念。这一来自文脉主义的理论表达的是对城市中的社会、历史、文化或者称为生活方式的尊重，尤其是侧重个人尺度下的机理联系和整合。对于某一处城市空间来讲，“织补”同样适用，它强调细节、自生，更强调关系。后者，正是城市中某一处具体空间赖以存在、更新、发展的基础，因为每一处存活着的城市空间都无时无刻处于对外联系之中。此外，织补城市的哲学逻辑在于从日常生活的主调出发，强调生活体系及其所牵涉的城市职能空间的理顺[194]。控制大都市区城市中心时间轨迹的企图也需要落实到关系的层面。

7.5.1 理顺建设开发的体制关系

城市新区建设是一项综合性的系统工程，其中的城市中心建设更是事关全局。一般情况下，会在党和政府的统一领导下成立专门的办公机构来负责城市新区的发展规划、招商引资、项目建设与居民安置等一系列工作。这一做法有效地衔接了开发意图与具体实施之间的关系。但是，对于大都市区外围城市的发展而言，如何设立这样的办公机构是一门学问。大都市区尺度下的外围新城建设不仅关乎外围区县，更与大都市区所对应的城市人民政府有关。外围城市中心的建设，要有相匹配的“人权、事权、财权”。也就是说，必须要获得大都市区相对应的城市政府的权力分配，郊区新城建设缺乏强有力的可持续财政投资保障。这正是一种必要的“财随事转、费随事转”的合理体系。在开发建设的土地指标方面，也必须要从大都市区整体角度出发进行土地占补平衡，而不能强求外围城市的内部平衡。当然，还有一些事权存在职能匹配方面的争议而需要进一步协调。以城市规划为例，当规划管理部门作为外围城市人民政府自身的职能部门时，和当该部门作为大都市区对应政府规划管理部门的分局时，会对外围城市建设的规划事权产生不同的影响。前者，规划审批的自由裁量权更大，更利于外围城市建设以更快的速度发展；后者，会让外围城市建设发展与中心城区更加协同，却也可能会面临更多的流程而降低部分效率，并且受到不同行政决策者的不同影响。

7.5.2 重塑社会组织的关联关系

大都市区外围城市中心的规划不是单纯地规划物质空间，将与物质空间相匹配的社会组织关系一同进行规划才是应有之义。订单模式的城市商业地产开发是商业服务领域中具备这种规划特质的典型代表，部分具有独立建筑空间的酒店等连锁企业也具有这种规划类型的特质。这两类商业形式对推进外围城市中心在标准与档次方面迅速提升有着重要的作用。这种社会组织关系的变化，可以称为“整体移植”。相较商业服务行业成熟模式而言，办公企业的社会组织关系变化更为复杂。由于其中多数都会牵涉复杂的前后向、上下游等关系，将关系网进行整体移植的难度极大。所以，“整合优化”是针对此类社会关系进行空间转移的大致思路。吸引某些可以集群式发展的办公行业，从而形成大都市区乃至更大范围内的极化区域是一种典型的方式，其目的在于从一个较大的范围内整合资源，并通过减少关系网的节点数量建立便捷稳定的新型网络；针对行业门类相对宽泛的现有基础，通过刻意地植入“触媒”行业来触发办公企业间的优化也是一种典型的方式，其目的在于形成一种新的平衡状态。无论是“整体移植”还是“整合优化”，关系的处理都不可能像新增一栋写字楼一样干脆利落。进行完全理想化的移植处理很有可能“拔出萝卜带出泥”，也很有可能“剪不断、理还乱”。这正是与纯粹空间规划的不同之处。循序渐进、顺其自然是需要的，但追求统一规划、统一征地与统一设计的综合开发模式也未尝不可。

7.5.3 打造永续联动的结构关系

大都市区外围城市中心的空间结构本身就具有一定的复杂性。外围城市形态的基础、不同辐射范围内的多重服务特性，都对这一特征有着特殊贡献。与此同时，大都市区越是快速发展，外围城市及其城市中心就越具有不确定性。从生长背景看，大都市区外围城市的人口增长具有不稳定性，由此带来开发建设的阶段性；从所担职能看，大都市区有可能使其成为未来的行政、文化与商业等专业中心，也有可能使其成为几个中心结合的综合中心；从实施效果看，它们既有可能滞后、又有可能闲置。这种情形决定了单纯的用地预留并不能解决一切问题。在很多时候，为了增加规划的弹性而预留的用地反而成了种种缺憾的根源。正视不确定性并利用不确定性，唯一的途径是大都市区外围城市中心具有松散而有序的结构。松散，对城市空间来讲比较容易理解，组团感、距离感是这类城市的特征，相对独立是这类城市的追求。松散，对城市中心区而言，则强调组成部分的高内聚与低耦合，相对独立仍是某一组成部分的追求，只不过这个时候的相对独立变成了每一组成部分相对其所服务范围的独立。相比松散，有序的难度更大。因为对城市中心的发展而言，归根结底是需要一个“打破平衡、恢复平衡、再打破平衡、再追求平衡”的动态生长过程。

7.5.4 发挥交通职能的接驳关系

大都市区的既有建设中，轨道交通既是“枪手”又很“抢手”。一方面，轨道具有“指哪打哪”的作用，它会有效解决外围城市与中心城区的部分通勤需求，从而促进外围地区的成熟；另一方面，轨道交通还具有“打哪指哪”的作用，它的通达跟当初的“火车一响、黄金万两”类似，具备引发新片区出现的实力。这两个方面都是从城市空间的大结构上出发去解决问题，而深入到中观与微观的尺度，以地铁站点周边的接驳和出入人群行为为基础的上盖物业业态也会成为关注焦点。由于站点周边土地价值的昂贵，试图通过建设停车场很好地解决汽车交通为主的接驳问题十分困难。在轨道交通如何与外围城市进行串联的过程中，不同经由路线会存在不同的逻辑。经过外围城市的商务区，意味着构建一个中心城区通往办公就业之间的通道；经过外围城市居住区，则意味着构建一个外围城市通往中心城区就业的通道。这两种通道，意味着大都市区中心城区内有不同的城市职能在疏解。当然，在实际建设过程中，如此纯粹功能的串联方式并不存在。早期的轨道交通多数会经过早期的公路通道，导致其所串联的外围区域会相对综合。但是，进入大都市区轨交网络化之后，外围城市的第二条、第三条轨道交通线路的选线该如何取舍需要考虑。到底是先串联谁，从何处去串联？到底是坚持高密度开发，还是另有蹊径？到底是放任钟摆式运行状态，还是有更均衡的方式？这些都是有待回应的问题。在明确这些问题的基础上，才可以开展空间形态的干预。

7.5.5 消融新式孤岛的隔绝关系

市场经济体制与全球化竞争时代的作用，使得中国大都市区外围城市在进行新区建设时容易陷入过度消费之中，这主要体现在三个方面：第一，追求“宏大叙事”的城市风格导致了超常尺度的频现；第二，力争“眼球经济”的建设目标导致了特异形体的透支；第三，崇尚“财富为先”的不良氛围掀起了久不消减的奢华建设之风。对中心城区而言，城市建设更多的只是一种演进。在生活在其中的大多数人看来，城市多多少少具有了既定的成分。比如，建成区的改造与完善由于难以逃脱各种现状制约而往往成为得过且过和既往不咎的成果。大都市区外围则不然，新城区作为一种“新产品”，无论喜欢与否都需要城市使用者被动接受的概率很大。更为重要的是，加上前面的三个原因，直接导致了自发空间的消失殆尽。这里的自发空间并非关注宏观的城市自组织研究，而是关乎居民日常生活的微观的、非正规经济的空间，诸如传统的早市、夜市和移动餐饮经营形式。从这个角度看，为了满足这种空间的需要，注重大都市区外围城市中心开发建设中的私有化公共空间（是私人拥有的公共空间，非私人化公共空间）的促成是十分必要的。此时，城乡规划也不再仅仅作为一种政府职能工具出现，而更是参与到一种生活范式的引领当中。

8 结论

8.1 主要结论

我国以大都市区化作为主体形态和演进路径而带动新型城镇化的时代已经来临。作为大都市区的重要组成部分，外围区域在大都市区乃至更大范围的发展中扮演的角色十分重要。而在外围区域中，城市中心则扮演了这个区域乃至大都市区整体发育成败的关键角色。之于城市，城市中心承载空间结构的核心处、服务产业的聚集区、市民生活的精彩地。人流、物流、资金流、技术流与信息流等通过不断运动来支撑大都市区的运行，也促动大都市区外围城市中心空间的发展。从城市中心的研究现状看，用传统的建筑与用地视角针对城市主中心、新城中心的研究仍是主流，如何认知大都市区多中心里的城市中心并指导其空间发展是亟待解决的问题。从“流”的研究现状看，卡斯特创设的流空间理论被迅速应用于城市或区域研究当中。学界普遍认为，在全球化和新一代信息技术支持下，“场所”正在被流空间所代替，城市成为各种“流”的交汇地。从“流”的应用看，城市间尺度仍是重点，向城市内部尺度的进军正在进行，以城市某一功能区域为对象的研究相对较少；相关研究中涉及的“流”呈现多样性，但多数研究往往仅涉及单一“流”，缺少各类“流”的复合或协同视角。本书试图将“流”理论引入大都市区外围城市中心这一微观尺度的空间研究中，构建“流”视野下的空间动力机制，并由此提出规划控制的建议。

本书构建的“流”作用下大都市区外围城市中心空间生成机理的理论框架主要包括前提条件、影响因子、动力机制与影响效应四个方面。在此之前，城市中心的“流”化解构为三个层面：第一是共同参与到城市中心服务行为活动中的人、物显性“流”和信息、资本、技术隐性“流”，第二是承载城市中心实体建设的资本流，第三是决定资本流决策的意识流。①在假设前提方面，大都市区中心城区与外围城市之间、中心城区城市中心与外围城市中心之间的势能差别是大都市区外围城市中心形成的前提条件，“流”的均质与瞬时属性分别带来大都市区外围城市中心等同于中心城区城市中心和外围城市中心完全萎缩而依靠中心城区城市中心两种情况，但中心城区内部城市中心体系的形成、中心城区向外围辐射的非均衡性与所在大都市区作为开放性都让第一种情况得以形成。②在动力机制方面，作为空间使用方的人流、作为承载空间投资方的资本流、作为投资决策方的意识流等相互跟随并反馈是基本机制，需与物质空间匹配的显性流、不需与物质空间匹配的隐性流相互携带或附着并基于聚集经济效应分别发生近域有“形”扩散和远域无“形”扩散两种方式，而两种空间扩散将在时空两个维度进行的协同会促进城市中心的空间扩展。③在影响因子方面，流方向、流层次、流速度、流强度与流黏性是涉及的五个变量，它们可以判定外围城市中心是否生成并促动空间布局方式的演化，可以影响外围城市中心职能落地的先后或难易顺序，还可以左右社会空间边界的消逝融合，并塑造虚拟城市中心的映射形成。④在影响效应方面，城市中心个体尺度的空间碎化、超大尺度的组群化城市中心与群体尺度的大都市区城市中心网络是外围城市中心受到“流”影响后的响应形式。

本书选取北京大都市区及通州城市中心作为实证对象，部分章节辅以其他城市中心的实证。实证部分共分三个方面进行：

第一，验证北京大都市区外围确实存在城市中心，这是本书后续实证工作的前提。①采用空间自相关方法对北京市域范围内社会经济要素的空间格局演化趋势进行分析，利用空间极化模型测度北京市域的中心性，发现通州等个别外围城市的社会经济要素增长较快，中心性指数明显提高，意味着北京都市区内新的增长中心将在此出现。②通过对中心城区内外同一连锁品牌城市综合体的比对发现，外围城市中心在商业协同环境的优劣、高端服务业开发的规模、商业入驻品牌的档次与体验性以及办公企业所涉行业的集聚性与专业性等方面均与中心城区城市中心具有一定差距。③回到外围城市尺度，考虑到外围城市新区建设的特征，结合地理信息数据平台数据的可获取性，构建了一种针对典型公共服务设施类型与点位密度进行多因子综合评价的方法，确定通州建成区城市中心区的范围并以此作为后续研究的基础。

第二，验证各类“流”的复合式协同促动了北京通州城市中心的空间发展。①在时间维度，通过对社会经济发展政策和重大设施的时限梳理，发现政策流对外围城市的发展产生了重要影响，一些设施的规划建设在规模、档次与职能方面对此进行了时序上的积极响应。②在空间维度，通过人流平均热力指数的分布研究，发现人流热度与建成区的城市中心范围较为相符，但又在局部时间有所突破，表明人流导向下的城市中心区有进一步扩展的空间需求。但是，外围城市中心城市综合体出现了周末休闲人流较多与午高峰、晚高峰等现象，又表明外围城市中心尚未达到“全时”城市中心的状态。③在时空复合维度，以人流为中介，将运载人流的轨道交通选线和服务人流的服务业选址关系纳入视野，不同轨道线路之间、线路和服务业的建设时间有先后之分，空间与空间的协同也会暗含基于时间的自组织。通过相关系数计算，发现轨道交通线性带动的空间效应特征非常明显，而且运营时间较长的线路与其周边服务设施分布数量的相关性更强，并且服务设施的总和规模跟交通设施的空间限定相关。④回归到“流”本质的信息流维度，利用“百度指数”搜索与大都市区外围城市中心相关的关键词，发现已落成的、公益性的设施关注程度强于概念中的、非公益性的设施。游乐游艺等功能设施的虚拟平台热度与现实空间热度高度统一，且虚拟平台中“人气最高”的空间集中性相比“人均最高”更强，说明在虚拟世界中同样具有一定“中心性”的城市中心。

第三，验证大都市区外围城市中心在“流”影响下的空间响应。①通过空间重心与碎化指数计算，发现通州区重要公共设施的重心不断拉长、碎化程度逐步降低。②对朝阳区各个街道（地区）增长趋势分析，发现与通州区交界的朝阳区东部区域出现了新增长中心的雏形且具有较强的发展潜力，完全摆脱了依托中心城区圈层式扩展状态下的发展轨迹。③通州城市中心与中心城区城市中心联系并在此基础上参与到大都市区城市中心网络之中，具体是，第一，采用标准差特征椭圆方法对通州两个轨道站点进出站人群目的地与始发地的站点位置与人数、通州办公企业关联机构布点进行分析。办公企业关联机构椭圆覆盖面积最大，表明机构间联系所受地理影响要小于人流位移所受影响；多个椭圆存在大量叠合区域，表明外围城市中心与中心城区的联系是双向的。第二，观察通州城市中心具有的连锁品牌企业在北京都市区布点及其网络叠加图中的连线密度，发现外围城市仅次于中心城区。对所有布点进行核密度分析，共有国贸 CBD 等四处区域与通州城市中心处于同一等级，证明后者与其他城市中心存在明显关联。第三，利用百度搜索中的关联语义功能，构建城市中心在网络中的被关注指数公式，并在此基础上形成大都市区城市中心网络模型。北京 29 个商圈（城市中心）的相互数据验证了网络在大都市区城市中心之间的存在。通州城市中心已经完全参与到该网络中，但其点度中心度和权力影响度处于中后水平、结构洞可能性位居中上水平、限制度与等级度较高，表明该中心并不具备影响力和控制力。同时，它已经跻身点入度高于点出度之列，受到其他城市中心对它的关注高于其对其他城市中心的关注。通州城市中心并不属于最低层次子群中的任何一个，而是与中关村等位于中心城区外围、大都市区北部的最低层次凝聚子群构成次低子群。根据虚拟网络搜索而得来的北京城市中心网络并没有跳出现实的关联，这种关联体现在地理临近与职能联系两方面，其中前者作用明显。

基于本书对大都市区外围城市中心空间发展的理论与实践研究，将其中的“流”最终归结到一种运行状态和一种相互关系，并进一步把这种状态和关系归结为时间。通过分别阐述城市、城市规划与时间的关系，建立了城市规划从控制空间向控制时间转变的思路。将大都市区外围城市中心规划控制的思路定位在缩短各种“流”的紧密协同打造中，也就是以“多流合一”为出发点，进而提出理顺建设开发的体制关系、重塑社会组织的关联关系、打造永续联动的结构关系、发挥交通职能的接驳关系与消融新式孤岛的隔绝关系五种相关措施。

本书的创新点在于：第一，将“流”的理论与方法引入城市中心区的研究，用“流”解构城市中心区，并从基本条件、生成机制、影响因子与响应形式等方面构建“流”视野下大都市区外围城市中心空间生成机理的理论框架；第二，提出各类“流”的复合式协同是大都市区外围城市中心空间生成的动力，其中各类“流”在时间维度的跟随与反馈、在空间维度施行近域有“形”聚集与远域无“形”扩散，最终在时空两个维度相互协同来促动空间增长；第三，利用网络平台中的关联语义搜索功能，基于城市间相互作用的引力模型形成了城市中心间被关注指数，借鉴复杂社会网络分析方法构建了大都市区城市中心网络的模型。

8.2 研究展望

由于大都市区外围城市中心的空间发展及规划控制研究涉及的面较广，尽管已经尝试建立了一个研究框架，但也仅仅是管中窥豹。与此紧密相关的一些后续问题值得进一步深入探讨，这主要包括：

第一，大都市区外围城市中心空间发展对大都市区空间格局的影响机制研究。该研究属于本书的姊妹内容，针对的是局部影响整体，而非本书将外围城市中心放置于大都市区内进行整体影响局部的研究。外围城市中心如何影响大都市区的空间格局？能否在城市区域空间结构优化进程中发挥能动作用？都是需要回答的问题。

第二，大都市区尺度下多中心化的空间绩效评价研究。该研究是上述研究的继续延伸，其目的应该在于对大都市区外围城市中心的空间效应进行复合化、综合化的判断，建立其所能产生的社会、经济与环境绩效的评价体系并应用到具体案例中，从而对大都市区外围城市中心的规划设计进行反馈并探求其空间绩效扩大化的途径。

第三，“以流控形”理念、措施与城乡规划编制体系、内容的融合设计研究。在“控制时间”“多流合一”与“改进关系”思路基础上，进一步对城乡规划编制体系的梳理、总体规划编制内容的构建方面提出具体的、可行的建设性意见，尝试在适宜的规划编制项目中予以全面应用或者进行分步骤尝试。对规划实施情况开展适时评估，获得反馈并进一步完善规划编制的相关建议。

参考文献

[1] 胡序威，周一星，顾朝林，等．中国沿海城镇密集地区空间集聚与扩散研究 [M]. 北京：科学出版社，2000.

[2] 唐路，薛德升，许学强 .1990 年代以来国内大都市区研究回顾与展望 [J]. 城市规划，2006（1）：80-87.

[3] 刘洋．大都市区化：新型城镇化发展的主体形态和演进路径 [C]// 中国城市规划学会．2013 中国城市规划年会论文集，北京：中国城市规划学会，2013.

[4] J. R. Fridemna. Regional Development Policy[M]. New York：Cambridge University Press，1992.

[5] 保罗·克鲁格曼，吴启霞，安虎森．收益递增与经济地理 [J]. 延边大学学报（社会科学版），2006（1）：50-57.

[6] 托马斯·弗里德曼．世界是平的：21 世纪简史 [M]. 长沙：湖南科学技术出版社，2006.

[7] 曼纽尔·卡斯特．网络社会的崛起 [M]. 夏铸九，王志虹，等译．北京：社会科学文献出版社，2006.

[8] Castells M. An Introduction to The Information Age[C]. The Blackwell City Reader，Oxford：Blackwell，2002：6-16.

[9] Castells M. Grassrooting the Space of Flows[J]. Urban Geography，1999，20（4）：294-302.

[10] 于涛方，顾朝林，李志刚 .1995 年以来中国城市体系格局与演变——基于航空流视角 [J]. 地理研究，2008（6）：1407-1418.

[11] 张凌云．旅游流空间分布模型：普洛格理论在定量研究中的推广 [J]. 地域研究与开发，1988（3）：41-42.

[12] 席广亮，甄峰，沈丽珍，等．南京市居民流动性评价及流空间特征研究 [J]. 地理科学，2013（9）：1051-1057.

[13] 王冬梅，吴觉妮．公共图书馆"读者流、图书流、信息流、空间流"最佳结合的探索与实践——以海南省图书馆为例 [J]. 四川图书馆学报，2015（1）：30-33.

[14] 李卫国．工作流及其应用 [J]. 微机发展，1994（1）：18.

[15] 赵立平．控制流分析 [J]. 电子计算机参考资料，1979（2）：78-89.

[16] 陈焜．意识流问题 [J]. 国外文学，1981（1）：14-24.

[17] 威廉·配第．赋税论（配第经济著作选集）[M]. 北京：商务印书馆，1981.

[18] 让·巴蒂斯特·萨伊．政治经济学概论 [M]. 北京：华夏出版社，2014.

[19] 阿尔弗雷德·马歇尔．经济学原理 [M]. 长沙：湖南文艺出版社，2012.

[20] 沈丽珍．流动空间 [M]. 南京：东南大学出版社，2010.

[21] 汪明峰，高丰．网络的空间逻辑：解释信息时代的世界城市体系变动 [J]. 国际城市规划，2007（2）：36-41.

［22］Camagni R.，Salone C. Network Urban Structures in Northern Italy：Elements for a Theoretical Framework[J]. Urban Studies，1993，30（6）：1053-1064.

［23］L.D. Foley. An Approach to Metropolitan Spatial Structure[C]//Exploration into Urban Structure. Philadelphia：University of Pennsylvania Press，1964.

［24］M. M. Webber.The Urban Place and Nonplace Urban Realm[C]//Exploration into Urban Structure，Philadelphia：University of Pennsylvania Press，1964.

［25］L.S. Bourne. Internal Structure of the City[M]. Newyork：Oxford University Press，1971.

［26］D. Harvey. Social Justice and the City[M]. Oxford：Basil Blackwell，1973.

［27］吴明伟，孔令龙，陈联．城市中心区规划 [M]. 南京：东南大学出版社，1999.

［28］亢亮．城市中心规划设计 [M]. 北京：中国建筑工业出版社，1991.

［29］史北祥，杨俊宴．城市中心区的概念辨析及延伸探讨 [J]. 现代城市研究，2013（11）：86-92.

［30］丁万钧．大都市区土地利用空间演化机理与可持续发展研究 [D]. 沈阳：东北师范大学，2004.

［31］彭震伟．全球化时代大都市区新城发展的理性思考 [J]. 上海城市管理，2012（1）：25-28.

［32］川上秀光，赵波．东京中心市区的动态及多中心城市结构论 [J]. 国外城市规划，1988（1）：1-6.

［33］韦亚平，赵民．都市区空间结构与绩效——多中心网络结构的解释与应用分析 [J]. 城市规划，2006（4）：9-16.

［34］徐蓉．多中心城市结构的形成与实践反思 [J]. 江苏城市规划，2011（1）：21-25.

［35］李仙德，侯建娜．Sub-CBD 产业空间组织研究——以东京都新宿区为例 [J]. 现代城市研究，2011（2）：71-77.

［36］于伟，杨帅，郭敏，等．功能疏解背景下北京商业郊区化研究 [J]. 地理研究，2012（1）：123-134.

［37］胡刚，曾辽广，苏红叶．地铁时代城市郊区化发展对策——以广州为例 [J]. 城市观察，2012（5）：55-67.

［38］王丹丹，张景秋．北京城市办公郊区化及其发展阶段研究 [J]. 北京联合大学学报（自然科学版），2015（3）：49-57+73.

［39］毕秀晶，汪明峰，李健，等．上海大都市区软件产业空间集聚与郊区化 [J]. 地理学报，2011（12）：1682-1694.

［40］柴彦威．郊区化及其研究 [J]. 经济地理，1995（2）：48-53.

［41］路紫．信息经济地理论 [M]. 北京：科学出版社，2006.

［42］甄峰，顾朝林．信息时代空间结构研究新进展 [J]. 地理研究，2002，21（2）：257-266.

［43］王成金．城际交通流空间流场的甄别方法及实证——以中国铁路客流为例 [J]. 地理研究，2009（6）：1464-1475.

[44] 周一星，胡智勇．从航空运输看中国城市体系的空间网络结构 [J]. 地理研究，2002（3）：276-286.

[45] 戴特奇，金凤君，王姣娥．空间相互作用与城市关联网络演进——以我国 20 世纪 90 年代城际铁路客流为例 [J]. 地理科学进展，2005（2）：80-89.

[46] 朱秋诗，王兴平．高铁“流空间”效应下的社会空间重组初探——以沪宁高速走廊为例 [C]// 中国城市规划学会．中国城市规划年会论文集．北京：中国城市规划学会，2014.

[47] 罗震东，何鹤鸣．耿磊基于客运交通流的长江三角洲功能多中心结构研究 [J]. 城市规划学刊，2011（2）：16-23.

[48] 彼得·霍尔，凯西·佩恩．多中心大都市：来自欧洲巨型城市区域的经验 [M]. 罗震东，等译．北京：中国建筑工业出版社，2010.

[49] 甄峰，王波，陈映雪．基于网络社会空间的中国城市网络特征——以新浪微博为例[J]. 地理学报，2012（8）：1031-1043.

[50] 涂玮，黄震方，方叶林．基于网络团购的虚拟旅游流空间差异及动力机制研究 [J]. 地域研究与开发，2013，32（4）：84-89.

[51] 张年国，甄峰，王娜．中国城市规划网站空间分布及其差异研究 [J]. 江西师范大学学报（自然科学版），2005（6）：557-561.

[52] 董超．流空间形成与发展的信息导引研究 [D]. 沈阳：东北师范大学，2012.

[53] 吕拉昌，李勇．基于城市创新职能的中国创新城市空间体系 [J]. 地理学报，2010（2）：177-190.

[54] 赵渺希．长三角区域的网络交互作用和空间结构演化 [J]. 地理研究，2011（2）：311-323.

[55] 张闯，孟韬．中国城市间流通网络及其层级结构——基于中国连锁企业百强店铺分布的网络分析 [J]. 财经问题研究，2007（5）：34-41.

[56] 杨国良．旅游流空间扩散 [M]. 北京：科学出版社，2008.

[57] 姜石良．信息时代城市空间结构的演变及对城市规划的启示 [C]// 中国城市科学研究会，等．2010 城市发展与规划国际大会论文集．北京：中国城市科学研究会，等，2010.

[58] 阎小培．信息网络对企业空间组织的影响 [J]. 经济地理，1996（3）：1-5.

[59] 刘学，甄峰，张敏，等．网上购物对个人出行与城市零售空间影响的研究进展及启示 [J]. 地理科学进展，2015，34（1）：48-54.

[60] 孙中伟，王杨，张兵，等．网络购物空间组织模式及其对零售业区位决策基本因素的影响 [J]. 商业经济研究，2016（7）：53-57.

[61] 路紫，王文婷，张秋娈，等．体验性网络团购对城市商业空间组织的影响 [J]. 人文地理，2013（5）：101-104+138.

[62] 汪明峰，卢姗，邱娟．网上购物对城市零售业空间的影响：以书店为例 [J]. 经济地理，2010，30（11）：1835–1840.

[63] 翟青，甄峰，陈映雪．基于居民个体的城市虚实空间关联指标研究——以南京市为例 [J]. 地理科学，2015（10）：1265–1271.

[64] 魏宗财，甄峰，张年国，等．信息化影响下经济发达地区个人联系网络演变——以苏锡常地区为例 [J]. 地理科学进展，2008（4）：82–88.

[65] 魏宗财，甄峰，姜煜华，等．信息化影响下经济发达城市居民家庭联系网络演变——以南京为例 [J]. 城市发展研究，2009（3）：50–57.

[66] 甄峰，魏宗财，杨山，等．信息技术对城市居民出行特征的影响——以南京为例 [J]. 地理研究，2009（5）：1307–1317.

[67] 许凯，孙彤宇，段翔宇．“流动的城市性”推动下的当代城市空间变革 [J]. 时代建筑，2015（6）：130–137.

[68] 赵渺希．全球化语境中城市重大事件的区域关联响应——基于北京奥运会新闻信息流的实证研究 [J]. 世界地理研究，2011，20（1）：117–128.

[69] 柴彦威，翁桂兰，沈洁．基于居民购物消费行为的上海城市商业空间结构研究 [J]. 地理研究，2008，27（4）：897–906.

[70] 王德，农耘之，朱玮．王府井大街的消费者行为与商业空间结构研究 [J]. 城市规划，2011，35（7）：43–48.

[71] 许利华，李庆文．物流配送体系对连锁企业竞争力的影响分析 [J]. 现代商贸工业，2010，22（8）：19–20.

[72] 樊文平，石忆邵，车建仁，等．基于 GIS 与空间句法的道路网结构对城市商业中心布局的影响 [J]. 中山大学学报（自然科学版），2011，50（3）：112–117.

[73] 惠西鲁，姜翠梅．轨道交通站点与城市中心节点耦合规划设计研究 [J]. 规划师，2014（1）：116–120.

[74] 潘海啸，任春洋．轨道交通与城市公共活动中心体系的空间耦合关系——以上海市为例 [J]. 城市规划学刊，2005（4）：76–82.

[75] 李锡庆．城市中心区域开发及融资模式研究 [D]. 天津：天津大学，2011.

[76] 韩林飞，刘义钰，张丹．资本的疯狂——对当前城市中心区城市综合体建设的思考 [J]. 华中建筑，2015（2）：92–95.

[77] 秦诗立．生产性服务业是创新之桥 [N]. 浙江日报，2015–04–13（09）.

[78] 余迎新，许立新，康凯，等．技术创新空间扩散机理研究 [J]. 河北大学学报（自然科学版），

2002（2）：124–128.

[79] 薛晖，程德月 . 论未来 3D 打印技术对城市空间的影响 [C]// 中国城市规划学会 . 2015 中国城市规划年会论文集 . 北京：中国城市规划学会，2015：6.

[80] 罗小虹，黄剑 . “流动空间”与一体化规划 [C]// 中国城市规划学会 . 2009 中国城市规划年会论文集 . 北京：中国城市规划学会，2009.

[81] David Shaw，Olivier Sykes.The Concept of Polycentricity in European Spatial Planning：Reflections on its Interpretation and Application in the Practice of Spatial Planning[J].International Planning Studies，2004，9（4）：283–306.

[82] Hartshorn T.A.，Muller P.O. Suburban Downtowns and The Transformation of Metropolitan Atlanta's Business Landscape[J]. Urban Geography，1989（10）：375–395.

[83] Mcdonald J.F.，Mcmillen D.P.Employment Subcenters and Subsequent Real Estate Development in Suburban Chicago[J]. Journal of Urban Economics，2000，48（1）：135–157.

[84] W.J. Coffey，R.G. Shearmur. The Growth and Location of High Order Services in the Canadian Urban System，1971–1991[J]. Professional Geographer，2004，49（4）：404–418.

[85] Hall P.，Pain K. The Polycentric Metropolis：Learning from Mega–City Regions in Europe[M]. London：Earthscan Publications Ltd，2006.

[86] Stanback T.M. The New Suburbanization：Challenge to the Central City[M]. Westview Press，1991.

[87] Henderson V.，Mitra A. The New Urban Landscape：Developers and Edge Cities[J].Regional Science & Urban Economics，1996，26（6）：613–643.

[88] Fujita M.，Krugman P.，Venables A.J. The Spatial Economy：Cities，Regions and International Trade[M]. United States of America：MIT Press，2001.

[89] Fujita M.，Ogawa H. Multiple Equilibria and Structural Transition of Non–monocentric Urban Configurations[J]. Regional Science & Urban Economics，1982，12（2）：161–196.

[90] 阿瑟·奥沙利文 . 城市经济学 [M]. 北京：中信出版社，2003.

[91] Broitman D.，Czamanski D. Bursts and Avalanches：The Dynamics of Polycentric Urban Evolution[J]. Environment and Planning B：Planning and Design，2015，42（1）：58–75.

[92] Wrede M. A Continuous Spatial Choice Logit Model of a Polycentric City[J]. Regional Science & Urban Economics，2015（53）：68–73.

[93] Lemoy R.，Raux C.，Jensen P. Exploring the Polycentric City with Multi–worker Households：An Agent–based Microeconomic Model[J]. Computers Environment & Urban Systems，2017（62）：64–73.

[94] Lee B.Urban Spatial Structure，Commuting and Growth in US Metropolitan Areas[D]. University of

Southern California, 2006.

[95] Meijers E.J., Burger M.J. Spatial Structure and Productivity in US Metropolitan Areas[J]. Environment and Planning A, 2010 (6): 1383–1402.

[96] R.V. Aguilera.Corporate Governance and Director Accountability: An Institutional Comparative Perspective[J]. British Journal of Management, 2005 (16): 39–53.

[97] Arribasbel D., Ramos A., Sanz Gracia F. The Size Distribution of Employment Centers in the U.S. Metropolitan Areas[J]. Environment and Planning B: Planning and Design, 2015, 42 (1): 23–39.

[98] Angel S., Blei A M. The Spatial Structure of American Cities: The great majority of workplaces are no longer in CBDs, employment sub–centers, or live–work communities[J]. Cities, 2016 (51): 21–35.

[99] Hajrasouliha A.H., Hamidi S. The typology of the American metropolis: monocentricity, polycentricity, or generalized dispersion?[J]. Urban Geography, 2016: 1–25.

[100] Lang R.E., Nelson A.C., Sohmer R.R.Boomburb Downtowns: the Next Generation of Urban Centers[J].Journal of Urbanism, 2008, 1 (1): 77–90.

[101] Mario Gó, Mez–Torrente.In Search of the Urban Composition of Sub–centres in Polycentric European Metropolises[J].Centre de Pol í tica de Sòl i Valoracions, 2012: 251–264.

[102] D.P. Mcmillen, S.C. Smith.The Number of Sub–centers in Large Urban Areas[J].Journal of Urban Economics, 2003, 53 (3): 321–338.

[103] Aguilar A.G., Hernandez J. Metropolitan Change and Uneven Distribution of Urban Sub–Centres in Mexico City, 1989–2009[J]. Bulletin of Latin American Research, 2016, 35 (2) .

[104] Schindegger F., Tatzberger G. Polycentric Development–a New Paradigm for Cooperation of Cities[J]. City Competition: Chances and Risks of Cooperation.Bratislava: Conference on 3rd/4th March 2005.

[105] Kloosterman R.C., Lambregts B. Clustering of Economic Activities in Polycentric Urban Regions: The Case of the Randstad[J]. Urban Studies, 2001, 38 (4): 713–728.

[106] Green N. Functional Polycentricity: A Formal Definition in Terms of Social Network Analysis[J]. Urban Studies, 2007, 44 (11): 2077–2103.

[107] Taylor P.J. World City Network: A Global Urban Analysis[M].London: Goutlndge, 2004.

[108] Camagni R.P., Salone C. Network Urban Structures in Northern Italy: Elements for a Theoretical Framework[J]. Urban Studies, 1993, 30 (6): 1053–1064.

[109] Vinci I. Cities In A Relational World: Limits And Future Perspective For Planning Through The Network Paradigm[C]. International Conference City Futures 2009, Madrid.

[110] Meijers E., Hoekstra J., Aguado R. Strategic Planning for City Networks: The Emergence of a Basque

Global City?[J]. International Planning Studies, 2008, 13 (5): 239–259.

[111] Capello R. The City Network Paradigm: Measuring Urban Network Externalities[J].Urban Studies, 2000, 37 (11): 1925–1945.

[112] Meijers E. Polycentric Urban Regions and the Quest for Synergy: Is a Network of Cities More Than the Sum of the Parts? [J]. Urban Studies, 2005, 42 (4): 765–781.

[113] Anderson A.E.Networking Scientists[J]. The annals of Regional Sciece, 1993 (27): 11–21.

[114] Camagni R., Salone C.Network Urban Structures in Northern Italy: Elements for a Theoretical Framework[J]. Urban Studies, 1993, 30 (6): 1053–1064.

[115] Neal Z. Structural Determinism in the Interlocking World City Network[J]. Geographical Analysis, 2012, 44 (2): 162–170.

[116] Hennemann S., erudder B. An Alternative Approach to the Calculation and Analysis of Connectivity in the World City Network[J]. Environment and Planning B, 2014.

[117] Kropp J. A. Neural Network Approach to the Analysis of City Systems[J]. Applied Geography, 1998 (18): 83–96.

[118] Expert P., Evans T., Blondel V.D., et al. Beyond Space For Spatial Networks[J]. Proceedings of the National ademy of Sciences, 2010, 3409 (19): 7663–7668.

[119] Matisziw T.C., Demir E. Measuring Spatial Correspondence among Network Paths[J]. Geographical Analysis, 2016, 48 (1): 3–17.

[120] Chubarov I. Spatial hierarchy and emerging typologies inside world city network[J]. Bulletin of Geography. Socio–economic Series, 2015, 30 (30): 23–30.

[121] Ben Derudder, Peter Taylor. Change in the World City Network, 2000 – 2012[J]. Professional Geographer, 2016.

[122] Taylor P.J. The Challenge of World City Cetwork Pattern Changes on the World City Network Analysis[J]. Chapters, 2015.

[123] Almquist Z.W., Butts C T. Predicting Regional Self–identification from Spatial Network Models[J]. Geographical Analysis, 2015, 47 (1): 50–72.

[124] Smirnov O.A. How to Value an Urban Network[J].Ssrn Electronic Journal, 2011.

[125] Taylor P.J., Hoyler M., Verbruggen R. External Urban Relational Process: Introducing Central Flow Theory to Complement Central Place Theory[J]. Urban Studies, 2010, 47 (13): 2803–2818.

[126] Burger M.J., Knaap B., Wall R.S. Polycentricity and the Multiplexity of Urban Networks[J]. European Planning Studies, 2014, 22 (4): 816–840.

[127] Burger M.J.， Meijers E.Form Follows Function? Linking Morphological and Functional Polycentricity[J]. Urban Studies，2012，49（5）：1127–1149.

[128] Zhong C，Arisona S.M.，Huang X，et al. Detecting the Dynamics of Urban Structure Through Spatial Network Analysis[J]. International Journal of Geographical Information Science，2014，28（11）：2178–2199.

[129] Matsumoto H.International Urban Systems and Air Passenger and Cargo flows：Some Calculations[J]. Journal of Air Transport Management，2004（10）：239–247.

[130] HoShin K.，Timberlake A.World Cities in Asia：Cliques，Centrality and Connectedness[J]. Urban Studies，2000（37）：2257–2285.

[131] Malecki E.J.The Economic Geography of The Internet's Infrastructure[J]. Economic Geography，2002，78（1）：399–424.

[132] Mitchelson R.，Wheeler J.O. The flow of Information in a Global Economy：The Role of the American Urban System in 1990[J]. Annals of The Association of American Geographers，1994，84（1）：87–107.

[133] Taylor P. Leading World Cities：Empirical Evaluations of Urban Nodes in Multiple Networks[J]. Urban Studies，2005，42（9）：1593–1608.

[134] Matthiessen C.，Schwarz A. World Cities of Scientific Knowledge：Systems，Networks and Potential Dynamics：An Analysis Based on Bibliometric Indicators[J]. Urban Studies，2010，47（9）：1879–1897.

[135] Phithakkitnukoon S.，Horanont T.，Lorenzo G.D.，et al. Activity–aware Map：Identifying Human Daily Activity Pattern Using Mobile Phone Data[C]. Human Behavior Understanding，Istanbul：First International Workshop，2010：14–25.

[136] Camille R.，Soong Moon Kang，Michael B.，et al.Structure of Urban Movements：Polycentric Activity and Entangled Hierarchical Flows[J]. Plos One，2012，6（1）：1–8.

[137] Qi G，Li X，Li S，et al. Measuring Social Functions of City Regions From Large–scale Taxi Behaviors[C]. IEEE International Conference on Pervasive Computing and Communications. Seattle：Workshop Proceedings，2011：384–388.

[138] Manley E.J.，Addison J.D.，Cheng T. Shortest Path or Anchor–based Route choice：A large–scale Empirical Analysis of Minicab Routing in London[J]. Journal of Transport Geography，2015（43）：123–139.

[139] Prato C.G.，Bekhor S.，Pronello C.Latent Variables and Route Choice Behavior[J]. Transportation，2012，39（2）：299–319.

[140] Ordonez M., Erath A.Estimating Dynamic Workplace Capacities Using Public Transport Smart Card Data and a Household Travel Survey[C]. Presented at Transportation Research Board 92nd Annual Meeting, Washington, D.C., 2013.

[141] Zhong C, Huang X, Arisona S.M., et al. Inferring Building Functions From a Probabilistic Model Using Public Transportation Data[J]. Computers Environment & Urban Systems, 2014, 48 (6): 124–137.

[142] Gramham S., Marrin S.Telecommunication and the City, Electronics, Urban Places[M].London: Routledge, 1996.

[143] Krings G., Calabrese F., Ratti C., et al. Urban Gravity: a Model for Intercity Telecommunication Flows[J]. 2009 (7): 1–8.

[144] Weltevreden J. Substitution or complementarity? How the Internet Changes City Centre Shopping[J]. Journal of Retailing and Consumer Services, 2007, 14 (3): 192–207.

[145] Weltevreden J., Rietbergen T.V. E–Shopping Versus City Center Shopping: The Role of The role of Perceived City Centre Attractiveness[J].Tijdschrift Voor Economische En Sociale Geografie, 2007, 98 (2): 68–85.

[146] Felix S.The Space of Flows: Notes on Emergence, Characteristics and Possible Impact on Physical Space[M].Paris: 5th International PlaNet Congress, 2001.

[147] L. Halbert, J. Rutherford.Flow–Place: Reflections on Cities, Commutation and Urban[M]. Gawc Research Bulletin, 2010.

[148] S.Graham.Flow City: Networked Mobilities and the Contemporary Metropolis[J].Journal of Urban Technology, 2002, 9 (1): 1–20.

[149] R.G. Smith.Place as Network, Companion Encyclopedia of Geography 2nd ed[M].London: Routledge, 2007: 57–69.

[150] Nyatwongi K.B. The Social–economic Influence of Small Urban Centres on Their Hinterlands: A Case Study of Keroka Town[M].Nyamira distric, 1997.

[151] K.Peter.Singh Balwant.Urban Competitiveness and US Metropolitan Centres[J].Urban Studies, 2012, 49 (2): 239–254.

[152] Rodrigue J.P., Comtois C., Slack B. The Geography of Transport Systems, 3rd Edition[M].Routledge, 2013.

[153] V. Miller.Mobile Chinatowns: The Future of Community in a Global Space of Flows[EB/OL]. Social Issues, Electronic Journal, 2004.

[154] 金广君，陈旸．论“触媒效应”下城市设计项目对周边环境的影响[J]. 规划师，2006，22（11）：8–12.

[155] 金广君．城市设计的“触媒效应”[J]. 规划师，2006，22（11）：22–22.

[156] 罗秋菊，卢仕智．会展中心对城市房地产的触媒效应研究——以广州国际会展中心为例[J]. 人文地理，2010（4）：45–49.

[157] 侯丽敏，郭毅．商圈理论与零售经营管理[J]. 中国流通经济，2000（3）：25–28.

[158] 邓蓉．商圈“刍议”[J]. 江苏经济探讨，1997（1）：37–39.

[159] 赫特・约斯特・皮克，卢卡・贝托里尼，汉斯・德扬，等．透视站点地区的发展潜能：荷兰节点——场所模型的10年发展回顾[J]. 国际城市规划，2011，26（6）：63–71.

[160] 王缉宪，林辰辉．高速铁路对城市空间演变的影响：基于中国特征的分析思路[J]. 国际城市规划，2011（1）：16–23.

[161] 郑国．经济技术开发区对城市经济空间结构的影响效应研究——以北京为例[J]. 经济问题探索，2006（8）：48–52.

[162] 许凯，孙彤宇，段翔宇．“流动的城市性”推动下的当代城市空间变革[J]. 时代建筑，2015（6）：130–137.

[163] 陆枭麟，皇甫玥．全球性大事件对大都市流动空间作用的特征研究——建立大事件与流动空间相互作用的分析框架[C]// 中国城市规划学会．中国城市规划年会论文集（2010）．北京：中国城市规划学会，2010.

[164] 董超．“流空间”的地理学属性及其区域发展效应分析[J]. 地域研究与开发，2012，312（2）：5–8.

[165] 邢晨宇，路紫，张秋娈．近年国内网络信息流距离衰减研究综述[J]. 河北师范大学学报（自然科学版），2013，37（2）：211–216.

[166] 吴士锋，李肖红，吴晓曼，等．基于位置的社交网络服务信息流的导引作用及空间影响研究[J]. 世界地理研究，2016（1）：159–165.

[167] 王杨，孙中伟，刘宁涛．网络空间信息对地理空间人流的导引作用——以石家庄行者户外为例[J]. 世界地理研究，2015（4）：85–93.

[168] 朱正威，赵占良．生物（高中人教版必修）[M]. 北京：人民教育出版社，2012.

[169] Norgaard R.B. Environmental economies：An evolution critique and plea for pluralism[J]. Journal of Environmental Economies and Management，1985，12（4）：382–394.

[170] Owen G. Knowledge and Competitive Advantage：The Co–evolution of Firms、Technology and National Institutions[J]. Journal of International Business Studies，2006，36（6）：560–563.

[171] Henk W.V., Arie Y.L.Co-evolutionary dynamics within and between firms: from evolution to co-evolution[J]. Journal of Management Studies, 2003 (40): 2111-2136.

[172] 刘志高，王缉慈. 共同演化及其空间隐喻 [J]. 中国地质大学学报：社会科学版，2008，8 (5)：85-91.

[173] 白列湖. 协同论与管理协同理论 [J]. 甘肃社会科学，2007 (5)：228-230.

[174] 刘建明. 宣传舆论学大辞典 [J]. 北京：经济日报出版社，1993.

[175] 张道民. 论相关性原理 [J]. 系统辩证学学报，1995 (1)：49-53.

[176] 谌利民. 世界新城发展的趋势和最新理念 [J]. 经济与管理研究，2009 (10)：101-104.

[177] 埃比尼泽·霍华德. 明日的田园城市 [M]. 金经元，译. 北京：商务印书馆，2010.

[178] 张婕，赵民. 新城规划的理论与实践——田园城市思想的世纪演绎 [M]. 北京：中国建筑工业出版社，2005.

[179] 王挺. 从 3 个案例看产业新城的正确打开方式 [EB/OL]. http：//chanye.focus.cn/news/2014-11-10/5738004.html.

[180] 钟士恩，甄峰，张捷，等. 南京大学信息地理学的发展回顾与研究展望 [J]. 地理科学，2012，32 (10)：1214-1219.

[181] 龙天渝，蔡增基. 流体力学 [M]. 北京：中国建筑工业出版社，2004.

[182] 钱学森，于景元，戴汝为. 一个科学新领域——开放复杂巨系统及其方法论 [J]. 自然杂志，1990，13 (1)：3-10.

[183] 赵航. 浅析科层制组织的特征、优点和现实困境 [J]. 经营管理者，2015 (16).

[184] 蔡英辉，胡晓芳. 法政时代的中国"斜向府际关系"探究——建构中央部委与地方政府之多元行政主体间关系 [J]. 理论导刊，2008 (3)：25-27.

[185] 杨俊宴. 城市中心区规划设计理论与方法 [M]. 南京：东南大学出版社，2013.

[186] A. Pred. City-Systems in Advanced Economics: Past Growth, Present Processes and Future Development Options[M]. London: Hutchinson & Co (Publishers) Ltd, 1977.

[187] 赵鹏飞. 北京行政副中心建设提速 [N]. 人民日报海外版，2015-11-17 (5).

[188] 吴志强，叶锺楠. 基于百度地图热力图的城市空间结构研究——以上海中心城区为例 [J]. 城市规划，2016，40 (4)：33-40.

[189] 韦亚平，张晨，张宗彝，等. 一种测度城镇建设用地碎化的指数方法 [J]. 城市规划，2011 (6)：41-49.

[190] 孙施文. 城市规划哲学 [M]. 北京：中国建筑工业出版，1997.

[191] 何传启. 第六次科技革命的主要方向 [J]. 中国科学基金，2011 (5)：275-281.

[192] 王林申，运迎霞，潘昆 . 再论科技革命对城市规划学科发展的影响 [J]. 现代城市研究，2015（9）：67-70.

[193] 运迎霞，王林申，王艳玲 . “八景” 的传统美学思想体现及对当代城市规划的启示 [J]. 规划师，2014（3）：107-111.

[194] 程思远 . 织补城市——专访清华大学建筑学院张杰教授 [N]. 中华建筑报 2012-07-17（14）.

[195] City of New York. PlaNYC 2030：A Greener，Greater New York[R]. 2010-7-27.

[196] Grow Chicago[R]. Chicago：Metropolitan Planning Council，2008.

[197] Metro Future：Making a Greater Boston Region[R]. Boston：Metropolitan Area Planning Council，2008.

[198] The draft London Plan：Draft Spatial Development Strategy for Greater London[R]. London：Greater London Authority，2008.

[199] 陈洋 . 巴黎大区 2030 战略规划解读 [J]. 上海经济，2015（8）：38-45.

[200] 东京城市规划 [R/OL]. https：//wenku.baidu.com/view/bb22b1897375a417866f8fbd.html.

[201] 日本多摩新城发展历程 [Z/OL]. https：//wenku.baidu.com/view/ 71169426453610 661 ed9f438.html.

[202] Reades J，Smith D A. Mapping the ‘Space of Flows’：The Geography of Global Business Telecommunications and Employment Specialization in the London Mega-City-Region[J]. Regional Studies，2014，48（1）：105-126.

[203] Milton Keynes Council. Contaminated Land Inspection Strategy（2001）[R]. Development Plans Adopted Version，2013.

[204] Milton Keynes Council. Development Plans Core Strategy[R].Adopted Version，2013.

[205] 北京市城市规划设计研究院，北京市城市总体规划（2004—2020）[R].2006.

后　记

书稿行将付梓之际，心中充满感激之情。首先要衷心感谢我的博士生导师——天津大学建筑学院运迎霞教授。回顾在导师门下的时光，运先生治学为师、做人为范，让学生受益匪浅、心怀敬意！写作过程中，我的“困难流”一次次换回导师的“温暖流”。没有运先生的悉心指导，博士学位论文难以完成，本书更无从谈起。也要特别感谢我的硕士生导师——西安建筑科技大学黄明华教授，古城求学三年，先生谆谆教诲，让至今的我不敢肆意懈怠。感谢济南大学土木建筑学院于衍真、邱立平两任院长等学院领导与城乡规划系、建筑系同仁对我工作与生活中的关照。感谢山东建筑大学刘兆德教授的帮助和闫整教授、张军民教授、陈有川教授的指导。感谢天津大学苗展堂副教授、任利剑副研究员、吕扬博士、贾琦博士、杨晓楠博士、李道勇博士、黄焕春博士等同门与山东建筑大学赵虎副教授这位老同学对我的鼓励。感谢伦敦大学学院李迎成博士慷慨提供的外文文献。感谢山东建筑大学硕士生苗若晨、刘聪、吴慧与济南大学土木建筑学院2011 至 2015 级城乡规划专业部分本科生在 GIS 应用、数据统计分析、图表绘制与社会调研中的支持。感谢中国建筑工业出版社杨虹女士对本书出版工作的辛勤付出。最后，还要感谢我的爱人、双方父母和儿子牙牙学语后的“你赶紧写吧”“你好好写吧”。未来的道路上，我将继续努力！

王林申

审图号：GS（2021）1160 号
图书在版编目（CIP）数据

“流”化“形”成：大都市区外围城市中心的生成机制与规划控制 / 王林申著 . —北京：中国建筑工业出版社，2020.4

ISBN 978-7-112-25030-1

Ⅰ.①流… Ⅱ.①王… Ⅲ.①大城市—城市规划—研究—中国 Ⅳ.① TU984.2

中国版本图书馆 CIP 数据核字（2020）第 063641 号

责任编辑：杨　虹　尤凯曦
书籍设计：康　羽
责任校对：李美娜

“流”化“形”成：
大都市区外围城市中心的生成机制与规划控制
王林申　著

*

中国建筑工业出版社出版、发行（北京海淀三里河路 9 号）
各地新华书店、建筑书店经销
北京雅盈中佳图文设计公司制版
北京建筑工业印刷厂印刷

*

开本：787 毫米 ×1092 毫米　1/16　印张：14　字数：221 千字
2022 年 1 月第一版　2022 年 1 月第一次印刷
定价：**56.00** 元
ISBN 978-7-112-25030-1
（34959）